计算机前沿技术丛书

深入理解设计模式

林祥纤 / 著

本书以作者与虚拟女友（小璐）在生活中遇到的各种问题作为主线，引出设计模式的各种功能、用途，以及解决方法，系统介绍了23种设计模式，根据具体的实例形象化、具体化地进行了代码的编写和详细讲解，让那些本来对设计模式不太了解、一知半解、只有概念的读者，彻底了解和掌握常用的设计模式使用场景及使用方式，并掌握每个设计模式的UML结构和描绘方式。本书共23章，包括认识设计模式、单例模式、工厂模式、建造者模式、原型模式、适配器模式、装饰器模式、外观模式、桥接模式、组合模式、享元模式、代理模式、策略模式、命令模式、状态模式、模板方法模式、备忘录模式、中介者模式、观察者模式、迭代器模式、责任链模式、访问者模式、解释器模式。通过以上的知识，让你从模式小白直接升级为模式大神！本书所需源代码，均可通过扫描封底二维码获得。

本书适合编程初学者或希望在面向对象编程上有所提高的开发人员阅读。

图书在版编目（CIP）数据

深入理解设计模式 / 林祥纤著 .—北京：机械工业出版社，2023.2（2023.11重印）

（计算机前沿技术丛书）

ISBN 978-7-111-72481-0

Ⅰ.①深… Ⅱ.①林… Ⅲ.①程序设计 Ⅳ.①TP311.1

中国国家版本馆CIP数据核字（2023）第010575号

机械工业出版社（北京市百万庄大街22号 邮政编码100037）

策划编辑：杨 源 责任编辑：杨 源

责任校对：肖 琳 张 征 责任印制：李 昂

北京中科印刷有限公司印刷

2023年11月第1版第2次印刷

184mm×240mm · 18.75印张 · 472千字

标准书号：ISBN 978-7-111-72481-0

定价：109.00元

电话服务 网络服务

客服电话：010-88361066 机 工 官 网：www.cmpbook.com

010-88379833 机 工 官 博：weibo.com/cmp1952

010-68326294 金 书 网：www.golden-book.com

封底无防伪标均为盗版 机工教育服务网：www.cmpedu.com

前 言

PREFACE

设计模式包含了大量的编程思想，真正掌握并不容易。市面上关于设计模式的书籍并不少，但大多讲解得比较晦涩，没有真实的应用场景和框架源码支撑，学习后，只知其形，不知其神，就会造成这样的结果：知道各种设计模式，但是不知道怎样应用到真实项目中。本书针对上述问题，有针对性地进行了升级，以有趣的故事为背景，采用框架源码分析的方式，让文章内容生动有趣好理解。

本书主要内容

本书通过有趣的案例场景以及设计模式在 Spring 框架、JDK 中的应用讲解设计模式，帮助开发人员能够更好更快地理解和应用设计模式。

本书共 23 章，主要内容如下：

- 第 1 章，介绍设计模式的分类、六大原则，以及 23 种设计模式的总体情况，让读者在学习之前，对设计模式有整体的认识。
- 第 2~23 章，通过有趣的场景案例讲解设计模式的概念、使用场景以及使用方法。

本书特点

- 以浅显有趣的案例，说明设计模式的概念和应用。
- 以简单直观的 UML 类图方式说明设计模式中各种角色的关系。
- 丰富有趣的故事穿插全文，寓教于乐，让学习不再枯燥。
- 采用由浅入深，层层深入，步步推进的讲解方式，让复杂的设计模式变得简单易懂。

如何阅读本书

这是一本偏向动手实战的技术图书，主要介绍设计模式解决方案的具体落地方法。本书的每一章都会重点介绍与该章主题相关的设计模式，可以从第 1 章开始阅读，也可以根据需要从任意一章进行阅读。在阅读的过程中，读者不仅要仔细阅读每一章的文字，以及案例场景设计，同时更要多阅读代码，或者自己动手编写代码。

学习收获

- 理解设计模式的意义和实现。
- 写出优雅的代码，轻松且无障碍。
- 提升程序员在项目开发过程中发现问题和解决问题的能力。
- 让代码可重用、可读、可靠、可维护、可扩展。

由于作者水平有限，书中不足之处在所难免，诚挚期盼专家和读者给予批评和指正。

作　者

CONTENTS 目录

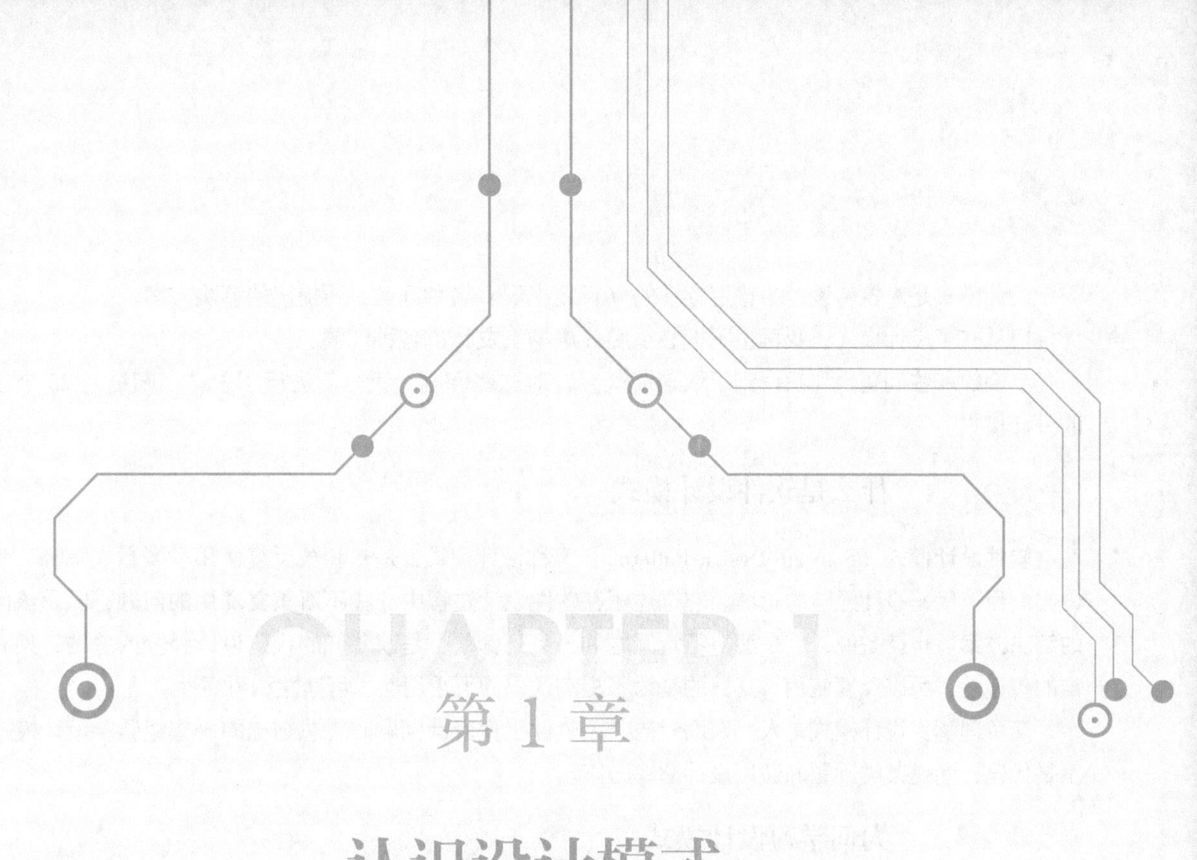

CHAPTER 1

第 1 章

认识设计模式

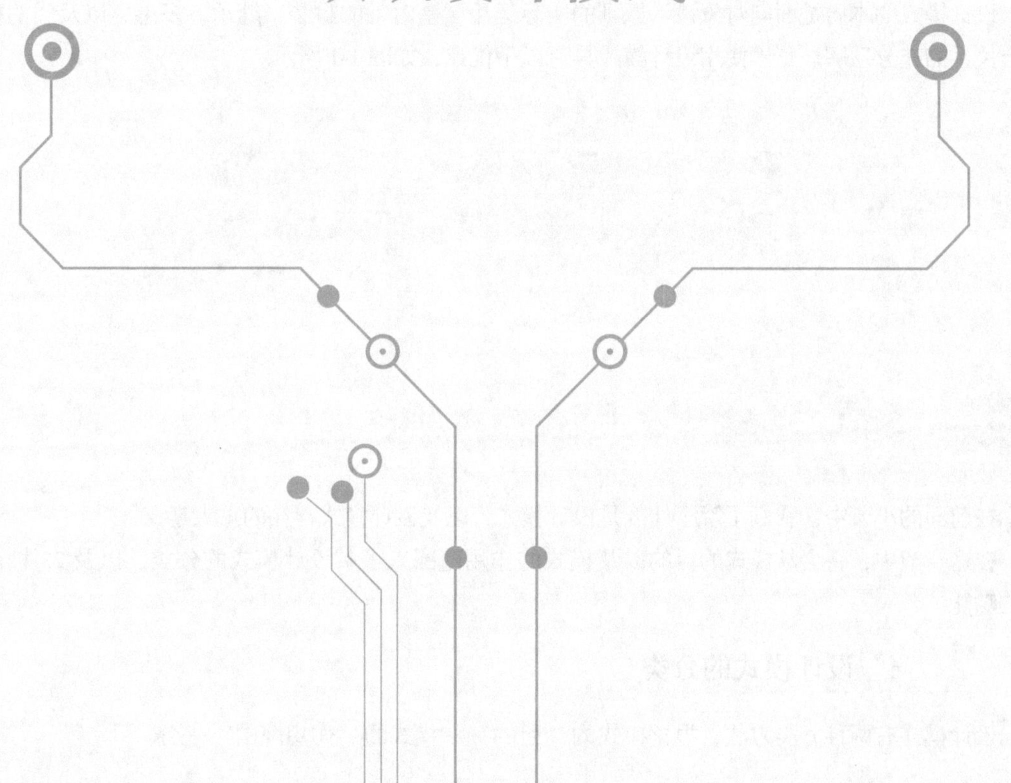

1.1 软件设计模式概述

设计模式是对软件设计中普遍存在的（反复出现）各种问题，所提出的解决方案。

自从有了设计模式，我再也不担心小璐（虚拟女友）的各种问题了。

小璐的那些问题也让我得到了快速成长，针对这些问题，我对此进行了总结，归结为 23 个通用的设计模式。

1.1.1 什么是软件设计模式

软件设计模式（Software Design Pattern），又称设计模式，是一套被反复使用、多数人知晓、经过分类编目、代码设计经验的总结。它描述了在软件设计过程中一些**不断重复发生的问题**，以及**该问题的解决方案**。也就是说，它是解决特定问题的一系列套路，是前辈们的代码设计经验的总结，具有一定的普遍性，可以反复使用。其目的是为了提高代码的可重用性、可读性和可靠性。

简单理解：设计模式是人们在面对同类型软件工程设计问题时，总结出的一些经验。设计模式并不是代码，而是某类问题的通用设计解决方案。

1.1.2 为何学习设计模式

设计模式的本质是面向对象设计原则的实际运用，是对类的封装、继承、多态，以及类的关联和组合关系的充分理解。正确使用设计模式具有以下优点，如图 1-1 所示。

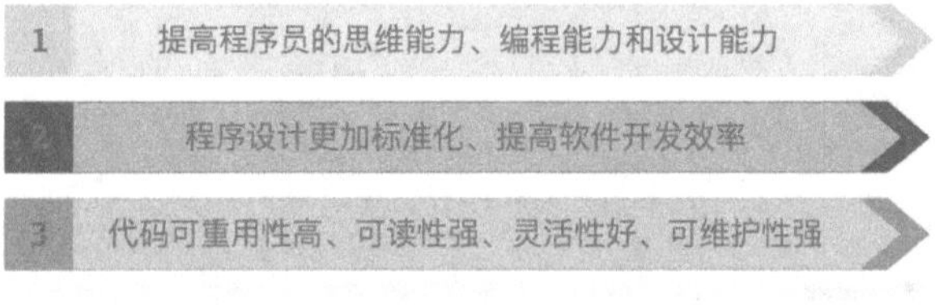

1 提高程序员的思维能力、编程能力和设计能力

2 程序设计更加标准化、提高软件开发效率

3 代码可重用性高、可读性强、灵活性好、可维护性强

图 1-1

1.2 GoF 的 23 种设计模式的分类和功能

在前面的小节中，我们了解了什么是设计模式，以及设计模式存在的重大意义。

在这一节中，将会从模式的目的以及模式的作用范围来了解设计模式的分类，以及 23 种设计模式的功能。

1.2.1 设计模式的分类

设计模式有两种分类方法，根据模式的“目的”和模式的“作用范围”来分。

1. 根据目的来分

根据模式是用来完成什么工作进行划分，这种方式可分为创建型模式、结构型模式和行为型模式，如图 1-2 所示。

● 图 1-2

（1）创建型模式（5 种）：用于描述“怎样创建对象”，它的主要特点是“将对象的创建与使用分离”。GoF 中提供了单例模式、工厂方法模式、抽象工厂模式、原型模式、建造者模式 5 种创建型模式。

（2）结构型模式（7 种）：用于描述如何将类或对象按某种布局组成更大的结构。GoF 中提供了代理模式、适配器模式、桥接模式、装饰模式、外观模式、享元模式、组合模式 7 种结构型模式。

（3）行为型模式（11 种）：用于描述类或对象之间怎样相互协作，共同完成单个对象无法单独完成的任务，以及怎样分配职责。GoF 中提供了模板模式、策略模式、命令模式、责任链模式、状态模式、观察者模式、中介者模式、迭代器模式、访问者模式、备忘录模式、解释器模式 11 种行为型模式，如表 1-1 所示。

表 1-1　3 种模式分类的详细表格

分　类	关 注 点	包　含
创建型模式（5 种）	关注于对象的创建，同时隐藏创建逻辑	单例模式、工厂方法模式、抽象工厂模式、原型模式、建造者模式
结构型模式（7 种）	关注类和对象之间的组合	代理模式、适配器模式、桥接模式、装饰模式、外观模式、享元模式、组合模式
行为型模式（11 种）	关注对象之间的通信	模板模式、策略模式、命令模式、责任链模式、状态模式、观察者模式、中介者模式、迭代器模式、访问者模式、备忘录模式、解释器模式

2. 根据作用范围来分

根据作用范围来分，可分为类模式和对象模式两种，如表 1-2 所示。

表 1-2 类模式和对象模式

范围\目的	创建型模式	结构型模式	行为型模式
类模式	工厂方法模式	适配器模式	模板方法模式、解释器模式
对象模式	单例模式 原型模式 抽象工厂模式 建造者模式	代理模式 桥接模式 装饰模式 外观模式 享元模式 组合模式	策略模式 命令模式 责任链模式 状态模式 观察者模式 中介者模式 迭代器模式 访问者模式 备忘录模式

（1）**类模式**：用于处理类与子类之间的关系，这些关系通过继承来建立，是静态的，在编译时便确定下来了。GoF 中的工厂方法、（类）适配器、模板方法、解释器属于该模式。

（2）**对象模式**：用于处理对象之间的关系，这些关系可以通过组合或聚合来实现，在运行时是可以变化的，更具有动态性。GoF 中除了以上 4 种，其他的都是对象模式。

说明如下。

- **组合（部分与整体的关系）**：部分与整体是与生俱来的，部分的存在依赖于整体。
- **聚合（强的关联关系）**：用户与用户的计算机（或者其他物品），计算机是属于用户的，但是用户并非一出生就拥有计算机，而是购买来的。用户用完后，也可以送给别人继续用，这就是聚合。

1.2.2 设计模式的功能

前面说明了 GoF 的 23 种设计模式的分类，现在对各个模式的功能进行介绍。

（1）单例（Singleton）模式：某个类只能生成一个实例，该类提供了一个全局访问点，供外部获取该实例，其拓展是有限多例模式。

（2）原型（Prototype）模式：将一个对象作为原型，通过对其进行复制而克隆出多个和原型类似的新实例。

（3）工厂方法（Factory Method）模式：定义一个用于创建产品的接口，由子类决定生产什么产品。

（4）抽象工厂（Abstract Factory）模式：提供一个创建产品族的接口，每个子类可以生产一系列相关的产品。

（5）建造者（Builder）模式：将一个复杂对象分解成多个相对简单的部分，然后根据不同需要分别创建它们，最后构建成该复杂对象。

（6）代理（Proxy）模式：为某对象提供一种代理，以控制对该对象的访问。即客户端可以通过代理间接地访问该对象，从而限制、增强或修改该对象的一些特性。

（7）适配器（Adapter）模式：将一个类的接口转换成客户希望的另外一个接口，使得原本由于接口不兼容而不能一起工作的那些类能一起工作。

(8)桥接(Bridge)模式：将抽象与实现分离，使它们可以独立变化。它是用组合关系代替继承关系来实现的，从而降低了抽象和实现这两个可变维度的耦合度。

(9)装饰(Decorator)模式：动态地给对象增加一些职责，即增加其额外的功能。

(10)外观(Facade)模式：为多个复杂的子系统提供一个一致的接口，使这些子系统更加容易被访问。

(11)享元(Flyweight)模式：运用共享技术来有效地支持大量细粒度对象的复用。

(12)组合(Composite)模式：将对象组合成树状层次结构，使用户对单个对象和组合对象具有一致的访问性。

(13)模板方法(Template Method)模式：定义一个操作中的算法骨架，而将算法的一些步骤延迟到子类中，使得子类可以在不改变该算法结构的情况下，重定义该算法的某些特定步骤。

(14)策略(Strategy)模式：定义了一系列算法，并将每个算法封装起来，使它们可以相互替换，且算法的改变不会影响使用算法的客户。

(15)命令(Command)模式：将一个请求封装为一个对象，使发出请求的责任和执行请求的责任分割开。

(16)责任链(Chain of Responsibility)模式：把请求从链中的一个对象传到下一个对象，直到请求被响应为止。通过这种方式去除对象之间的耦合。

(17)状态(State)模式：允许一个对象在其内部状态发生改变时，改变其行为能力。

(18)观察者(Observer)模式：多个对象间存在一对多关系，当一个对象发生改变时，把这种改变通知给其他多个对象，从而影响其他对象的行为。

(19)中介者(Mediator)模式：定义一个中介对象来简化原有对象之间的交互关系，降低系统中对象间的耦合度，使原有对象之间不必相互了解。

(20)迭代器(Iterator)模式：提供一种方法来顺序访问聚合对象中的一系列数据，而不暴露聚合对象的内部表示。

(21)访问者(Visitor)模式：在不改变集合元素的前提下，为一个集合中的每个元素提供多种访问方式，即每个元素可以被多个访问者对象访问。

(22)备忘录(Memento)模式：在不破坏封装性的前提下，获取并保存一个对象的内部状态，以便以后恢复它。

(23)解释器(Interpreter)模式：提供如何定义语言的方法，以及对语言句子的解释方法，即解释器。

这23种设计模式不是孤立存在的，很多模式之间存在一定的关联，在大的系统开发中常常同时使用多种设计模式。

1.3 设计模式的六大原则

为了让23种设计模式有一个最基本的底层支撑，设计模式的设计者总结出来了六大原则，希望

23 种设计模式尽量能够符合六大原则，以此来达到更可能的通用性。

这一节来聊一聊设计模式的六大设计原则，如图 1-3 所示。

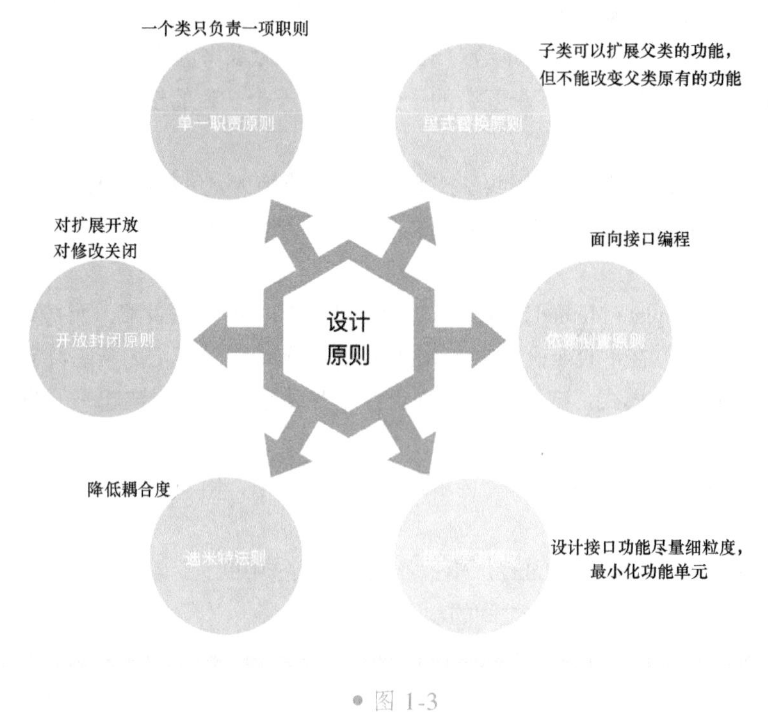

● 图 1-3

1.3.1 六大原则

1. 单一职责原则（Single Responsibility Principle，简称 SRP）

定义：一个类只有一个引起其变化的原因。

通俗来讲：一个类只负责一项职责。

问题描述：假如由类 Class1 完成职责 T1、T2，当职责 T1 或 T2 有变更需要修改时，有可能影响到该类的另外一个职责正常工作。

优势与好处：类的复杂度降低、可读性提高、可维护性提高、扩展性提高，降低了变更引起的风险。

注意：单一职责原则提出了一个编写程序的标准，用“职责”或“变化原因”来衡量接口或类设计得是否优良，但是“职责”和“变化原因”都是不可以度量的，因项目和环境而异。

举例说明：单一职责也就是说对于 OrderController 和 UserController 类，它们的职责是单一的，OrderController 负责有关订单的操作，UserController 负责有关用户的操作，如图 1-4 所示。

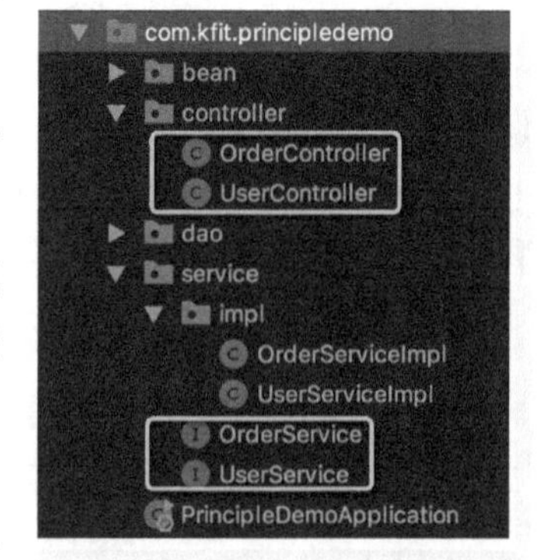

● 图 1-4

2. 里氏替换原则（Liskov Substitution Principle，简称LSP）

定义：只要父类能出现的地方子类也可以出现，而且替换为子类不会产生任何错误或异常，但是反过来就不行，有子类出现的地方，父类未必就能适应。

通俗来讲：子类可以扩展父类的功能，但不要改变父类原有的功能（扩展它的功能，却不修改它的功能）。

优势与好处：增强程序的健壮性，即使增加了子类，原有的子类还可以继续运行。

注意：如果子类不能完整地实现父类的方法，或者父类的某些方法在子类中已经发生“畸变”，则建议断开父子继承关系，采用依赖、聚合、组合等关系代替继承。

举例说明：在父类 UserServiceImpl 中有一个 getDetail( ) 的方法，子类 VipUserServiceImpl 覆盖了 getDetail( )方法，这就违反了替换原则（扩展而不是修改付费的功能），那么要怎样修改呢，代码如下。

```
package com.kfit.principledemo.service.impl;

import org.springframework.stereotype.Service;

/**
 *
 * @author 悟纤「公众号 SpringBoot」
 * @date 2020-11-13
 * @slogan 大道至简 悟在天成
 */
@Service
public class VipUserServiceImpl extends UserServiceImpl {
    /**
     * 满足 里式替换原则
     * @param id
     * @return
     */
    public  String getVipDetail(int id){
        //super.getDetail(id);
        return "VipUserService";
    }

}
```

这里新用了一个方法 getVipDetail( )扩展了子类的功能。

3. 依赖倒置原则（Dependence Inversion Principle，简称DIP）

定义：高层模块不应该依赖低层模块，两者都该依赖其抽象；抽象不应该依赖细节；细节应该依赖抽象。

说明：高层模块就是调用端，低层模块就是具体实现类。抽象就是指接口或抽象类。细节就是实现类。

通俗来讲：面向接口编程。

问题描述：类 A 直接依赖类 B，假如要将类 A 改为依赖类 C，则必须通过修改类 A 的代码来达成。这种场景下，类 A 一般是高层模块，负责复杂的业务逻辑；类 B 和类 C 是低层模块，负责基本的原子操作；这样修改类 A，会给程序带来不必要的风险。

解决方案：将类 A 修改为依赖接口 interface，类 B 和类 C 各自实现接口 interface，类 A 通过接口 interface 间接与类 B 或者类 C 发生联系，则会大大降低修改类 A 的概率。

优势与好处：依赖倒置的好处在小型项目中很难体现出来。但在大中型项目中可以减少需求变化引起的工作量，使并行开发更友好。

举例说明：我们刚刚在子类 VipUserServiceImpl 扩展了一个方法 getVipDetail( )，但是接口：UserService 并没有定义这个方法，那么通过 UserService 并不能调用到 getVipDetail( )方法，代码如下。

```
package com.kfit.principledemo.service.impl;

import org.springframework.stereotype.Service;

/**
 *
 * @author 悟纤「公众号 SpringBoot」
 * @date 2020-11-13
 * @slogan 大道至简 悟在天成
 */
@Service
public class VipUserServiceImpl extends UserServiceImpl {
    /**
     * 满足 里式替换原则
     * @param id
     * @return
     */
    public String getVipDetail(int id){
        //super.getDetail(id);
        return "VipUserService";
    }

}
```

此时最简单的一种思路就是：在接口 UserService 定义一个方法 getVipDetail( )，代码如下。

```
package com.kfit.principledemo.service;

/**
 *
 * @author 悟纤「公众号 SpringBoot」
 * @date 2020-11-13
 * @slogan 大道至简 悟在天成
 */
public interface UserService {
    String getDetail(int id);

    //子类的扩展方法添加在这里违反了依赖倒置原则。
```

```
    String getVipDetail(int id);
}
```

这时候问题就来了，对于接口的实现类 UserServiceImpl 就会编译错误，如下所示。

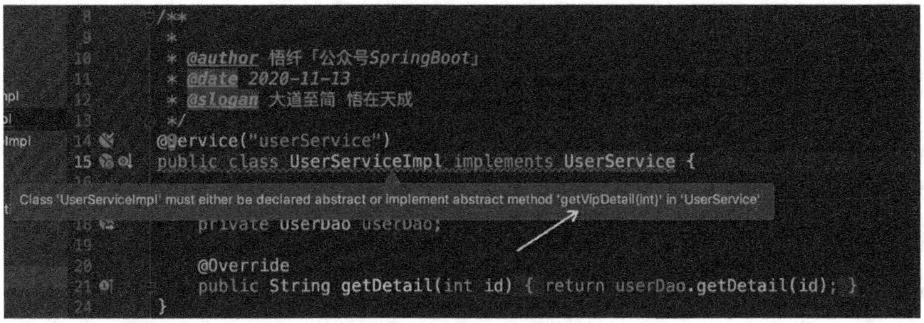

```
/**
 *
 * @author 悟纤「公众号SpringBoot」
 * @date 2020-11-13
 * @slogan 大道至简 悟在天成
 */
@Service("userService")
public class UserServiceImpl implements UserService {
Class 'UserServiceImpl' must either be declared abstract or implement abstract method 'getVipDetail(int)' in 'UserService'
    private UserDao userDao;

    @Override
    public String getDetail(int id) { return userDao.getDetail(id); }
}
```

很显然这样的方式并不好，违反了依赖倒置原则，该怎么办呢？

只需要新增一个接口类 VipUserService 即可，代码如下。

```
package com.kfit.principledemo.service;

/**
 *
 * @author 悟纤「公众号 SpringBoot」
 * @date 2020-11-13
 * @slogan 大道至简 悟在天成
 */
public interface VipUserService extends UserService{
    String getVipDetail(int id);
}
```

然后子类 VipUserServiceImpl 实现接口 VipUserService，代码如下。

```
package com.kfit.principledemo.service.impl;

import com.kfit.principledemo.service.VipUserService;
import org.springframework.stereotype.Service;

/**
 *
 * @author 悟纤「公众号 SpringBoot」
 * @date 2020-11-13
 * @slogan 大道至简 悟在天成
 */
@Service
public class VipUserServiceImpl extends UserServiceImpl implements VipUserService {
/**
 * 满足 里式替换原则
 * @param id
 * @return
 */
```

```
    @Override
    public  String getVipDetail(int id){
        //super.getDetail(id);
        return "VipUserService";
    }
}
```

这时候在其他调用的地方就可以使用 VipUserService 进行方法的调用。

4. 接口隔离原则（Interface Segregation Principle，简称 ISP）

定义：类间的依赖关系应该建立在最小的接口上（客户端不应该依赖它不需要的接口；一个类对另一个类的依赖应该建立在最小的接口上）。

通俗来讲：设计接口功能尽量细粒度，最小化功能单元。

问题描述：类 A 通过接口 interface 依赖类 B，类 C 通过接口 interface 依赖类 D，如果接口 interface 对于类 A 和类 B 来说不是最小接口，则类 B 和类 D 必须去实现它们不需要的方法。

注意：

（1）**接口尽量小，但是要有限度**。对接口进行细化可以提高程序设计的灵活性，但是如果过小，则会造成接口数量过多，使设计复杂化。

（2）**提高内聚，减少对外交互**。使接口用最少的方法去完成最多的事情。

（3）**为依赖接口的类定制服务**。只暴露给调用的类需要的方法，不需要的方法则隐藏起来。只有专注地为一个模块提供定制服务，才能建立最小的依赖关系。

举例说明：面向接口编程就是类与类之间的依赖都是接口，可以认为接口以及接口方法的改变的可能性会比较小，对于接口的实现类的方法改变了，并不会影响接口的调用者，如下所示。

```
controller
    OrderController
    UserController
dao
    impl
        UserDaoImpl
    UserDao
service
    impl
        OrderServiceImpl
        UserServiceImpl
        VipUserServiceImpl
    OrderService
    UserService

/**
 *
 * @author 悟纤「公众号SpringBoot」
 * @date 2020-11-13
 * @slogan 大道至简 悟在天成
 */
@Service("userService")
public class UserServiceImpl implements UserService {

    @Autowired
    private UserDao userDao;

    @Override
    public String getDetail(int id) { return userDao.getDetail(id); }
}
```

5. 迪米特法则（Law of Demeter，简称 LoD）

定义：一个软件实体应当尽可能少地与其他实体发生相互作用。

通俗来讲：降低类与类之间的耦合（通俗表述："不要和陌生人说话"）。

其他：迪米特法则又叫作最少知道原则。通俗来讲，就是一个类对自己依赖的类知道得越少越好。也就是说，对于被依赖的类来说，无论逻辑多么复杂，尽量将逻辑封装在类的内部，对外除了提供 public 方法，不泄漏任何信息。迪米特法则还有一个更简单的定义：只与直接的朋友通信。首先来解释一下什么是直接的朋友：每个对象都会与其他对象有耦合关系，只要两个对象之间有耦合关系，那么这两个对象之间是朋友关系。耦合的方式很多，如依赖、关联、组合、聚合等。其中，出现成员变量、方法参数、方法返回值中的类称为直接的朋友，而出现在局部变量中的类则不是直接的朋友。

也就是说，陌生的类最好不要作为局部变量的形式出现在类的内部。

6. 开放封闭原则（Open Close Principle，简称 OCP）

定义：尽量通过扩展软件实体来解决需求变化，而不是通过修改已有的代码来完成变化。

通俗来讲：对扩展开放，对修改关闭。

举例说明：这个原则是从比较宏观的角度进行说明的，我们要加入一个产品的有关操作，可以不修改原先的 Controller 的代码，只需要通过新增一个 ProductController 进行扩展即可，如图 1-5 所示。

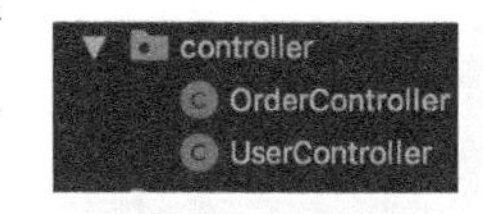

● 图 1-5

1.3.2 一句话概括设计模式六大原则

单一职责原则告诉我们实现类要职责单一；

里氏替换原则告诉我们不要破坏继承体系；

依赖倒置原则告诉我们要面向接口编程；

接口隔离原则告诉我们在设计接口的时候要精简单一；

迪米特法则告诉我们要降低耦合；

而开放封闭原则是总纲，告诉我们要对扩展开放，对修改关闭。

在实际的开发中，并没有必要记住这六大原则的名称，但是需要记住原则中告诉我们的特点：

- 类的设计职责单一。
- 不要破坏继承关系。
- 接口设计要精简单一。
- 降低代码之间的耦合度。
- 对扩展开发，对修改关闭。

再简单一点就是：面向接口编程、高内聚低耦合、单一职责、扩展开放修改关闭。

高内聚低耦合说明：从模块粒度来看，高内聚：尽可能让类的每个成员方法只完成一件事（最大限度聚合）；低耦合：减少类内部一个成员方法调用另一个成员方法。

从类角度来看，高内聚低耦合：减少类内部，对其他类的调用。

从功能块来看，高内聚低耦合：减少模块之间的交互复杂度。横向方面是类与类之间、模块与模块之间；纵向方面是层次之间，尽可能内容内聚，数据耦合。

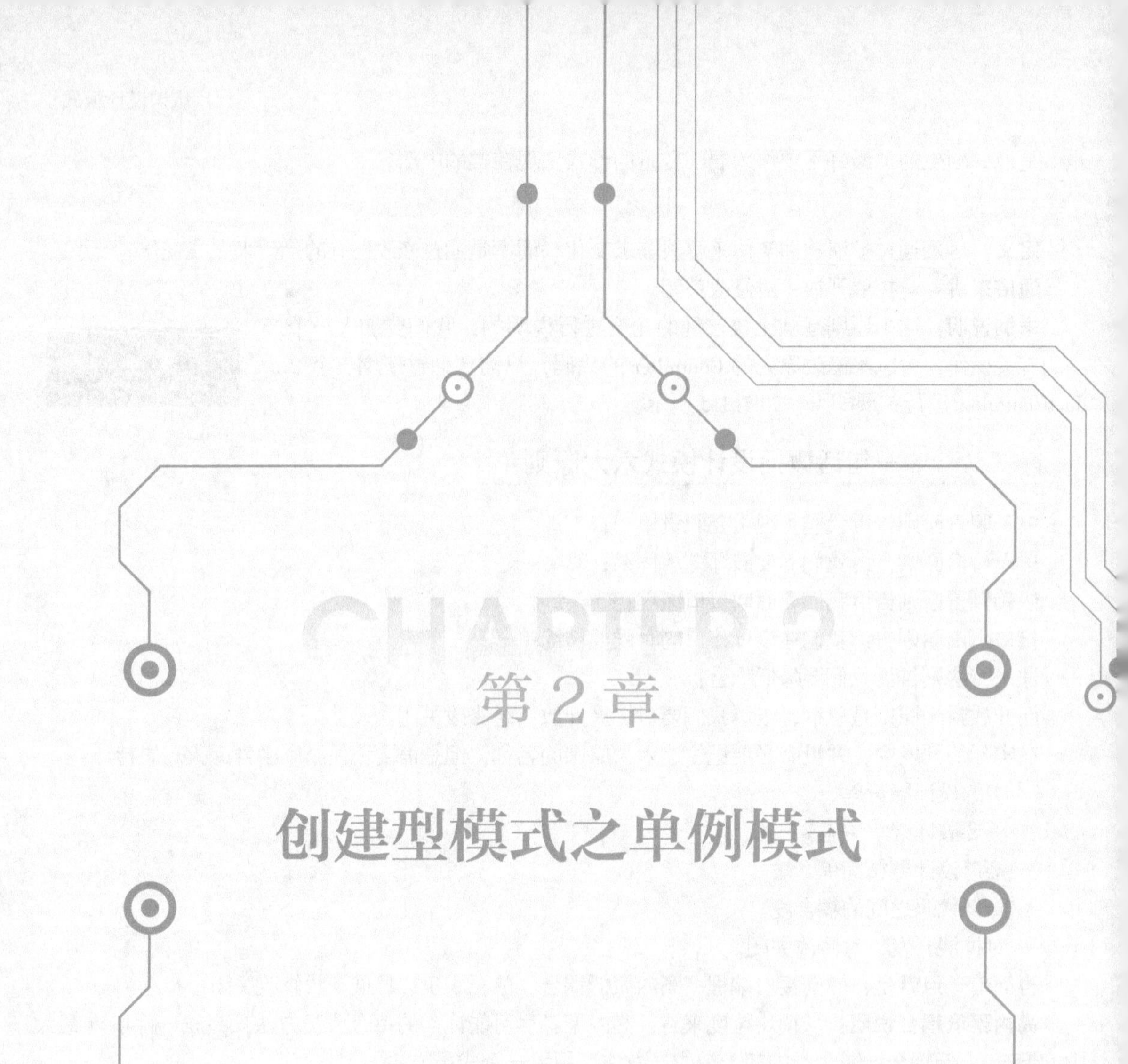

第 2 章

创建型模式之单例模式

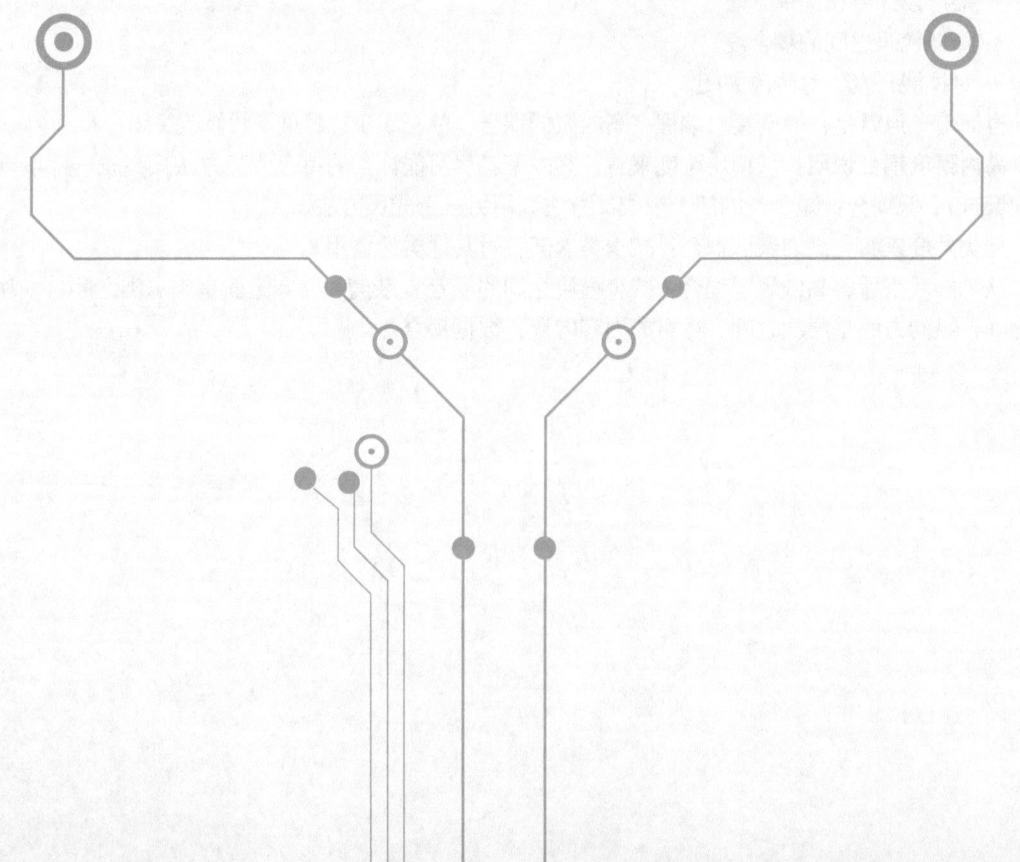

2.1 单例模式的基本概念

小璐：我在你心中是不是唯一的存在？

我：在我心里你是独一无二的，谁都不能替代。

小璐：那你证明一下。

我：不管怎样 new 对象，只有一个存在——**单例模式**。

2.1.1 什么是单例模式

1. 专业术语

单例模式（Singleton Pattern）是一种常用的软件设计模式，其定义是单例对象的类只能允许一个实例存在。

许多时候整个系统只需要拥有一个全局对象，这样有利于协调系统整体的行为。

比如在某个服务器程序中，该服务器的配置信息存放在一个文件中，这些配置数据由一个单例对象统一读取，然后服务进程中的其他对象再通过这个单例对象获取这些配置信息，这种方式简化了在复杂环境下的配置管理。

2. 通俗理解

单例模式（Singleton Pattern）：一个类只能有一个实例，并且在整个项目中都能访问到这个实例，具体的要点和实现方式如图 2-1 所示。

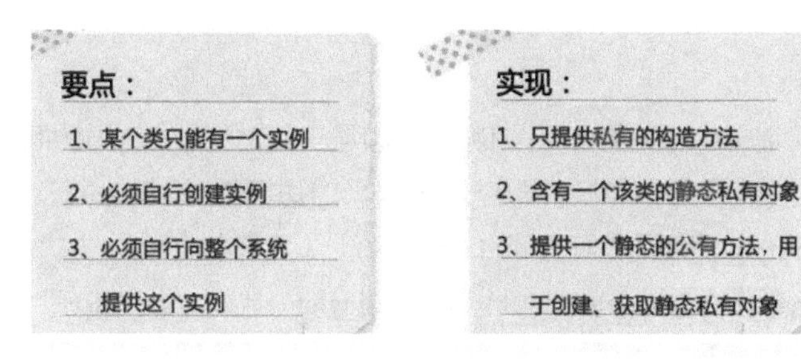

● 图 2-1

2.1.2 单例模式的优缺点

1. 优点

（1）内存中只有一个对象，节省内存空间：在内存中只存在一个对象，不会频繁地创建对象，节省了内存空间。

（2）避免频繁地创建、销毁对象，可以提高性能：对象只初始化一次，在调用的时候，无须重复进行对象的创建，提高了程序的性能。

（3）避免对共享资源的多重占用：比如写文件操作。

（4）全局访问：在程序的任何一个地方都能进行调用，并且是同一个对象。

2. 缺点

（1）不适用于变化的对象，如果同一类型的对象总是在不同的用例场景发生变化，单例就会引起数据的错误，不能保存彼此的状态。

（2）由于单例模式中没有抽象层，因此单例类的扩展有很大的困难。

（3）单例类的职责过重，在一定程度上违背了“单一职责原则”：要负责对象本身的职责，还需要负责对象的创建。

（4）滥用单例将带来一些负面问题，如为了节省资源，将数据库连接池对象设计为单例，可能会导致共享连接池对象的程序过多，而出现连接池溢出；如果实例化的对象长时间不被利用，会被认为是垃圾而被系统回收，这将导致对象状态的丢失。

2.1.3 单例模式的使用场景

1. 使用场景

（1）整个程序的运行中只允许有一个类的实例。

（2）需要频繁实例化，然后销毁的对象。

（3）创建对象时耗时过多或者耗资源过多，但又经常用到的对象。

（4）方便资源相互通信的环境。

如线程池、数据库连接池、日志对象、Windows 的回收站和任务管理器、Spring 中的 Bean（默认是单例）。

2. Spring Bean 单例说明

单例模式的定义是保证一个类仅有一个实例，并提供一个访问它的全局访问点。

Spring 中的单例模式完成了后半句话，即提供了全局的访问点 BeanFactory。但没有从构造器级别去控制单例，这是因为 Spring 管理的是任意的 Java 对象。

Spring 下默认的 Bean 均为 singleton，可以通过 singleton = “true | false” 或者 scope = “?” 来指定。

2.1.4 单例模式的类图

看一下单例模式的类图，如图 2-2 所示。

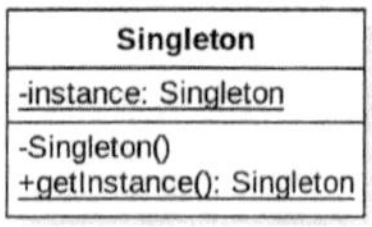

Singleton
-instance: Singleton
-Singleton()
+getInstance(): Singleton

图 2-2

（1）类名（Name）是一个字符串，例如 Singleton 或者 Student。

（2）属性（Attribute）是指类的特性，即类的成员变量。UML 按以下格式表示：

```
[可见性]属性名:类型[=默认值]
```

例如：-name：String

说明："可见性"表示该属性对类外的元素是否可见，包括公有（Public）、私有（Private）、受保护（Protected）和朋友（Friendly）4 种，在类图中分别用符号+、-、#、~表示。

另外有下划线的代表是 **static** 的。

（3）操作（Operations）是类的任意一个实例对象都可以使用的行为，是类的成员方法。UML 按以下格式表示：

```
[可见性]名称(参数列表)[:返回类型]
```

例如：+display()：void。

学生类的 UML 表示，如图 2-3 所示。

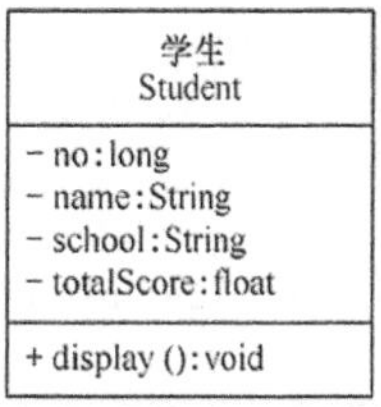

学生
Student
- no:long
- name:String
- school:String
- totalScore:float
+ display ():void

图 2-3

2.1.5 单例模式的实现方式

（1）懒汉模式：延迟加载，只有在真正使用的时候才开始实例化。

（2）饿汉模式：类加载的初始化阶段就完成了实例的初始化。

（3）静态内部类：使用静态内部类进行类的初始化，只有在实际使用的时候，才会触发类的初始化，也是懒加载的一种实现方式。

（4）枚举类型：利用枚举类进行单例模式的实现。

2.2 单例模式的实现：懒汉模式

这一节先来看看其中的一种实现方式——懒汉模式，这也是要考虑得最多的一种方式，如果能够掌握这种方式，其他方式就很容易掌握了。

2.2.1 准备工作：构建一个女朋友

1. 例子说明

我有一个女朋友，她叫小璐，她是我的唯一。

那么这样的例子在程序中怎样表达出来——女朋友，你是我的唯一！

没有女朋友的人怎么办？那就 new 一个出来。

2. 女朋友的 UML 定义

看一下普通女朋友类的 UML 定义，如图 2-4 所示。

GirlFriend
+playWithMe(): void
+shoppingWithMe(): void

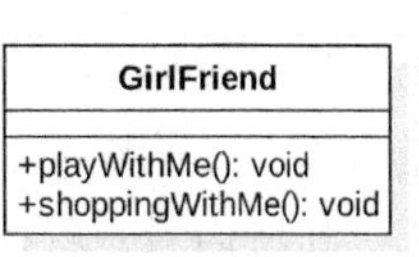

图 2-4

说明如下：

（1）类名：GirlFriend；

（2）在类中有两个 public 的方法：playWithMe()和 shoppingWithMe()；

3. 女朋友的类实现

有了基本的定义之后，就可以定义一个女朋友类 GirlFriend。

GirlFriend 代码如下所示。

```
package com.kfit.singleton.simple;

/**
 * 定义我的女朋友
 * @author 悟纤「公众号 SpringBoot」
 * @slogan 大道至简 悟在天成
 */
public class GirlFriend {

    public void playWithMe(){
        System.out.println("女朋友陪我玩-有一个女朋友真好");
    }

    public void shoppingWithMe(){
        System.out.println("陪女朋友去购物-我已经四大皆空了(支付宝、微信钱包、银行卡、钱包 都空空如也
了)");
    }
}
```

测试一下女朋友能不能一起玩和购物：

```
package com.kfit.singleton.simple;

/**
 * 测试
 *
 * @author 悟纤「公众号 SpringBoot」
 * @slogan 大道至简 悟在天成
 */
public class Test1 {
    public static void main(String[] args) {
        GirlFriend girlFriend = new GirlFriend();
        girlFriend.playWithMe();
        girlFriend.shoppingWithMe();
    }
}
```

运行一下，观察控制台的信息打印：

女朋友陪着我-有一个女朋友真好
陪女朋友去购物-我已经四大皆空了（支付宝、微信钱包、银行卡、钱包都空空如也了）

执行后看一看是否真的四大皆空了，信用卡被掏空，支付宝被掏空，微信钱包被掏空，钱包被掏空。

4. 我是你的唯一， 你却不是我的唯一

来看看这个女朋友类 GirlFriend，现在不是唯一，每次 new 一下就会产生一个新的对象。

对于 Java 对象而言，只要引用地址是同一个，那么就是相同的对象，否则不是。所以验证的方式就是 new 出来两个对象进行互相比较，代码如下：

```
public static void main(String[] args) {
    GirlFriend girlFriend = new GirlFriend();
    girlFriend.playWithMe();
    girlFriend.shoppingWithMe();

    GirlFriend girlFriend2 = new GirlFriend();
    //结果打印出来是:false
    System.out.println("girlFriend="+girlFriend+",girlFriend2="+girlFriend2);
    System.out.println(girlFriend == girlFriend2);
}
```

观察控制台的信息打印：

girlFriend=com.kfit.singleton.hungry.GirlFriend@61bbe9ba,girlFriend2=com.kfit.singleton.hungry.GirlFriend@610455d6

false

控制台的打印信息是 false（观察两个对象打印的地址也不是同一个），所以现在多次 new 出来的对象不是同一个对象。

现在每次 new 一下就能产生一个对象了。

2.2.2 懒汉模式：你是我的唯一

1. 构造方法私有化

单例模式第一个要解决的问题是唯一性：**一个类只能有一个实例**，那么就不允许通过 new 的方式创建对象。

怎样不让外界使用 new 的方式创建对象呢？只要把构造方法私有化就可以实现，升级女朋友类 **GirlFriend**，添加一个 private 的无参构造方法：

```
/**
 * 将无参构造方法私有化,避免通过 new 的方式进行对象的创建。
 */
private GirlFriend() {

}
```

优化完成之后，测试代码就会编译报错。现在不能通过 new 的方式来创建对象了。

2. 提供获取对象的方法

在构造方法私有化之后，对象就无法通过 new 的方式创建了，所以需要有一个出口可以提供对象的初始化，以及对象的获取。

解决方式就是提供一个方法，并且在方法中进行对象的初始化，另外只能初始化一次，那么就需要在全局定义一个本身类的属性来判断是否初始化了，此时类图如图 2-5 所示。

GirlFriend
-instance: GirlFriend
-GirlFriend() +getInstance(): GirlFriend +playWithMe(): void +shoppingWithMe(): void

图 2-5

具体的代码实现如下所示（GirlFriend）：

```java
package com.kfit.singleton.lazy;

/**
 * 定义我的女朋友
 * @author 悟纤「公众号 SpringBoot」
 * @slogan 大道至简 悟在天成
 */
public class GirlFriend {

    //定义一个本类的属性:通过提供 getInstance()方法进行获取。
    private static  GirlFriend instance ;

    /**
     * 将无参构造方法私有化,避免通过 new 的方式进行对象的创建。
     */
    private GirlFriend() {

    }

    /**
     * '提供 getInstance()方法获取当前的实例对象
     * @return GirlFriend
     */
    public static GirlFriend getInstance() {
        if(instance == null){
            //当对象为 null 的时候,进行对象的初始化。
            instance = new GirlFriend();
        }
        return instance ;
    }

    public void playWithMe(){
        System.out.println("女朋友陪我玩-有一个女朋友真好");
    }

    public void shoppingWithMe(){
        System.out.println("陪女朋友去购物-我已经四大皆空了(支付宝、微信钱包、银行卡、钱包都空空如也了)");
    }
}
```

说明:

(1) 添加一个属性 instance。

(2) 添加方法 getInstance():通过判断 instnace ==null 来创建一个对象。

修改测试代码看看是不是一个对象:

```java
public static void main(String[] args) {
    GirlFriend girlFriend = GirlFriend.getInstance();
```

```
    girlFriend.playWithMe();
    girlFriend.shoppingWithMe();

    GirlFriend girlFriend2 = GirlFriend.getInstance();
    //结果打印出来是:true-是同一个对象。
    System.out.println("girlFriend="+girlFriend+",girlFriend2="+girlFriend2);
    System.out.println(girlFriend == girlFriend2);
}
```

运行代码，查看控制台的打印：

陪女朋友去购物-我已经四大皆空了（支付宝、微信钱包、银行卡、钱包都空空如也了）

girlFriend=com.kfit.singleton.hungry.GirlFriend@61bbe9ba,girlFriend2=com.kfit.singleton.hungry.GirlFriend@61bbe9ba

true

地址是同一个，==的结果也是 true，现在只创建一个对象。

2.2.3 线程安全问题：出现了两个小璐

1. 出现两个了小璐，到底哪个才是女朋友

在单线程的环境下，上面的代码一点问题都没有，如果在多线程的环境下，那么上面的代码是有漏洞的，模拟两个线程进行对象的获取，代码如下所示。

```
public static void main(String[] args) {
    new Thread(()->{
        GirlFriend girlFriend = GirlFriend.getInstance();
        System.out.println(girlFriend);
    }).start();
    new Thread(()->{
        GirlFriend girlFriend = GirlFriend.getInstance();
        System.out.println(girlFriend);
    }).start();
}
```

运行一下，查看控制台（多执行几次看一下结果）：

执行结果一：

com.kfit.singleton.hungry.GirlFriend@383a0ba

com.kfit.singleton.hungry.GirlFriend@383a0ba

执行结果二：

com.kfit.singleton.hungry.GirlFriend@6d9da26a

com.kfit.singleton.hungry.GirlFriend@383a0ba

多次执行后会发现，有时候是同一个地址，有时候不是同一个地址。这里的问题就是 getInstance()代码并不是线程安全的，所以在多线程的环境下，会执行这段代码，那么有可能创建了两次的对象。

问题出现后怎样解决呢？不用担心，女朋友还是你的，别人怎样都抢不走。

2. 多线程安全问题：使用 synchronized 锁住方法

第一种方式可以使用 synchronized 锁住方法，修改 GrilFriend 的 getInstance 方法，代码如下所示。

```
/**
 *
 * 提供 getInstance()方法获取当前的实例对象:
 * 多线程安全问题:
 *   ① 使用 synchronized 锁住 getInstance()方法;
 * @author 悟纤「公众号 SpringBoot」
 * @return GirlFriend
 */
public synchronized static GirlFriend getInstance() {
    if(instance == null){
        //当对象为 null 的时候,进行对象的初始化。
        instance = new GirlFriend();
    }
    return instance ;
}
```

执行多线程代码，不管执行多少次，只创建一个对象。

3. 多线程安全问题：使用 synchronized 方法+双重 check

虽然使用 synchronized 锁住方法可以保证只创建一个对象，但是这种方式对程序的性能是有损耗的。

思考一下：是不是每一次都有必要去加锁呢？很显然不是，只需要在 instance 等于 null 的情况下进行加锁，否则就没有必要。

这时候只需要将加锁代码进行延迟，不在方法上进行加锁，而是加在方法里，具体代码如下所示。

```
/**
 * 提供 getInstance()方法获取当前的实例对象:
 * 多线程安全问题:
 *   ① 使用 synchronized 锁住 getInstance()方法;
 *   ② 使用 synchronized 锁类+双重 check
 * @author 悟纤「公众号 SpringBoot」
 * @return GirlFriend
 */
public  static GirlFriend getInstance() {
    if(instance == null){//第一层:check
        synchronized(GirlFriend.class){
            if(instance == null){ //第二层:check
                //当对象为 null 的时候,进行对象的初始化。
                instance = new GirlFriend();
            }
        }
    }
    return instance ;
}
```

修改点说明：

（1）synchronized 从方法上移到方法内，加锁是在类上面（为什么没有加在对象 instance 上？这是因为 instance 为 null，并不能进行加锁）。

（2）双重 check 的作用：第一层 check 是为了拦截当 instance 不为 null 的时候，就不用创建对象而进行加锁的操作，提高了方法的性能；第二个 check 是防止在多线程下，都进入加锁的动作，多次对象创建。

2.2.4 指令重排

1. 指令重排的定义

指令重排是指 JVM 在编译 Java 代码的时候，或者 CPU 在执行 JVM 字节码的时候，对现有的指令顺序进行重新排序。

指令重排的目的是为了在不改变程序执行结果的前提下，优化程序的运行效率。需要注意的是，这里所说的不改变执行结果，指的是不改变单线程下的程序执行结果。

看一下这段代码：

```
GirlFriend  instance = new GirlFriend();
```

使用 javap -v 就可以看到 new 的过程是由三个指令构成的，如图 2-6 所示。

```
public static void main(java.lang.String[]);
  descriptor: ([Ljava/lang/String;)V
  flags: ACC_PUBLIC, ACC_STATIC
  Code:
    stack=2, locals=2, args_size=1
       0: new           #2                  // class com/kfit/singleton/simple/GirlFriend
       3: dup
       4: invokespecial #3                  // Method com/kfit/singleton/simple/GirlFriend."<init>":()V
       7: astore_1
       8: return
    LineNumberTable:
      line 12: 0
      line 13: 8
    LocalVariableTable:
      Start  Length  Slot  Name   Signature
          0       9     0  args   [Ljava/lang/String;
          8       1     1 girlFriend   Lcom/kfit/singleton/simple/GirlFriend;
```

● 图 2-6

上面的字节码代表什么意思呢？

- new：创建一个对象，并将其引用值压入栈顶。
- dup：复制栈顶数值并将复制值压入栈顶。
- invokespecial：（引用出栈），然后调用类的构造方法进行初始化。
- astore_1：将栈顶引用型数值存入第二个本地变量。

另外类的加载过程如图 2-7 所示。

（1）加载：在硬盘上查找并通过 IO 读入字节码文件，将 class 字节码文件加载到内存中，并将这些数据转换成方法区中的运行时数据（静态变量、静态代码块、常量池等），在堆中生成一个 Class 类对象代表这个类（反射原理），作为方法区类数据的访问入口。

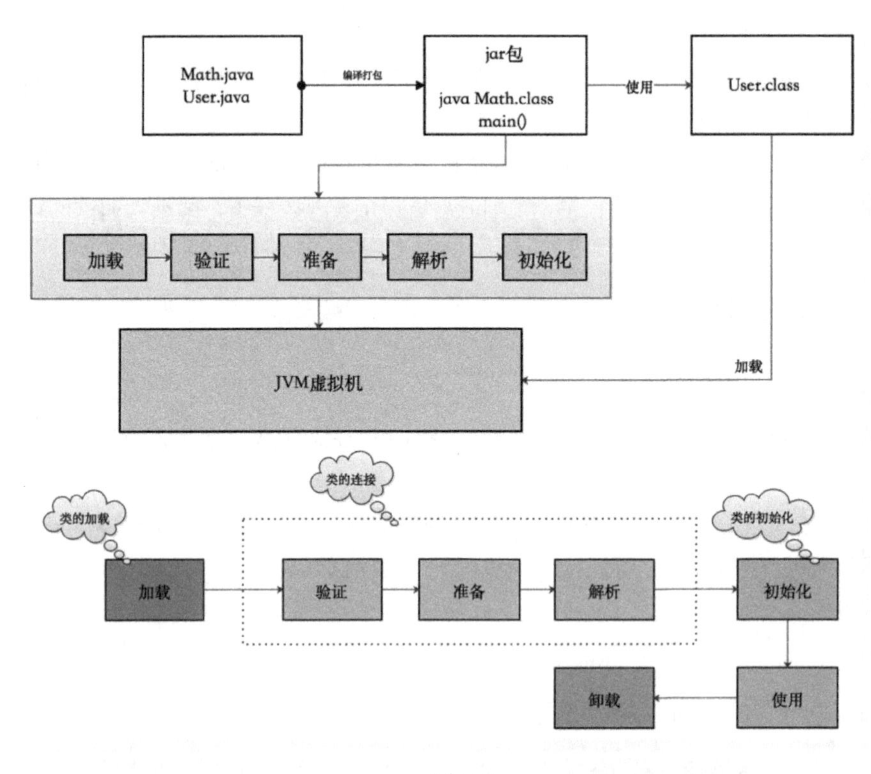

图 2-7

注意：使用到类时才会加载，例如调用类的 main( ) 方法、new 对象等。

（2）验证：验证被加载后的类是否有正确的结构，类数据是否会符合虚拟机的要求，确保不会危害虚拟机安全（验证字节码的正确性）。

（3）准备：为类的静态变量（static filed）在方法区分配内存，并赋默认值（0 值或 null 值）。如 static int a = 100；静态变量 a 就会在准备阶段赋默认值 0。

对于一般的成员变量是在类实例化时，随对象一起分配在堆内存中。

另外，静态常量（static final filed）会在准备阶段赋程序设定的初值，如 static final int a = 666；静态常量 a 就会在准备阶段被直接赋值为 666，对于静态变量，这个操作是在初始化阶段进行的。

（4）解析：将符号引用替换为直接引用，该阶段会把一些静态方法（比如 main( ) 方法）替换为指向数据所存内存的指针或句柄从而转换为直接引用，这是所谓的静态链接过程（类加载期间完成），动态链接是在程序运行期间完成的，将符号引用替换为直接引用（将类的二进制数据中的符号引用换为直接引用）。

（5）初始化：类的初始化主要工作是为静态变量赋程序设定的初值。如 static int a = 100；在准备阶段，a 赋默认值 0，在初始化阶段就会赋值为 100。

2. 指令重排简单理解

通过查看指令码的方式看到了 new 的过程可以简单理解为三步：

（1） 分配内存空间；

（2） 初始化；

（3） 引用赋值。

如果程序可以按照上面的代码执行，那么是没什么问题的，但编译器或者 CPU 会对上面的代码进行指令重排，重排后可能会出现以下的顺序：

（1） 分配内存空间；

（2） 引用赋值；

（3） 初始化。

在单线程的情况下，上面的结果是没有影响的，但在多线程的情况下就有问题了。当第一个线程执行到引用赋值，第二个线程进来了，就会发现 instance 不为 null，会返回进行调用，但是此时对象并未进行初始化，也就是构造方法都没有执行，对象并未创建完成，这样就会有问题了。

3. 指令重排解决 volatile

一旦一个共享变量（类的成员变量、类的静态成员变量）被 volatile 修饰之后，那么就具备了两层语义：

（1） 保证了不同线程对这个变量进行操作时的可见性，即一个线程修改了某个变量的值，新值对其他线程来说是立即可见的。

（2） 禁止进行指令重排。

所以解决指令重排就很简单了，只需要将变量使用 volatile 进行修饰即可，代码如下所示。

```
//定义一个本类的属性:通过提供 getInstance()方法进行获取。
private volatile static  GirlFriend instance;
```

通过一步步的代码优化，最后的 GirlFriend 代码如下所示。

```
package com.kfit.singleton.lazy;

/**
 * 定义我的女朋友*
 * @author 悟纤「公众号 SpringBoot」
 * @slogan 大道至简 悟在天成
 */
public class GirlFriend {

    //定义一个本类的属性:通过提供 getInstance()方法进行获取。
    private volatile static  GirlFriend instance;

    private static boolean isFristCreate = true;//默认是第一次创建


    /**
     * 将无参构造方法私有化,避免通过 new 的方式进行对象的创建。
     */
    private GirlFriend() {
```

```
        System.out .println("instance="+instance );
        if (isFristCreate ) {
            isFristCreate = false;
        }else{
            throw new RuntimeException("已经被实例化一次,不能再实例化");
        }
    }

    /**
     *
     * 提供 getInstance()方法获取当前的实例对象:
     *
     * 多线程安全问题:
     *   ① 使用 synchronized 锁住 getInstance()方法;
     *   ② 使用 synchronized 锁类+双重 check
     *
     * @author 悟纤「公众号 SpringBoot」
     *
     * @return GirlFriend
     */
    public  static GirlFriend getInstance() {
        if(instance == null){//第一层 check:拦截当 instance 不为 null 的时候,就不用创建对象和进行加锁的
操作了,提高了方法的性能
            synchronized(GirlFriend.class){
                if(instance == null){ //第二层 check:防止在多线程下,都进入加锁的动作,多次对象创建。
                    //当对象为 null 的时候,进行对象的初始化。
                    instance = new GirlFriend();
                }
            }
        }
        return instance ;
    }

    public void playWithMe(){
        System.out .println("女朋友陪我玩-有一个女朋友真好");
    }

    public void shoppingWithMe(){
        System.out .println("陪女朋友去购物-我已经四大皆空了(支付宝、微信钱包、银行卡、钱包空空如也了)");
    }
}
```

测试 Test1 代码如下:

```
package com.kfit.singleton.lazy;

/**
 * 测试
 *
```

```
 * @author 悟纤「公众号 SpringBoot」
 * @slogan 大道至简 悟在天成
 */
public class Test1 {
    public static void main(String[] args) {
        GirlFriend girlFriend = GirlFriend.getInstance();
        girlFriend.playWithMe();
        girlFriend.shoppingWithMe();

        GirlFriend girlFriend2 = GirlFriend.getInstance();
        //结果打印出来是:true-是同一个对象。
System.out.println("girlFriend="+girlFriend+",girlFriend2="+girlFriend2);
        System.out.println(girlFriend == girlFriend2);
    }
}
```

多线程测试代码 Test2：

```
package com.kfit.singleton.lazy;

/**
 * 多线程测试
 *
 * @author 悟纤「公众号 SpringBoot」
 * @slogan 大道至简 悟在天成
 */
public class Test2 {
    public static void main(String[] args) {
        new Thread( ()->{
            GirlFriend girlFriend = GirlFriend.getInstance();
            System.out.println(girlFriend);
        } ).start();
        new Thread( ()->{
            GirlFriend girlFriend = GirlFriend.getInstance();
            System.out.println(girlFriend);
        } ).start();
    }
}
```

2.2.5 懒汉模式小结

懒汉模式：延迟加载，只有在真正使用的时候，才开始实例化。

如何来满足单例要求呢？

（1）避免 new 对象：构造方法私有化。

（2）线程安全问题：通过 synchronized 来确保线程的安全问题。

①使用 synchronized 锁住方法（性能低，不推荐）。

②使用 synchronized 方法内锁类+双重 check（性能高，推荐）。

（3）如何确保唯一性：使用 synchronized+双重 check 确保实例的唯一性。

（4）什么时候被实例化的：在调用 getInstance( )方法的时候，在 getInstance( )方法内 new 的时候进行实例化。

（5）指令重排问题：使用 volatile 关键字修饰（volatile 作用：线程的可见性和禁止指令重排）。

2.3 单例模式的实现：饿汉模式

学会了使用懒汉的方式来实现单例模式，那么饿汉模式就很简单了。

2.3.1 饿汉模式

1. 饿汉模式定义

类加载的**初始化阶段**就完成了**类的实例化**。

（1）类的初始化：它是完成程序执行前的准备工作。在这个阶段，静态的（变量、方法、代码块）会被执行。同时会开辟一块存储空间，用来存放静态的数据。初始化只在类加载的时候执行一次。

（2）类的实例化：它是指创建一个对象的过程。这个过程中会在堆中开辟内存空间，将一些非静态的方法、变量存放在里面。在程序执行的过程中，可以创建多个对象，即多次实例化。每次实例化都会开辟一块新的内存空间。

2. 饿汉模式实现

在定义静态属性的时候，可使用 new 创建对象。具体的 GirlFirend 代码如下：

```
package com.kfit.singleton.hungry;

/**
 * 定义我的女朋友
 * @author 悟纤「公众号 SpringBoot」
 * @slogan 大道至简 悟在天成
 */
public class GirlFriend {
    /*
        饿汉模式:在定义属性的时候进行对象的实例化
    */
    private  static  GirlFriend instance = new GirlFriend();


    public static GirlFriend getInstance() {
        return instance ;
    }

    public void playWithMe(){
        System.out .println("女朋友陪我玩-有一个女朋友真好");
```

```
    }

    public void shoppingWithMe(){
        System.out.println("陪女朋友去购物-我已经四大皆空了(支付宝、微信钱包、银行卡、钱包空空如也了)");
    }
}
```

2.3.2 饿汉模式小结

饿汉模式：类加载的**初始化阶段**就完成了**类的实例化**。

如何来满足单例要求呢？

（1）避免 new 对象：构造方法私有化。

（2）线程安全问题：利用 JVM 类加载机制来保证线程安全问题。

（3）如何确保唯一性：利用 JVM 类加载机制来保证实例的唯一性。

（4）什么时候被实例化的：在类加载的最后一步类的初始化（只有在真正使用对应的类的时候，才会触发类加载进行初始化，对静态变量进行类的实例化）。

（5）类什么时候会被加载：当调用 GirlFriend.getInstance()的时候，会判断 GirlFriend 类是否被加载了，如果没有被加载，就会执行 JVM 的类加载过程（**加载-验证-准备-解析-初始化**）。

2.4 单例模式的实现：静态内部类

接下来看一下懒加载的另外一种实现方式——静态内部类。

2.4.1 静态内部类

1. 静态内部类定义

使用类的静态内部类持有静态对象的方式来实现单例，也属于懒加载的一种实现。

2. 静态内部类实现

在单例的类中，需要定义一个静态内部类，在静态内部类定义一个外部类的静态变量，并且使用 new 进行对象的创建，具体代码如下所示。

```
package com.kfit.singleton.innerclass;

/**
 * 定义我的女朋友
 * @author 悟纤「公众号 SpringBoot」
 * @slogan 大道至简 悟在天成
 */
public class GirlFriend {
```

```java
    public void playWithMe(){
        System.out.println("女朋友陪我玩-有一个女朋友真好");
    }

    public void shoppingWithMe(){
        System.out.println("陪女朋友去购物-我已经四大皆空了(支付宝、微信钱包、银行卡、钱包空空如也了)");
    }

    private GirlFriend() {

    }


    /**
     * 通过静态内部类构建单例模式
     */
    private static class InnerClassHolder{
        private static GirlFriend instance = new GirlFriend();
    }



    public static GirlFriend getInstance(){
        return InnerClassHolder.instance;
    }
}
```

运行结果控制台打印为 true，证明是同一个对象。

2.4.2 静态内部类小结

静态内部类定义：使用类的静态内部类持有静态对象的方式来实现单例，也属于懒加载的一种实现。

如何来满足单例要求呢？

（1）避免 new 对象：构造方法私有化。

（2）线程安全问题：利用 JVM 类加载机制来保证线程安全问题。

（3）如何确保唯一性：借助 JVM 类加载机制，保证实例的唯一性。

（4）什么时候被实例化的：在执行后返回 InnerClassHolder.instance 的时候，触发类加载机制加载 InnerClassHolder 进行初始化，从而对 GirlFriend 进行实例化。

2.5 单例模式的实现：枚举类型

前面讲到的几种都是比较常规的实现方式，这一节来看一下通过枚举类型实现单例模式。

2.5.1 枚举类型

1. 枚举类型定义

通过枚举类型的特殊性，直接定义属性为当前的实例对象来进行单例的实现。

2. 枚举类型实现

定义枚举类 GirlFriend，代码如下所示。

```
package com.kfit.singleton.enumsingleton;

/**
 * 使用枚举类来实现单例。
 * @author 悟纤「公众号 SpringBoot」
 * @slogan 大道至简 悟在天成
 */
public enum  GirlFriend {
    INSTANCE;

    public void playWithMe(){
        System.out.println("女朋友陪我玩-有一个女朋友真好");
    }

    public void shoppingWithMe(){
        System.out.println("陪女朋友去购物-我已经四大皆空了(支付宝、微信钱包、银行卡、钱包 空空如也了)");
    }
}
```

Test 测试代码如下所示。

```
package com.kfit.singleton.enumsingleton;

/**
 * 测试代码
 *
 * @author 悟纤「公众号 SpringBoot」
 * @slogan 大道至简 悟在天成
 */
public class Test {
    public static void main(String[] args) {

        GirlFriend girlFriend = GirlFriend.INSTANCE;
        GirlFriend girlFriend2 = GirlFriend.INSTANCE;
        //结果为 true 是同一个实例
        System.out.println(girlFriend==girlFriend2);
    }
}
```

运行结果控制台打印为 true，证明是同一个对象。

2.5.2 枚举类型小结

枚举类型：通过枚举类型的特殊性，直接定义属性就是当前的实例对象来进行单例的实现。

如何来满足单例要求呢？

（1）避免 new 对象：枚举类型的特性，不能直接 new。

（2）线程安全问题：利用 JVM 类加载机制来保证线程安全问题。

（3）如何确保唯一性：借助 JVM 类加载机制，保证实例的唯一性。

（4）什么时候实例化的：在类加载的时候会执行静态代码块进行实例化。

2.6 单例模式在 Spring 框架和 JDK 源码中的应用

这一节来看一看单例模式在 JDK 源码和 Spring 源码中的应用，以此来增加对单例模式的理解。

2.6.1 在 JDK 源码中的应用

1. Runtime#getRuntime()

rt.jar 的 Runtime：获取虚拟机信息，使用单例模式来确保在一个应用程序中只会初始化一个 Runtime 对象。

```
                    单例模式：饿汉模式的实现
public class Runtime {
    private static Runtime currentRuntime = new Runtime();

    /**
     * Returns the runtime object associated with the current Java application.
     * Most of the methods of class <code>Runtime</code> are instance
     * methods and must be invoked with respect to the current runtime object.
     *
     * @return  the <code>Runtime</code> object associated with the current
     *          Java application.
     */
    public static Runtime getRuntime() { 提供一个返回单例实例的静态方法
        return currentRuntime;
    }

    /** Don't let anyone else instantiate this class */
    private Runtime() {} 构造方法私有化，禁止外部直接new的方式创建对象
```

下面来看一个 Runtime 的使用例子，代码如下所示。

```
package com.kfit.singleton.simple;

import java.io.BufferedReader;
import java.io.IOException;
import java.io.InputStreamReader;

/**
 * Runtime
```

```
 * @author 悟纤「公众号 SpringBoot」
 * @slogan 大道至简 悟在天成
 */
public class Test2 {
    public static void main(String[] args) throws IOException, InterruptedException {
        //获取 Runtime 实例,这是单例模式
        Runtime runtime = Runtime.getRuntime ();
        Runtime runtime2 = Runtime.getRuntime ();
        //下面的输出结果为:true
        System.out .println(runtime == runtime2);
        //处理器的数量:12
        System.out .println("处理器的数量:"+runtime.availableProcessors());
        //Total memory is :257425408
        System.out .println("Total memory is :" + runtime.totalMemory());
        //Initial free is: 254741016
        System.out .println("Initial free is: " + runtime.freeMemory());

        //得到 Java 的版本号
        Process process = Runtime.getRuntime ().exec("javac -version");
        BufferedReader br = new BufferedReader(new InputStreamReader(process.getErrorStream()));
        String line = null;
        while ((line = br.readLine()) != null) {
            //javac 1.8.0_241
            System.out .println(line);
        }
        process.waitFor();
        System.out .println("Process exitValue: " + process.exitValue());
    }
}
```

2. Toolkit#getDefaultToolkit

Toolkit 是 Java GUI 的工具包。

Toolkit 使用了懒汉式单例（代码如下），不需要事先创建好，只需在第一次真正用到的时候进行创建。因为很多时候并不常用 Java 的 GUI 工具包中的对象，如果使用饿汉单例，会影响 JVM 的启动速度。

```
public static synchronized Toolkit getDefaultToolkit() {
    if (toolkit == null) {
        java.security.AccessController.doPrivileged(
                new java.security.PrivilegedAction<Void>() {
            public Void run() {
                Class<?> cls = null;
                String nm = System.getProperty("awt.toolkit");
                try {
                    cls = Class.forName(nm);
                } catch (ClassNotFoundException e) {
                    ClassLoader cl = ClassLoader.getSystemClassLoader();
                    if (cl != null) {
                        try {
                            cls = cl.loadClass(nm);
                        } catch (final ClassNotFoundException ignored) {
                            throw new AWTError( msg: "Toolkit not found: " + nm);
                        }
                    }
                }
                try {
                    if (cls != null) {
                        toolkit = (Toolkit)cls.newInstance();
                        if (GraphicsEnvironment.isHeadless()) {
                            toolkit = new HeadlessToolkit(toolkit);
```

2.6.2 在 Spring 源码中的应用

1. DefaultSingletonBeanRegistry

DefaultSingletonBeanRegistry 是 Spring 的 Bean 注册器，有一个 addSingleton 的方法将 Bean 添加进去，代码如下。

```
protected void addSingleton(String beanName, Object singletonObject) {
    synchronized (this.singletonObjects) {
        this.singletonObjects.put(beanName, singletonObject);
        this.singletonFactories.remove(beanName);
        this.earlySingletonObjects.remove(beanName);
        this.registeredSingletons.add(beanName);
    }
}
```

还有一个 getSingleton（代码如下）来获取构建的单例对象。

```
protected Object getSingleton(String beanName, boolean allowEarlyReference) {
    // Quick check for existing instance without full singleton lock
    Object singletonObject = this.singletonObjects.get(beanName);
    if (singletonObject == null && isSingletonCurrentlyInCreation(beanName)) {
        singletonObject = this.earlySingletonObjects.get(beanName);
        if (singletonObject == null && allowEarlyReference) {
            synchronized (this.singletonObjects) {
                // Consistent creation of early reference within full singleton lock
                singletonObject = this.singletonObjects.get(beanName);
                if (singletonObject == null) {
                    singletonObject = this.earlySingletonObjects.get(beanName);
                    if (singletonObject == null) {
                        ObjectFactory<?> singletonFactory = this.singletonFactories.get(beanName);
                    if (singletonFactory != null) {
                        singletonObject = singletonFactory.getObject();
                        this.earlySingletonObjects.put(beanName, singletonObject);
                        this.singletonFactories.remove(beanName);
                    }
                }
            }
        }
    }
  }
  return singletonObject;
}
```

2. ReactiveAdapterRegistry#getSharedInstance

ReactiveAdapterRegistry 使用了懒汉单例模式，在一开始定义了静态属性，代码如下。

```
@Nullable
private static volatile ReactiveAdapterRegistry sharedInstance;
```

在 ReactiveAdapterRegistry 中定义了一个获取单例的方法 getSharedInstance，代码如下。

```
public static ReactiveAdapterRegistry getSharedInstance() {
  ReactiveAdapterRegistry registry = sharedInstance;
  if (registry == null) {
  synchronized (ReactiveAdapterRegistry.class) {
        registry = sharedInstance;
        if (registry == null) {
            registry = new ReactiveAdapterRegistry();
sharedInstance = registry;
}
      }
   }
return registry;
}
```

3. ProxyFactoryBean#getSingletonInstance( )

ProxyFactoryBean 在获取实例的时候，也是使用了单例模式，找到方法 getSingletonInstance( )，具体代码如下。

```
private synchronized Object getSingletonInstance() {
    if (this.singletonInstance == null) {
      this.targetSource = freshTargetSource();
      if (this.autodetectInterfaces && getProxiedInterfaces().length == 0 && !isProxyTarget
Class()) {
          // Rely on AOP infrastructure to tell us what interfaces to proxy.
          Class<? > targetClass = getTargetClass();
          if (targetClass == null) {
              throw new FactoryBeanNotInitializedException("Cannot determine target class for proxy");
          }
setInterfaces(ClassUtils.getAllInterfacesForClass(targetClass, this.proxyClassLoader));
        }
        // Initialize the shared singleton instance.
        super.setFrozen(this.freezeProxy);
        this.singletonInstance = getProxy(createAopProxy());
    }
    return this.singletonInstance;
}
```

2.7 单例模式实战：线程池

这一节通过手写一个线程池来看看单例模式在实际项目中是如何使用的。

2.7.1 普通方式实现

1. 编写线程池管理类

首先编写一个 ThreadPool 统一管理执行线程，代码如下所示。

```
package com.kfit.singleton.example.v1;
import java.util.concurrent.Executors;
import java.util.concurrent.ThreadPoolExecutor;

/**
 * 线程池：管理线程；使用常规的编码方式。
 * @author 悟纤「公众号 SpringBoot」
 * @slogan 大道至简 悟在天成
 */
public class ThreadPool {
    //线程池构造器
    private ThreadPoolExecutor threadPoolExecutor = null;
    //设置并发执行的线程个数
    private final int THREAD_COUNT = 50;

    public ThreadPool() {
        //初始化一个线程池处理器
        threadPoolExecutor = (ThreadPoolExecutor) Executors.newFixedThreadPool (THREAD_COUNT);
    }

    /**
     * 接收一个线程并执行
     * @param t
     */
    public void excute(Thread t){
        if(!threadPoolExecutor.isShutdown()){
            threadPoolExecutor.execute(t);
        }
    }

}
```

2. 测试代码

编写一个 Test 测试代码，具体代码如下所示。

```
package com.kfit.singleton.example.v1;

/**
 * 测试
 *
 * @author 悟纤「公众号 SpringBoot」
 * @slogan 大道至简 悟在天成
 */
public class Test {
    public static void main(String[] args) {
        ThreadPool threadPool = new ThreadPool();

        threadPool.excute(new Thread( ()->{
```

```
            System.out .println("Thread");
        }));
    }
}
```

运行一下代码，可以在控制台看到打印信息：Thread。

3. 问题剖析

上面的编码方式使用的是多例，看着好像没有什么问题。

如果在多处代码中 new ThreadPool( )，那么会出现什么问题呢?

一个 new ThreadPool( )最大能并发执行 50 个线程，那么在多处地方 new，比如 10 处，就是并发执行 500 个线程。如果计算机顶得住，这当然是皆大欢喜了，但是计算机并发这么多的线程可能扛不住，并且会影响性能，所以要控制在一个项目中并发执行的线程数，就需要通过控制 ThreadPool 的实例个数，来控制最大可并发执行的线程数（50），这就需要使用单例模式。

总结：存在的问题就是并发线程数不可控，导致内存溢出和影响程序性能。

2.7.2 单例模式实现

1. 编写单例线程池管理类

为了解决上述的问题，可以使用单例模式来管理线程池，这里使用相对比较复杂的懒汉模式进行编写，代码如下所示。

```
package com.kfit.singleton.example.v2;
import java.util.concurrent.Executors;
import java.util.concurrent.ThreadPoolExecutor;

/**
 * 线程池：管理线程
 * @author 悟纤「公众号 SpringBoot」
 * @slogan 大道至简 悟在天成
 */
public class ThreadPool {
    private volatile static ThreadPool threadPool ;
    //线程池构造器
    private ThreadPoolExecutor threadPoolExecutor = null;
    //设置并发执行的线程个数
    private final int THREAD_COUNT = 50;

    private ThreadPool() {
        //初始化一个线程池处理器
        threadPoolExecutor = (ThreadPoolExecutor)
Executors.newFixedThreadPool (THREAD_COUNT);
    }

    /**
     * 接收一个线程并执行
     * @param t
```

```
*/
    public void excute(Thread t){
        if(!threadPoolExecutor.isShutdown()){
            threadPoolExecutor.execute(t);
        }
    }

    /**
     * 提供获取 ThreadPool 的方法
     * @return
*/
    public static ThreadPool getInstance(){
        if(threadPool == null){
            synchronized (ThreadPool.class){
                if(threadPool == null){
                    threadPool = new ThreadPool();
                }
            }
        }
        return threadPool ;
    }

}
```

编码注意如下：

（1）线程安全问题：使用 synchronized+double check 双重校验解决线程安全问题。

（2）指令重排问题：使用 volatile 关键字修饰，以此来禁止指令重排。

（3）避免 new 对象：将构造方法定义为 private 私有化来避免随意 new 对象。

2. 测试代码

编写 Test 测试代码，看看前面编写的代码是否能够正常运行，代码如下所示。

```
package com.kfit.singleton.example.v2;

/**
 * 测试
 * @author 悟纤「公众号 SpringBoot」
 * @slogan 大道至简 悟在天成
 */
public class Test {
    public static void main(String[] args) {
        ThreadPool threadPool = ThreadPool.getInstance();

        threadPool.excute(new Thread( ()->{
            System.out .println("Thread");
        }));
    }
}
```

通过单例模式，确保了对象只会创建一个，这样就可以统一管理整个项目的线程，以此来避免由于线程过多造成内存出问题。

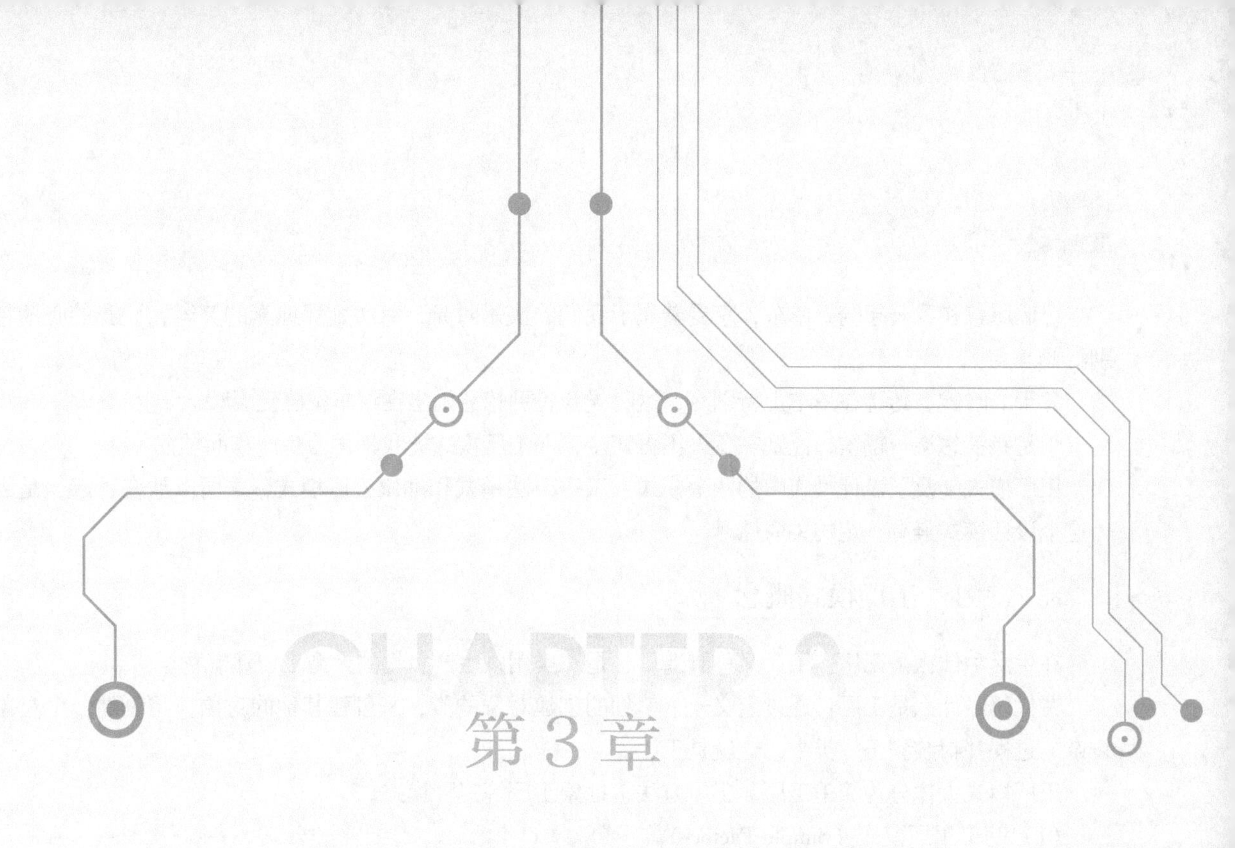

CHAPTER 3

第3章

创建型模式之工厂模式

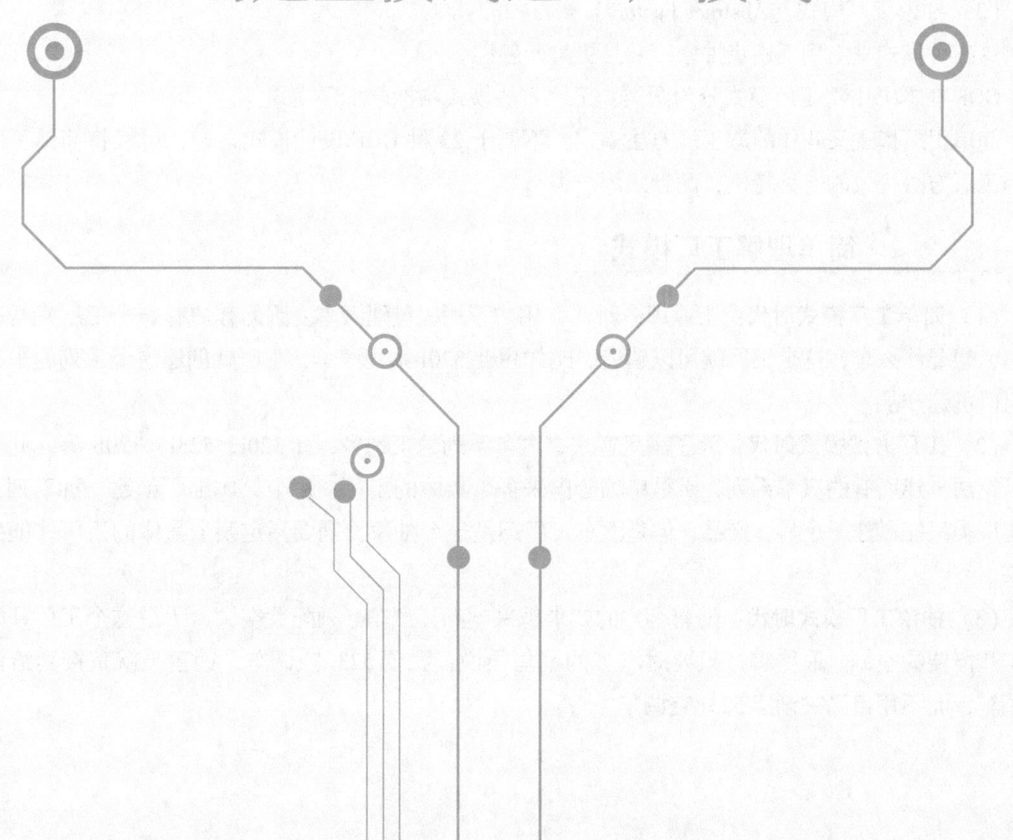

3.1 工厂模式

小璐愿意和我一起骑着单车，享受着属于我们的快乐时光，每次她那纯真的笑容，让我的心情特别舒畅。

冬天的时候，她骑在单车上特别冷，这时候我特别想让她坐在汽车里感受温暖。

于是我就想造一辆车，让她在冬天不再寒冷，而工厂模式让我不再为生产车而烦恼。

工厂模式涉及了设计模式中的两个模式：工厂方法模式和抽象工厂模式，之所以放在一起，是因为这个设计模式具有一定的关联性。

3.1.1 工厂模式概念

在生活中什么是工厂：工厂又称制造厂，是一类用以生产货物的大型工业建筑物。

在代码中什么是工厂：通过定义一个单独的创建对象的类，来创建其他的对象，将创建一个对象复杂的过程并封装到工厂类中，这就是工厂。

工厂模式大体分为简单工厂、工厂方法、抽象工厂等三种模式。

（1）简单工厂模式（Simple Factory）。

（2）工厂方法模式（Factory Method）。

（3）抽象工厂模式（Abstract Factory）。

这三种模式从上到下逐步抽象，并且更具一般性。

GOF 在本书中将工厂模式分为两类：工厂方法模式与抽象工厂模式。

简单工厂模式又叫作静态工厂方法模式，不属于 23 种 GOF 设计模式之一，可以将简单工厂模式看为工厂方法模式的一种特例，两者归为一类。

3.1.2 简单理解工厂模式

（1）**简单工厂模式时代**：工业革命时代，用户不用去创建汽车。因为客户有一个工厂来帮他生产汽车，想要什么车，这个工厂就可以建造。比如想要 320i 系列汽车，工厂就创建这个系列的车，即工厂可以创建产品。

（2）**工厂方法模式时代**：为了满足客户，汽车系列越来越多，如 320i、523i、320li 等。此时一个工厂无法创建所有的汽车系列，于是单独分出来多个具体的工厂，每个具体工厂创建一种系列，即具体工厂类只能创建一个具体产品，但是汽车工厂还是一个抽象，需要指定某个具体的工厂才能生产出车来。

（3）**抽象工厂模式时代**：随着客户的要求越来越高，汽车必须配置空调，于是这个工厂开始生产汽车和需要的空调。最终客户只要对汽车的销售员说：我要 523i 空调车，销售员就直接卖给他 523i 空调车，而不用自己去创建 523i 空调车。

3.2 无工厂时代

我有一个愿望——让小璐能够坐在汽车里笑，想象着她开心的笑容，我心里也是开心满满。

在这个没有专门生产汽车的年代（无工厂时代），为了让小璐能够开开心心，于是就自己进行生产了。

3.2.1 无工厂时代类图：汽车图纸

我根据自己的想象为小璐设计了两款汽车 BMW520 和 BMW521，如图 3-1 所示。

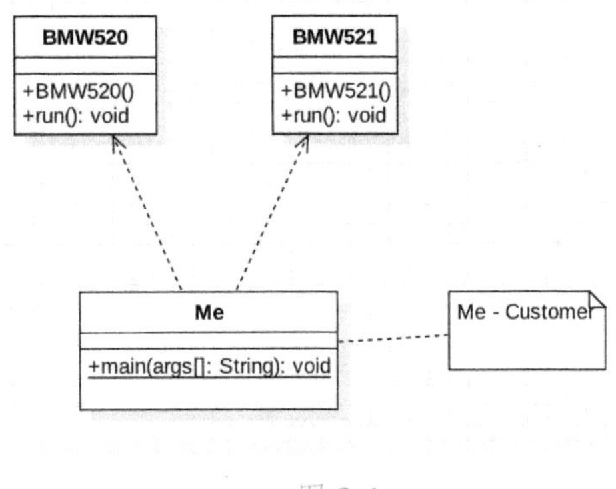

● 图 3-1

3.2.2 无工厂时代编码：制造汽车

通过我的聪明才智，用了七天七夜设计出了汽车原型，于是开始进行制造，代码如下所示。

```
package com.kfit.factory.bmw.nofactory;

/**
 * BMW520
 * @author 悟纤「公众号 SpringBoot」
 * @slogan 大道至简 悟在天成
 */
public class BMW520 {

    public BMW520(){
        System.out .println("制造汽车 BMW520 系列");
    }

    /**
     *  运行
     */
    public void run(){
```

```
        System.out .println("开着汽车 BMW520,载着小璐…");
    }

}
```

BMW521 的设计，代码如下所示。

```
package com.kfit.factory.bmw.nofactory;

/**
 * BMW520
 * @author 悟纤「公众号 SpringBoot」
 * @slogan 大道至简 悟在天成
 */
public class BMW521 {

    public BMW521(){
        System.out .println("制造汽车 BMW521 系列");
    }

    /**
     *   运行
     */
    public void run(){
        System.out .println("开着汽车 BMW521,载着小璐…");
    }

}
```

车设计得差不多了，可以进行生产。

Me-Customer，就是客户需要自己生产车，代码如下所示。

```
package com.kfit.factory.bmw.nofactory;

/**
 * 我生产车,然后载着女朋友出去玩
 * @author 悟纤「公众号 SpringBoot」
 * @slogan 大道至简 悟在天成
 */
public class Me {
    public static void main(String[] args) {
        BMW520 bmw520 = new BMW520();
        BMW521 bmw521 = new BMW521();

        bmw520.run();
        bmw521.run();
    }
}
```

运行以上程序，执行结果如下所示：

制造汽车 BMW520 系列

制造汽车 BMW521 系列
开着汽车 BMW520，载着小璐...
开着汽车 BMW521，载着小璐...

这种方式能实现生产车的需求，但是使用者就很操心了，需要关心具体产品的创建，如果创建过程更复杂，比如需要设置很多的前置参数，那么每个使用者就会崩溃了，工厂模式就是为了这解决这类问题而产生的，具体如何实现，将在下节揭晓。

3.3 工厂模式之简单工厂模式

为了降低耦合，出现了工厂类，把创建汽车的细节放到了工厂里面，客户直接使用工厂的创建方法，传入想要的汽车型号就可以创建一辆车，而不必去知道创建的细节，这就是工业革命：**简单工厂模式**。

3.3.1 简单工厂模式的诞生

我的爱车 BMW520、BMW521 经过长时间使用，早已破烂不堪。我决定生产出新的汽车。

但总觉得自己生产真的很累，作为一位客户，我什么都要操心，我只想要一辆汽车而已，为什么要了解这么多。

不经意间，我了解到一个专门生产汽车的公司 BMW Factory，只要告诉其想要什么型号，就能生产出来，我再也不用操心了。

3.3.2 简单工厂模式构建汽车

1. 简单工厂模式类图

引入了简单工厂之后，就有一个类来专门生产车，工厂方法返回的都是车，所以对于 BMW520 和 BMW521 就需要有一个统一的父类来进行管理，否则工厂方法无法通用，基于这个思路，来看一下新的类图，如图 3-2 所示。

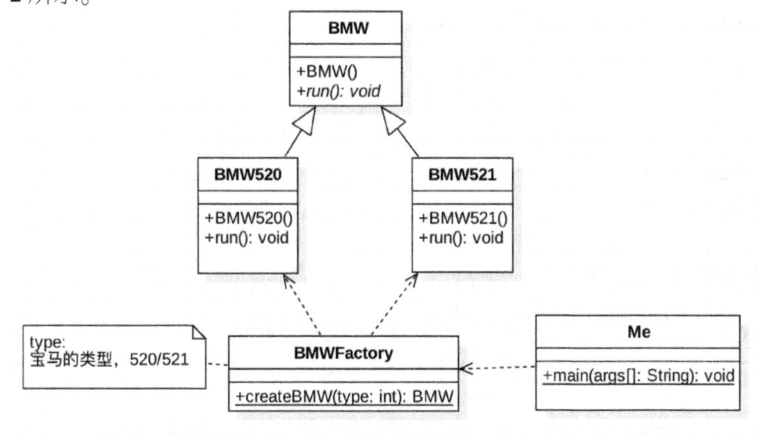

图 3-2

有了图纸，什么都能干了，而有了工厂之后，什么都不用操心了，工厂根据设计的图纸开始进行生产。

2. 使用父类进行标准化

汽车公司把车通用的部分定了一个标准，就是父类 BMW，在这里把 BMW 的一些标准统一进行处理，BMW 抽象类代码如下所示。

```
package com.kfit.factory.bmw.simplefactory;

/**
 * BMW的超类
 * @author 悟纤「公众号 SpringBoot」
 * @slogan 大道至简 悟在天成
 */
public abstract class BMW {
    public  BMW(){
        System.out .println("BMW制造-统一的部分…");
    }

    /**
     * 定义抽象方法:所有的汽车能运行。
     * 具体怎样运行,在抽象类中就不管了
     *
     */
public abstract void run();

}
```

如果没有实现，而只有标准的话，那么使用接口也是可以的，要学会变通。

3. 子类具体的实现

有了基本标准之后，汽车公司开始让工人生产车。

首先来看一下 BMW520（继承 BMW，拥有父类基本的配置)，代码如下所示。

```
package com.kfit.factory.bmw.simplefactory;

/**
 * BMW520
 *
 * @author 悟纤「公众号 SpringBoot」
 * @slogan 大道至简 悟在天成
 */
public class BMW520 extends  BMW{

    public BMW520(){
        System.out .println("制造汽车 BMW520 系列");
    }

    /**
```

```
    *   运行
    */
    @Override
    public void run(){
        System.out .println("开着汽车 BMW520,载着小璐…");
    }

}
```

接着来看一下 BMW521（继承 BMW，拥有父类基本的配置），代码如下所示。

```
package com.kfit.factory.bmw.simplefactory;

/**
 * BMW520
 *
 * @author 悟纤「公众号 SpringBoot」
 * @slogan 大道至简 悟在天成
 */
public class BMW521 extends  BMW{

    public BMW521(){
        System.out .println("制造汽车 BMW521 系列");
    }

    /**
     *   运行
     */
    @Override
    public void run(){
        System.out .println("开着汽车 BMW521,载着小璐…");
    }

}
```

4. 工厂类

汽车公司为了解决车的生产问题，构建了一个专门生产车的工厂 BMW Factory，专门来生产车，代码如下所示。

```
package com.kfit.factory.bmw.simplefactory;

/**
 * 汽车工厂
 * @author 悟纤「公众号 SpringBoot」
 * @slogan 大道至简 悟在天成
 */
public class BMWFactory {

    /**
     * 专门生产汽车 的方法
```

```
     * @param type: 汽车的类型,BMW520/530
     * @return
     */
    public static BMW createBMW(int type){
        BMW bmw = null;
        if(type == 520){
            bmw = new BMW520();
            //其他复杂的配置,可以在这里进行操作
        }else if(type == 521){
            bmw = new BMW521();
            //其他复杂的配置,可以在这里进行操作
        }else{
            throw  new RuntimeException("您指定的类型,汽车公司还没有生产");
        }
        return bmw;
    }
}
```

5. 来看一下车

工厂已经准备好了，就等着我们过来提车。

这一天，风和日丽，万里晴空，我带着小璐过来看车，我想看看 BMW520，很快 BMW Factory 就给我开来了；我想看看 BMW521，BMW Factroy 也给我开来了。

作为客户的我 Me-Customer（客户），不用关心车的生产过程了，具体的生产过程交给工厂来处理，具体的代码逻辑如下：

```
package com.kfit.factory.bmw.simplefactory;

/**
 * 我-Customer
 * @author 悟纤「公众号 SpringBoot」
 * @slogan 大道至简 悟在天成
 */
public class Me {
    public static void main(String[] args) {
        /**
         * 我和小璐度假回来了,要来看看车:
         */
        // 汽车公司我想看看 BMW520
        BMW bmw = BMWFactory.createBMW(520);
        //车来了,我带着小璐去溜达一下
        bmw.run();

        // 汽车公司我想看看 BMW521
        bmw = BMWFactory.createBMW(521);
        //车来了,我带着小璐去溜达一下
        bmw.run();
    }
}
```

3.3.3 简单工厂模式小结

简单工厂模式又称静态工厂方法模式，存在的目的是定义一个用于创建对象的接口，主要由以下几个角色组成：

（1）工厂类角色（BMW Factory）：这是该模式的核心，含有一定的业务逻辑和判断逻辑，用来创建产品。

（2）抽象产品角色（BMW）：它一般是具体产品继承的父类或者实现的接口。

（3）具体产品角色（BMW520/BMW530）：工厂类所创建的对象就是该角色的实例，在Java中由一个具体类实现。

简单工厂模式实现起来简单，也易于理解，但存在如下一些问题：

从开闭原则（对扩展开放，对修改封闭）来分析一下简单工厂模式。

当客户不再满足现有的车型时，想要一种速度飞快的新型车，只要这种车符合抽象产品制定的合同，且通知工厂类创建就可以了，所以对产品部分来说，它是符合开闭原则的。

但是工厂部分好像不太理想，因为每增加一种新型车，就要在工厂类中增加相应的创建业务逻辑，createBMW（int type）方法需要新增else if，这显然是违背开闭原则的。可想而知对于新产品的加入，工厂类是很被动的。对于这样的工厂类，称它为全能类或者顾客类（一个类做了所有事情）。

简单总结一句话就是：对于产品部分符合开闭原则，对于工厂类违背开闭原则。

为了解决上述问题，就需要工厂方法模式。

3.4 工厂模式之工厂方法模式

对于BMW520、BMW521只有一个工厂来进行生产，扩展性就会比较差。

由于简单工厂模式中只有一个工厂类来对应这些产品，所以这可能会把顾客累坏了，也累坏了程序员。

于是工厂方法模式出现了，**工厂类定义成了接口**，而每新增车的类型，就增加该车类型对应工厂类的实现，这样工厂的设计就可以扩展，而不必去修改原来的代码。

为了解决简单工厂模式中工厂方法过多的if else问题，使用了工厂方法模式，一个具体产品类由一个工厂类进行实现。

3.4.1 工厂方法模式

1. 工厂方法模式说明

工厂方法模式去掉了简单工厂模式中工厂方法的静态属性，使得它可以被子类继承。这样在简单工厂模式里，集中在工厂方法上的压力可以由工厂方法模式里不同的工厂子类来分担。

2. 工厂方法模式的组成

看一下工厂方法模式的组成：

（1）抽象工厂角色：这是工厂方法模式的核心，它与应用程序无关，是具体工厂角色必须实现的接口或者必须继承的父类，在 Java 中它由抽象类或者接口来实现。

（2）具体工厂角色：含有和具体业务逻辑有关的代码，由应用程序调用，以创建对应的具体产品的对象。

（3）抽象产品角色：具体产品继承的父类或者是实现的接口，在 Java 中一般由抽象类或者接口来实现。

（4）具体产品角色：具体工厂角色所创建的对象就是该角色的实例，在 Java 中由具体的类来实现。

工厂方法模式使用继承自抽象工厂角色的多个子类来代替简单工厂模式中的“顾客类”。正如上面所说，这样便分担了对象承受的压力，使得结构变得灵活起来，当有新的产品产生时，只要按照抽象产品角色、抽象工厂角色提供的合同来生成，就可以被客户使用，而不必去修改任何已有的代码，可以看出工厂角色的结构是符合开闭原则的。

3. 工厂方法模式类图

汽车公司根据新的构想，重构了设计图，如图 3-3 所示。

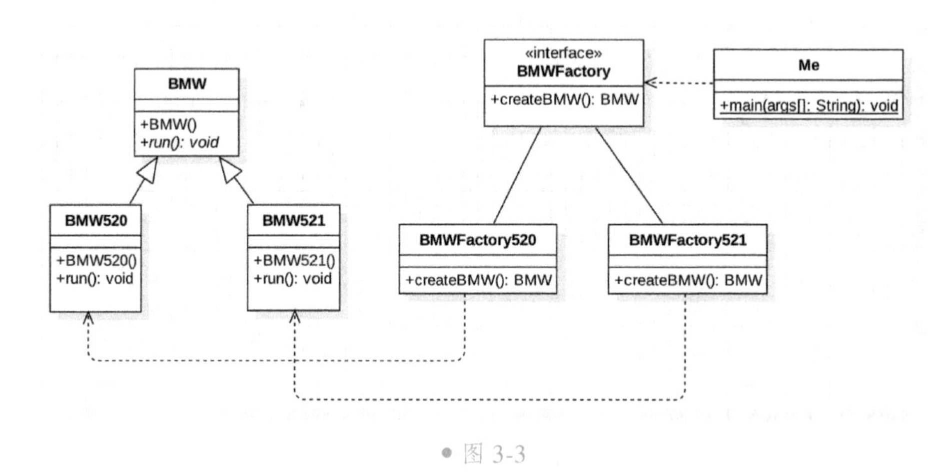

● 图 3-3

3.4.2 工厂方法模式实现汽车的构建

有了设计图之后，汽车公司重新建立了很多的工厂，不同的工厂制造不同型号的车。

1. 抽象产品角色 BMW

抽象产品角色：它是具体产品继承的父类或者是实现的接口，在 Java 中一般由抽象类或者接口来实现。

BMW 和工厂方法模式一样，这里直接贴代码：

```
package com.kfit.factory.bmw.factorymethod;

/**
 * BMW 的超类
 *
 * @author 悟纤「公众号 SpringBoot」
```

```
 * @slogan 大道至简 悟在天成
 */
public abstract class BMW {
    public  BMW(){
        System.out .println("BMW 制造-统一的部分…");
    }

    /**
     * 定义抽象方法:所有的汽车要能运行。
     * 具体怎样运行,在抽象类中就不管了
     *
     */
    public abstract void run();

}
```

2. 具体产品角色 BMW520/BMW521

具体产品角色：具体工厂角色所创建的对象就是该角色的实例，在 Java 中由具体的类来实现。

BMW520/BMW521 和工厂方法模式一样，这里直接粘贴代码：

BMW520：

```
package com.kfit.factory.bmw.factorymethod;

/**
 * BMW520
 *
 * @author 悟纤「公众号 SpringBoot」
 * @slogan 大道至简 悟在天成
 */
public class BMW520 extends BMW {

    public BMW520(){
        System.out .println("制造汽车 BMW520 系列");
    }

    /**
     *  运行
     */
    @Override
    public void run(){
        System.out .println("开着汽车 BMW520,载着小璐…");
    }

}
```

BMW521：

```
package com.kfit.factory.bmw.factorymethod;

/**
```

```
 * BMW520
 *
 * @author 悟纤「公众号 SpringBoot」
 * @slogan 大道至简 悟在天成
 */
public class BMW521 extends BMW {

    public BMW521(){
        System.out.println("制造汽车 BMW521 系列");
    }

    /**
     *  运行
     */
    @Override
    public void run(){
        System.out.println("开着汽车 BMW521,载着小璐…");
    }

}
```

3. 抽象工厂角色 BMWFactory

抽象工厂角色：它是工厂方法模式的核心，它与应用程序无关，是具体工厂角色必须实现的接口或者必须继承的父类，在 Java 中由抽象类或者接口来实现。

汽车公司给所有的工厂指定了一套标准，每个工厂需要有生产车（createBMW）的能力，至于车的生产过程，总部就不过多干涉了。

BMW Factory 可以是抽象类，也可以是接口。面向接口编程，如果接口可以满足，则优先使用接口，BMWFactory 代码如下所示。

```
package com.kfit.factory.bmw.factorymethod;

/**
 * 汽车工厂
 *
 * @author 悟纤「公众号 SpringBoot」
 * @slogan 大道至简 悟在天成
 */
public interface BMWFactory {

    /**
     * 专门生产汽车的方法
     * @return
     */
    BMW createBMW();
}
```

4. 具体工厂角色 BMWFactory520/BMWFactory521

具体工厂角色：含有和具体业务逻辑有关的代码，由应用程序调用，以创建对应的具体产品的对象。

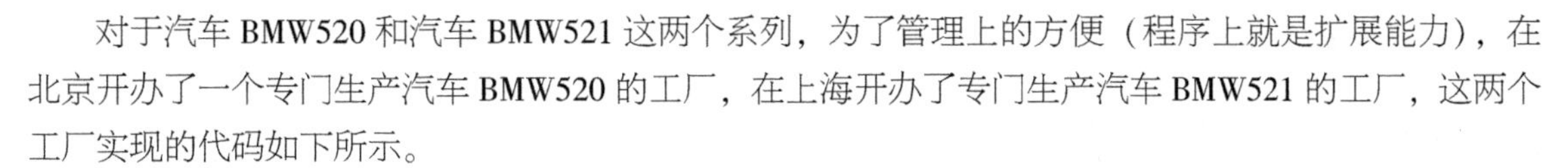

对于汽车 BMW520 和汽车 BMW521 这两个系列，为了管理上的方便（程序上就是扩展能力），在北京开办了一个专门生产汽车 BMW520 的工厂，在上海开办了专门生产汽车 BMW521 的工厂，这两个工厂实现的代码如下所示。

BMWFactory520：

```
package com.kfit.factory.bmw.factorymethod;

/**
 * 汽车 BMW520 的工厂
 * @author 悟纤「公众号 SpringBoot」
 * @slogan 大道至简 悟在天成
 */
public class BMWFactory520 implements  BMWFactory{

    @Override
    public BMW createBMW() {
        return new BMW520();
    }
}
```

BMWFactory521：

```
package com.kfit.factory.bmw.factorymethod;

/**
 * BMW 521 的工厂
 * @author 悟纤「公众号 SpringBoot」
 * @slogan 大道至简 悟在天成
 */
public class BMWFactory521 implements  BMWFactory{
    @Override
    public BMW createBMW() {
        return new BMW521();
    }
}
```

5. 使用工厂方法模式：来买车了

汽车公司将汽车改造好之后，让我去提车。代码如下所示。

```
package com.kfit.factory.bmw.factorymethod;

/**
 * 我-Customer
 * @author 悟纤「公众号 SpringBoot」
 * @slogan 大道至简 悟在天成
 */
public class Me {
    public static void main(String[] args) {
        /**
```

```
         * 我和小璐要来看看车:
         */
BMWFactory factory = new BMWFactory520();
BMW bmw = factory.createBMW();
//车来了,我带着小璐去溜达一下
bmw.run();

factory = new BMWFactory521();
bmw = factory.createBMW();
//车来了,我带着小璐去溜达一下
bmw.run();
    }
}
```

3.4.3 简单工厂扩展特性说明

为什么说工厂方法模式比简单工厂更具有扩展优势呢？假设要新增一款汽车 BMW320，该怎样做呢？

（1）新增一个类 BMW320：

```
package com.kfit.factory.bmw.factorymethod;

/**
 * BMW520
 * @author 悟纤「公众号 SpringBoot」
 * @slogan 大道至简 悟在天成
 */
public class BMW320 extends BMW {

    public BMW320(){
        System.out.println("制造汽车 BMW320 系列");
    }

    /**
     *   运行
     */
    @Override
    public void run(){
        System.out.println("开着汽车 BMW320,载着小璐…");
    }

}
```

（2）新增一个工厂类 BMWFactory320：

```
package com.kfit.factory.bmw.factorymethod;

/**
 * 汽车 BMW320 的工厂
 * @author 悟纤「公众号 SpringBoot」
```

```
 * @slogan 大道至简 悟在天成
 */
public class BMWFactory320 implements  BMWFactory{

    @Override
    public BMW createBMW() {
        return new BMW320();
    }
}
```

对于客户而言，只要换个工厂，就能生产出 BMW320 系列的汽车。

分析一下加入新车类型的过程，并没有改变原来的代码，完全符合开闭原则。如果是之前简单工厂的方式，就需要在 if else 代码中加入一段新的判断逻辑。

3.5 工厂模式之抽象工厂模式

夏天到了，我开着汽车，但是却看不到小璐开心的笑容了。

我：宝贝，怎么不开心了？

小璐：你看这大热天的，咱们这辆车没有空调，我已经热得受不了了。

为了让小璐能够再次开心起来，我就去找汽车公司，生产带有空调的汽车。

3.5.1 抽象工厂模式

1. 抽象工厂模式说明

随着客户的要求越来越高，汽车需要配置空调。于是工厂开始生产汽车和空调。

这时候工厂有两个系列的产品：汽车和空调。

汽车必须使用对应的空调。这时候如果分别使用一个汽车工厂和一个空调工厂是无法很好地满足需求的，因为必须确认车跟空调的对应关系。此时需要把汽车工厂跟空调工厂联系在一起，因此出现了抽象工厂模式。

可以这样来理解，抽象工厂模式和工厂方法模式的区别在需要创建对象的复杂程度上，而且抽象工厂模式是三个工厂模式里最为抽象、最具一般性的。

2. 抽象工厂模式组成

抽象工厂模式的各个角色（和工厂方法基本一样）：

（1）抽象工厂角色：工厂方法模式的核心与应用程序无关，是具体工厂角色必须实现的接口或者必须继承的父类，在 Java 中由抽象类或者接口来实现。

（2）具体工厂角色：含有和具体业务逻辑有关的代码，由应用程序调用，以创建对应的具体产品的对象。

（3）抽象产品族角色：它是具体产品继承的父类或者是实现的接口。

（4）具体产品角色：具体工厂角色所创建的对象就是该角色的实例。

3. 抽象工厂模式类图

汽车公司根据我的新构想，让设计师重构了设计图，如图 3-4 所示。

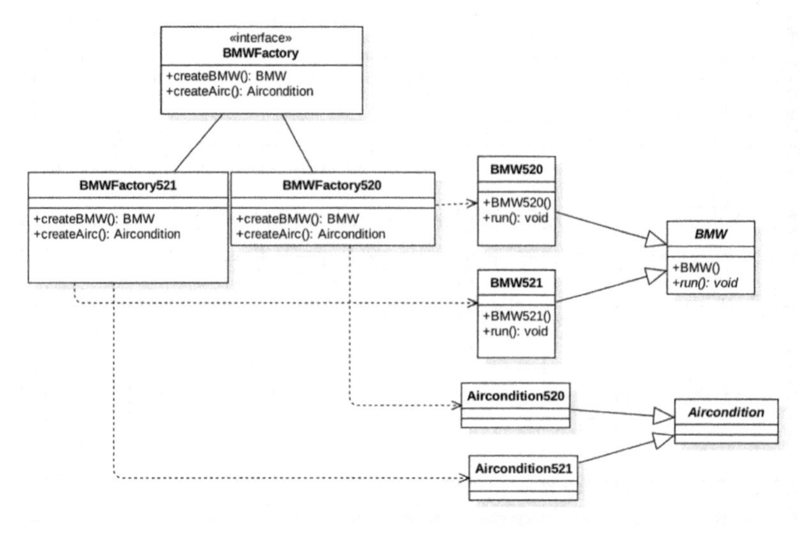

● 图 3-4

3.5.2 抽象工厂模式实现汽车的构建

有了设计图之后，汽车公司重新对工厂进行了配置，主要是对工厂进行了重新规范，工厂不仅仅需要生产汽车，还需要生产对应型号的空调。

1. 抽象产品角色 BMW

抽象产品角色：它是具体产品继承的父类或者是实现的接口，在 Java 中一般由抽象类或者接口来实现。

BMW 和工厂方法模式一样，这里直接粘贴代码：

```
package com.kfit.factory.bmw.abstractfactory;

/**
 * BMW 的超类
 * @author 悟纤「公众号 SpringBoot」
 * @slogan 大道至简 悟在天成
 */
public abstract class BMW {
    public  BMW(){
        System.out .println("BMW 制造-统一的部分…");
    }

    /**
     * 定义抽象方法:所有的汽车有 run()方法。
```

```
    * 具体怎样运行,在抽象类中就不管了
    *
    */
    public abstract void run();

}
```

这里还有另外一个空调的产品，也需要定义一下 Aircondition，代码如下所示。

```
package com.kfit.factory.bmw.abstractfactory;

/**
 * 空调抽象类
 * @author 悟纤「公众号 SpringBoot」
 * @slogan 大道至简 悟在天成
 */
public abstract class Aircondition {

    //相应的抽象方法,这里并未定义.

}
```

2. 具体产品角色 BMW520/BMW521

具体产品角色：具体工厂角色所创建的对象就是该角色的实例，在 Java 中由具体的类来实现。

BMW520/BMW521 和工厂方法模式一样，这里直接粘贴代码：

BMW520：

```
package com.kfit.factory.bmw.abstractfactory;

/**
 * BMW520
 * @author 悟纤「公众号 SpringBoot」
 * @slogan 大道至简 悟在天成
 */
public class BMW520 extends BMW {

    public BMW520(){
        System.out.println("制造汽车 BMW520 系列");
    }

    /**
     *  运行
     */
    @Override
    public void run(){
        System.out.println("开着汽车 BMW520,载着小璐…");
    }

}
```

BMW521：

```
package com.kfit.factory.bmw.abstractfactory;

/**
 * BMW520
 * @author 悟纤「公众号 SpringBoot」
 * @slogan 大道至简 悟在天成
 */
public class BMW521 extends BMW {

public BMW521(){
      System.out.println("制造汽车 BMW521 系列");
}

/**
   *  运行
   */
@Override
public void run(){
      System.out.println("开着汽车 BMW521,载着小璐…");
}

}
```

对应空调产品的实现 Aircondition520/Aircondition521。Aircondition520：

```
package com.kfit.factory.bmw.abstractfactory;

/**
 * BMW520 型号的空调
 * @author 悟纤「公众号 SpringBoot」
 * @slogan 大道至简 悟在天成
 */
public class Aircondition520 extends Aircondition {

}
```

Aircondition521：

```
package com.kfit.factory.bmw.abstractfactory;

/**
 * BMW521 型号的空调
 * @author 悟纤「公众号 SpringBoot」
 * @slogan 大道至简 悟在天成
 */
public class Aircondition521 extends Aircondition {

}
```

3. 抽象工厂角色 BMWFactory

抽象工厂角色：它是工厂方法模式的核心，与应用程序无关，是具体工厂角色需要实现的接口或者继承的父类，在 Java 中由抽象类或者接口来实现。

汽车公司给所有的工厂指定了一套标准，每个工厂需要有生产汽车（createBMW）和空调（createAirc）的能力，至于汽车和空调的生产过程，总部就不过多干涉了。

BMWFactory 可以是抽象类，也可以是接口，如果接口可以满足，则优先接口，代码如下所示。

```
package com.kfit.factory.bmw.abstractfactory;

/**
 * 汽车工厂
 * @author 悟纤「公众号 SpringBoot」
 * @slogan 大道至简 悟在天成
 */
public interface BMWFactory {

    /**
     * 专门生产汽车的方法
     * @return
     */
    BMW createBMW();

    /**
     * 定义生成空调的方法
     * @return
     */
     Aircondition createAirc();
}
```

4. 具体工厂角色 BMWFactory520/BMWFactory521

具体工厂角色：含有和具体业务逻辑有关的代码，由应用程序调用，以创建对应的具体产品的对象。

对于汽车 BMW520 和汽车 BMW521 这两个系列，为了管理上的方便（程序上就是扩展能力），在北京开办了一个专门生产汽车 BMW520 和配套空调的工厂，在上海开办了专门生产汽车 BMW521 和配套空调的工厂。

BMWFactory520：

```
package com.kfit.factory.bmw.abstractfactory;

/**
 * 汽车 BMW520 的工厂
 * @author 悟纤「公众号 SpringBoot」
 * @slogan 大道至简 悟在天成
 */
public class BMWFactory520 implements BMWFactory {
```

```
    @Override
    public BMW createBMW() {
        return new BMW520();
    }

    @Override
    public Aircondition createAirc() {
        return new Aircondition520();
    }
}
```

BMWFactory521：

```
package com.kfit.factory.bmw.abstractfactory;

/**
 * BMW 521 的工厂
 * @author 悟纤「公众号 SpringBoot」
 * @slogan 大道至简 悟在天成
 */
public class BMWFactory521 implements BMWFactory {
    @Override
    public BMW createBMW() {
        return new BMW521();
    }

    @Override
    public Aircondition createAirc() {
        return new Aircondition521();
    }
}
```

5. 使用工厂模式：来买车了

汽车公司：尊贵的 VIP 客户，新款车已经带有空调了，按优惠价格给您。

我：好的，马上到。

为了给女朋友一个惊喜，我没有告诉她，便过去把车提了：

```
package com.kfit.factory.bmw.abstractfactory;
/**
 * 我-Customer
 * @author 悟纤「公众号 SpringBoot」
 * @slogan 大道至简 悟在天成
 */
public class Me {
    public static void main(String[] args) {
        // 我想看看 BMW520
        BMWFactory factory = new BMWFactory520();
        BMW bmw = factory.createBMW();
```

```
        Aircondition aircondition = factory.createAirc();
        //车来了,我带着小璐去溜达一下
        bmw.run();
        //aircondition.run() 运行空调

        // 我想看看 BMW521
        factory = new BMWFactory521();
        bmw = factory.createBMW();
        aircondition = factory.createAirc();
        //车来了,我带着小璐去溜达一下
        bmw.run();
        //aircondition.run() 运行空调
    }
}
```

当我把带有空调的汽车开到小璐面前的时候，小璐开心地合不拢嘴。

3.6 工厂模式在 Spring 框架和 JDK 源码中的应用

上面通过循序渐进的讲解方式深入讲解了工厂模式，这一节看看工厂模式在 Spring 框架，以及 JDK 源码中是如何应用的。

3.6.1 Spring 中的工厂模式

1. 简单工厂 BeanFactory

Spring 中的 BeanFactory 就是简单工厂模式的体现，根据唯一的标识来获得 Bean 对象，看一下 BeanFactory 类关系图，如图 3-5 所示。

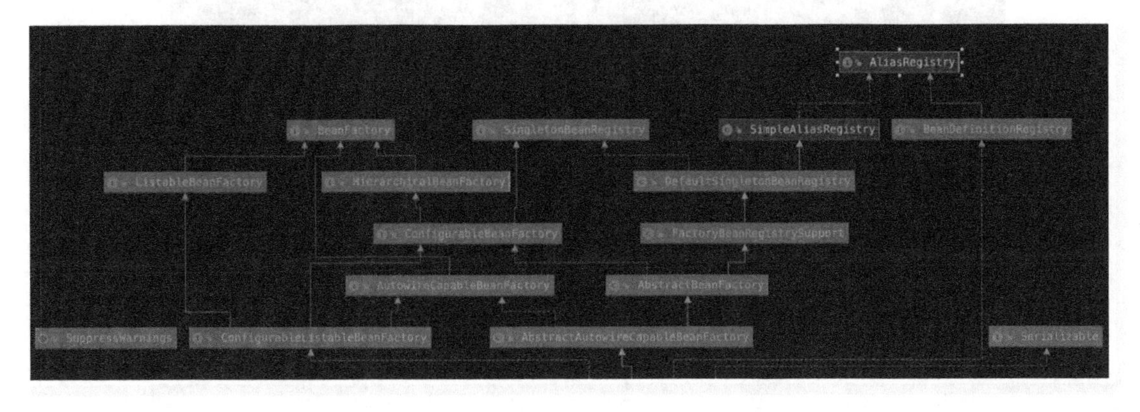

● 图 3-5

从图 3-6 中，可以看到 DefaultListableBeanFactory 实现了这个工厂方法。

看一下接口 BeanFactory 的方法，如图 3-7 所示。

从图 3-8 中，可以看出 DefaultListableBeanFactory 是 BeanFactory 的子类，实现了接口 BeanFactory

的 getBean( )方法。

```
//---------------------------------------------------------------------
// Implementation of remaining BeanFactory methods
//---------------------------------------------------------------------

@Override
public <T> T getBean(Class<T> requiredType) throws BeansException {
    return getBean(requiredType, (Object[]) null);
}

/unchecked/
@Override
public <T> T getBean(Class<T> requiredType, @Nullable Object... args) throws BeansException {
    Assert.notNull(requiredType, message: "Required type must not be null");
    Object resolved = resolveBean(ResolvableType.forRawClass(requiredType), args, nonUniqueAsNull: false);
    if (resolved == null) {
        throw new NoSuchBeanDefinitionException(requiredType);
    }
    return (T) resolved;
}
```

● 图 3-6

```
▼ BeanFactory
    containsBean(String): boolean
    getAliases(String): String[]
    getBean(Class<T>): T
    getBean(Class<T>, Object...): T
    getBean(String): Object
    getBean(String, Class<T>): T
    getBean(String, Object...): Object
```

● 图 3-7

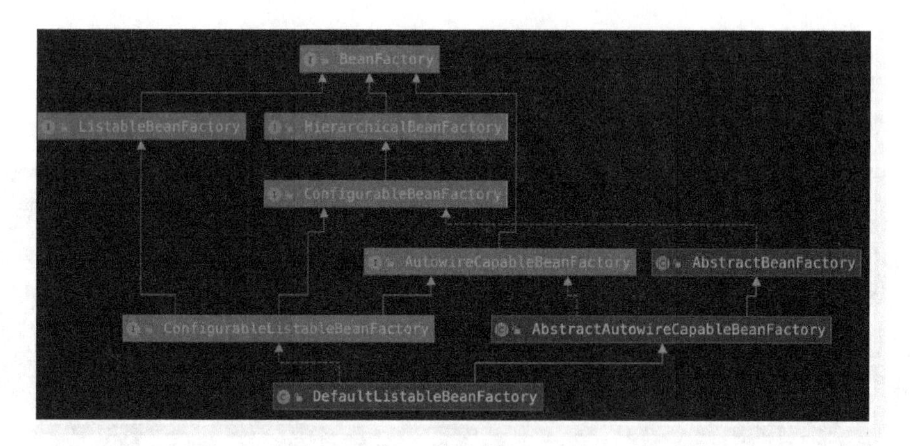

● 图 3-8

2. 工厂方法 FactoryBean

实现了 FactoryBean 接口的 Bean 是一类叫作 Factory 的 Bean，其特点是 Spring 在执行 getBean( )的时候进行调用，以此来获得构建 Bean 的工厂对象，此时会自动调用工厂的 getObject( )方法，所以返回的不是 FactoryBean，而是 factoryBean.getOjbect( )方法的返回值，接口和实现类如图 3-9 所示。

看一下 AbstractFactoryBean 是如何实现的，代码如下所示。

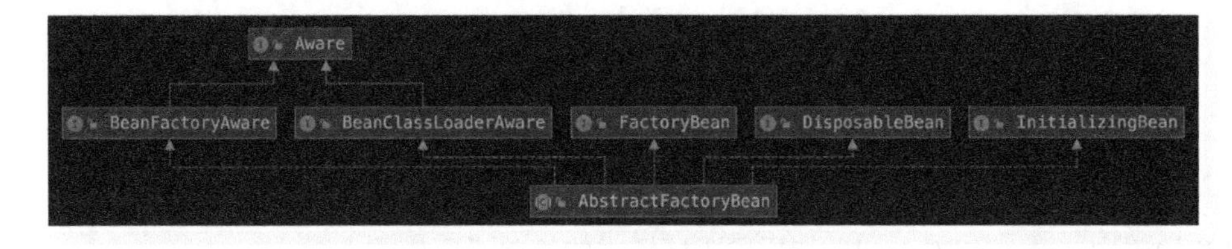

● 图 3-9

```
public final T getObject() throws Exception {
    if (isSingleton()) {
        return (this.initialized? this.singletonInstance: getEarlySingletonInstance());
    }
    else {
        return createInstance();
    }
}
```

接下来看一下 FactoryBean 的小例子，代码如下所示。

```
package com.kfit.test.test6;

import org.springframework.beans.factory.FactoryBean;

public class MyBean implements FactoryBean<Student> {

    public Student getObject() throws Exception {
        Student student = new Student();
        student.setLikeBooks(new String[]{"《公众号 SpringBoot》","《大话设计模式》"});
        return student;
    }

    public Class<? >getObjectType() {
        return Student.class;
    }
}
```

然后使用 XML 的注入方式，代码如下所示。

```
<bean id="myBean" class="com.kfit.test.test6.MyBean"></bean>
```

具体的测试代码如下所示。

```
public static void main(String[] args) {
    ApplicationContext ctx = new ClassPathXmlApplicationContext("applicationContext-test6.xml");
    Student myBean = ctx.getBean("myBean", Student.class);
    System.out .println(myBean);

    //如果要获取 MyBean,可以使用 & 获取
    MyBean myBean1 = ctx.getBean("&myBean", MyBean.class);
```

```
    System.out .println(myBean1);
}
```

3.6.2 JDK 中的工厂模式

在 JDK 源码中，java.util.Calendar 使用了工厂模式的简单工厂模式。

找到 Calendar 的 getInstance( ) 方法，可以看到如下的代码。

```
private static Calendar createCalendar(TimeZone zone,
                                       Locale aLocale)
{
    CalendarProvider provider =
        LocaleProviderAdapter.getAdapter (CalendarProvider.class, aLocale)
                             .getCalendarProvider();
    if (provider != null) {
        try {
            return provider.getInstance(zone, aLocale);
        } catch (IllegalArgumentException iae) {
            // fall back to the default instantiation
        }
    }

    Calendar cal = null;

    if (aLocale.hasExtensions()) {
        String caltype = aLocale.getUnicodeLocaleType("ca");
        if (caltype != null) {
            switch (caltype) {
            case "buddhist":
            cal = new BuddhistCalendar(zone, aLocale);
                break;
            case "japanese":
                cal = new JapaneseImperialCalendar(zone, aLocale);
                break;
            case "gregory":
                cal = new GregorianCalendar(zone, aLocale);
                break;
            }
        }
    }
```

3.7 工厂模式实战之不同的支付渠道

在电商项目中，会引入支付宝支付和微信支付（如图 3-10 所示）。

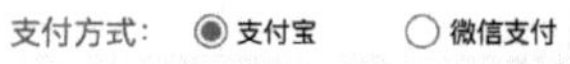

支付方式： ◉ 支付宝　　○ 微信支付

● 图 3-10

如果是按照常规的设计，则代码如下所示。

```
/**
 * 支付测试
 *
 * @author 悟纤「公众号 SpringBoot」
 * @date 2022-11-07
 * @slogan 大道至简悟在天成
 */
public class Test {
    public static void main(String[ ] args) {
        //使用支付宝支付
        Alipay alipay = new Alipay();
        alipay.pay(88.88);

        //使用微信支付
        WeixinPay weixinPay = new WeixinPay();
        weixinPay.pay(88.88);
    }
}
```

设计两个支付类 AliPay 和 WeixinPay，然后在调用的时候，实例化相应的类来发起支付。这种方式对于调用者而言不是很友好，扩展性不强。

如何对以上代码进行优化呢？可以使用简单工厂模式或者工厂方法模式对其进行优化。

在这里使用简单工厂模式来进行优化，工厂方法模式优化的思路和前面小节讲的 BMW 是一样的。

1. 工厂模式类图

了解了简单工厂模式，具体的编码还是很简单的，来看一下类图，如图 3-11 所示。

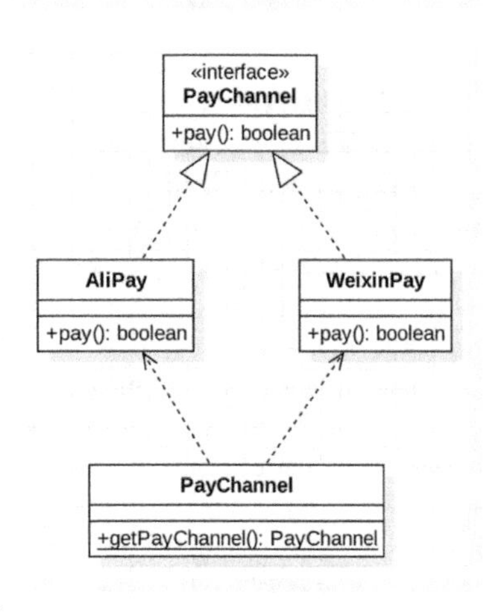

图 3-11

有了类图，编码也就实现了一大半了，来看一下具体编码如何进行实现。

2. 抽象产品角色

在接口 PayChannel 定义 pay( )方法：

```
package com.kfit.factory.example.v2;

import java.math.BigDecimal;

/**
 * 支付渠道接口
 *
 * @author 悟纤「公众号 SpringBoot」
```

```
 * @slogan 大道至简 悟在天成
 */
public interface PayChannel {
    /**
     * 定义支付方法
     * @param price 支付的价格
     * @return 调用是否成功,true:成功,false:失败.
     */
    boolean pay(BigDecimal price);
}
```

3. 具体产品角色

这里主要有 AliPay 和 WeixinPay。

AliPay：

```
package com.kfit.factory.example.v2;

import java.math.BigDecimal;

/**
 *
 * 支付宝支付调用
 * @author 悟纤「公众号 SpringBoot」
 * @slogan 大道至简 悟在天成
 */
public class AliPay implements PayChannel{

    @Override
    public boolean pay(BigDecimal price) {
        System.out.println("调用支付宝 SDK 发起支付,价格:"+price);
        return true;
    }

}
```

WeixinPay：

```
package com.kfit.factory.example.v2;

import java.math.BigDecimal;

/**
 *
 * 微信支付调用
 * @author 悟纤「公众号 SpringBoot」
 * @slogan 大道至简 悟在天成
 */
public class WeixinPay implements PayChannel{
```

```
    @Override
    public boolean pay(BigDecimal price){
        System.out .println("调用微信支付 SDK 发起支付,价格:"+price);
        return true;
    }

}
```

4. 具体工厂角色

具体工厂角色 PayChannelFactory。

```
package com.kfit.factory.example.v2;

/**
 * 支付方式工厂类
 * @author 悟纤「公众号 SpringBoot」
 * @slogan 大道至简 悟在天成
 */
public class PayChannelFactory {

    /**
     * 这个 type 一般是前端会使用单选按钮并让用户选择,在单选按钮上会设置对应的值为 0 或者 1
     * @param type 0:支付宝,1:微信支付.
     * @return
     */
    public static PayChannel getPayChannel(int type){
        PayChannel payChannel = null;
        if(type == 0){
            payChannel = new AliPay();
            //在这里设置发起支付需要的一些配置信息,比如 appId、加密方式等
        }else if(type == 1){
            payChannel = new WeixinPay();
//在这里设置发起支付需要的一些配置信息,比如 appId、加密方式等
        }else{
            throw new RuntimeException("不支持支付方式,type 取值[0|1],0:支付宝,1:微信支付");
        }

        return payChannel;
    }
}
```

5. 工厂模式测试

编写测试类 Test:

```
package com.kfit.factory.example.v2;

import java.math.BigDecimal;
```

```java
/**
 * 测试支付
 *
 * @author 悟纤「公众号 SpringBoot」
 * @slogan 大道至简 悟在天成
 */
public class Test {
    /**
     * 这种方式对于使用者而言,不是很优化,所以进行优化。
     *
     * @param args
     */
    public static void main(String[] args) {
        //使用支付宝支付
        PayChannel payChannel = PayChannelFactory.getPayChannel (0);
        payChannel.pay(new BigDecimal(88.88));

        //使用微信支付
        payChannel = PayChannelFactory.getPayChannel (1);
        payChannel.pay(new BigDecimal(88.88));
    }
}
```

3.8 工厂模式总结

这一节对于前面讲到的简单工厂、工厂方法、抽象工厂做一个总结。

3.8.1 工厂模式特点

1. 工厂模式定义

简单工厂（Simple Factory）：由**一个工厂**类根据传入的参数，动态决定应该创建哪一个产品类（继承自一个父类或接口）的实例。

工厂方法（Factory Method）：定义工厂父类指定公共的接口，而子类工厂则负责生成具体的对象（多个工厂）。

抽象工厂（Abstract Factory）：提供一个创建一系列相关或相互依赖对象的接口，而无须指定它们具体的类，具体的工厂负责实现具体的产品实例（在工厂中可以生产多个产品）。

2. 工厂模式主要对象

简单工厂：具体工厂（一个）、抽象产品、具体产品。

工厂方法：抽象工厂、具体工厂（多个）、抽象产品、具体产品。

抽象工厂：抽象工厂、具体工厂（**多个**）、抽象产品（族）、具体产品。

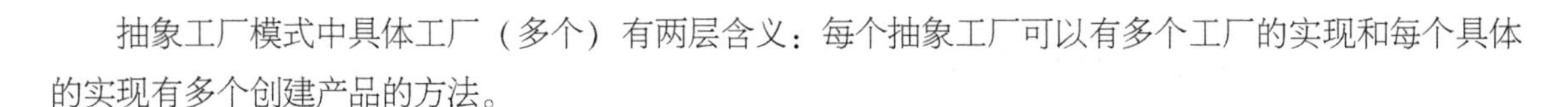

抽象工厂模式中具体工厂（多个）有两层含义：每个抽象工厂可以有多个工厂的实现和每个具体的实现有多个创建产品的方法。

3. 简单工厂模式主要对象

简单工厂模式又叫作静态工厂方法模式，不属于 23 种 GOF 设计模式之一，可以将简单工厂模式（Simple Factory）看成工厂方法模式的一种特例，两者归为一类。

工厂（Factory）：负责实现创建所有实例的内部逻辑，并提供一个外界调用的方法，创建所需的产品对象。

抽象产品（Abstract Product）：负责描述产品的公共接口。

具体产品（Concrete Product）：描述生产的具体产品。

4. 工厂方法模式主要对象

抽象工厂（Abstract Factory）：描述具体工厂的公共接口。

具体工厂（Concrete Factory）：描述具体工厂，创建产品的实例，供外界调用。

抽象产品（Abstract Product）：负责描述产品的公共接口。

具体产品（Concrete Product）：描述生产的具体产品。

5. 抽象工厂模式主要对象

抽象工厂（Abstract Factory）：描述具体工厂的公共接口，一般可以生成两个产品。

具体工厂（Concrete Factory）：描述具体工厂，创建产品的实例，供外界调用。

抽象产品（族）（Abstract Product）：描述抽象产品的公共接口。

具体产品（Concrete Product）：描述具体产品的公共接口。

3.8.2 工厂模式区别

1. 工厂方法模式

一个抽象产品类，可以派生出多个具体产品类。

一个抽象工厂类，可以派生出多个具体工厂类。

每个具体工厂类只能创建一个具体产品类的实例。

2. 抽象工厂模式

多个抽象产品类，每个抽象产品类可以派生出多个具体产品类。

一个抽象工厂类，可以派生出多个具体工厂类。

每个具体工厂类可以创建多个具体产品类的实例。

3. 区别

工厂方法模式只有一个抽象产品类，而抽象工厂模式有多个。

工厂方法模式的具体工厂类只能创建一个具体产品类的实例，而抽象工厂模式可以创建多个。

3.8.3 工厂模式适用场景

1. 简单工厂模式

工厂类中创建的对象不能太多，否则工厂类的业务逻辑就太复杂了，其次由于工厂类封装了对象的创建过程，所以客户端应该不关心对象的创建，适用场景如下：

（1）需要创建的对象较少。

（2）客户端不关心对象的创建过程。

2. 工厂方法模式

和简单工厂对比一下，最根本的区别在于，简单工厂只有一个统一的工厂类，而工厂方法是针对每个要创建的对象都会提供一个工厂类，适用场景如下：

（1）客户只知道创建产品的工厂名，而不知道具体的产品名。如 TCL 电视工厂、海信电视工厂等。

（2）创建对象的任务由多个具体子工厂中的某一个完成，而抽象工厂只提供创建产品的接口。

（3）客户不关心创建产品的细节，只关心产品的品牌。

3. 抽象工厂模式

抽象工厂的适用场景如下：

（1）和工厂方法一样，客户端不需要知道它所创建的对象的类。

（2）需要一组对象共同完成某种功能，并且可能存在多组对象完成不同功能的情况。

（3）系统结构稳定，不会频繁增加对象（因为一旦增加，就需要修改原有代码，不符合开闭原则）。

4. 工厂模式使用心得

无论是简单工厂模式、工厂方法模式，还是抽象工厂模式，都属于工厂模式，在形式和特点上也是极为相似的，最终目的是为了解耦。

在使用时，不必去在意这个模式到底是工厂方法模式，还是抽象工厂模式，因为它们之间的演变常常是令人琢磨不透的。

经常会发现这样的情况，明明使用的是工厂方法模式，当加入了一个新方法后，由于类中的产品构成了不同等级结构中的产品族，它就变成抽象工厂模式了。而对于抽象工厂模式，当减少一个方法使得提供的产品不再构成产品族之后，它就演变成了工厂方法模式。

所以在使用工厂模式时，只需要关心降低耦合度的目的是否达到了即可。

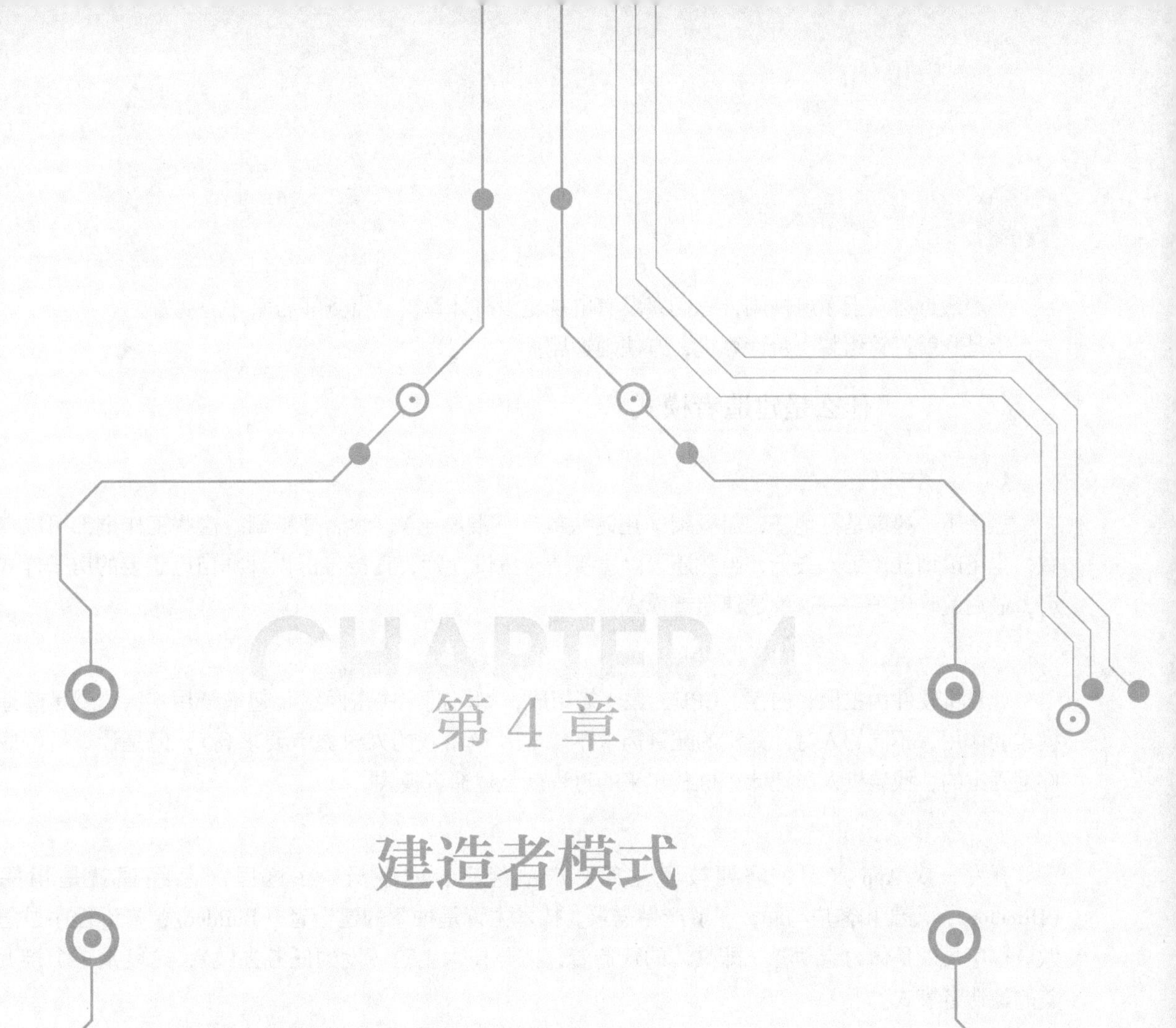

CHAPTER 4

第4章

建造者模式

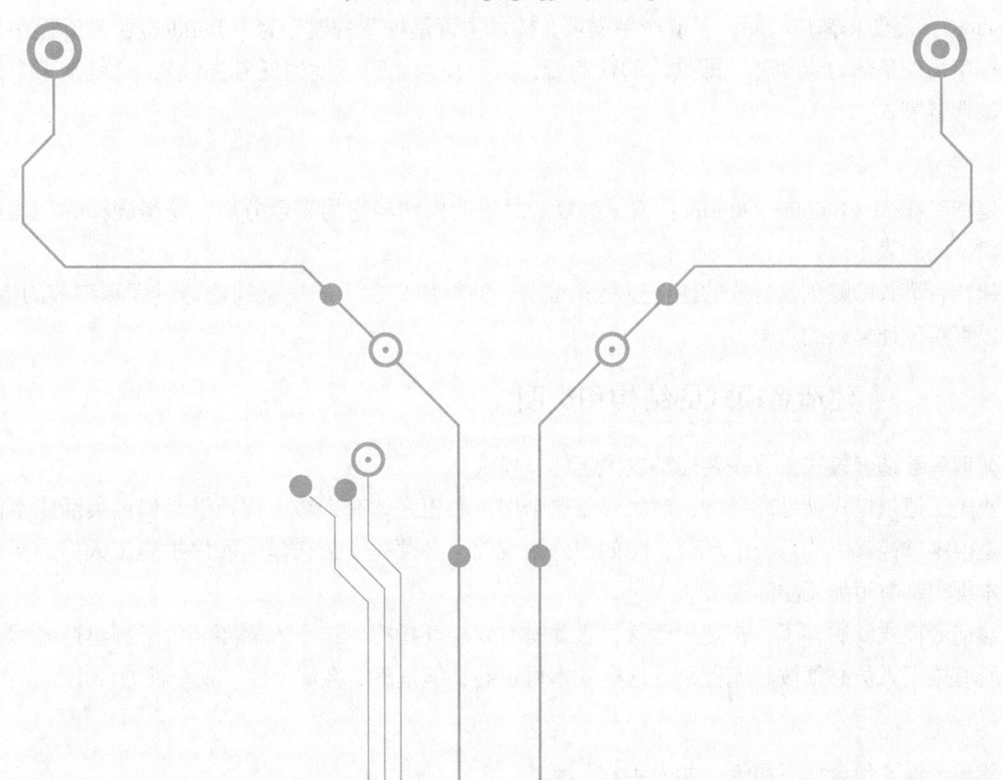

4.1 建造者模式概念

小璐最近喜欢上了电视剧，我们家没有电视也没有计算机，得到邻居家才能观看。

于是我就打算组装一台计算机，方便她追剧。

4.1.1 什么是建造者模式

1. 生活中的例子之盖房子

盖房子一般就是打地基，盖框架（用砖头或钢筋混凝土），然后是粉刷。这些工作全部可以自己做，也可以请几个工人去干，当然还可以直接请一位设计师，直接告诉设计师自己想要的房子样式即可，最后验收房子——这就是建造者模式。

2. 生活中的例子之组装计算机

计算机硬件由主板、内存、CPU、显卡等组成，如何把这些东西组装起来给用户，这就是建造者模式的作用，不同的人对计算机的配置需求不一样（玩游戏的人对显卡要求高），但是计算机构成部件是固定的，找装机人员把计算机装起来的过程就是建造者模式。

3. 生活中的例子之软件开发

开发一款 App 产品，需要技术主管、产品经理、程序员。在这里产品经理就是指挥者（Director），需要和客户沟通，了解产品需求。技术主管是抽象的建造者（Builder），告诉程序员怎样做。程序员就是体力劳动者（即具体的建造者，按照技术主管下发的任务去做），这就是一个接近完美的建造者模式。

4. 建造者模式的软件定义

建造者模式（Builder Pattern）：将一个复杂对象的构建与它的表示分离，使得同样的构建过程可以创建不同的表示。

建造者模式隐藏创建对象的建造过程和细节，使得用户在不知对象的建造过程和细节的情况下，就可以直接创建复杂的对象。

4.1.2 建造者模式的结构和类图

要理解建造者模式，首先要理解农民工建筑模式。

农民工建筑模式就是靠经验，对怎样盖这个房子心里大体有个数，优点就是自由灵活成本低，缺点则是很难掌控其中的每一个环节，比如户外施工前，必须先安装防尘网和保护施工人员的拦网，这个基本规定都有可能无法落实。

建造者模式就厉害了，制度化运营，必须得有人现场指挥，这个人需要非常了解建造流程，而且要求所有施工人员必须按照流程来。这样成本肯定高，但是确实在规范性、安全性方面得到了提高。

1. 建造者模式结构

建造者模式包含如下角色，如表 4-1 所示。

表 4-1 建造者模式角色

角　色	类　别	说　明
Builder	接口或抽象类	抽象的建造者，不是必须的
ConcreteBuilder	具体的建造者	可以有多个（因为每个建造风格可能不一样）
Product	普通的类	具体的产品（即被建造的对象）
Director	导演也叫作指挥者	统一指挥建造者去建造目标，导演不是必须的

说明：这里的角色在实际编码中很可能是同一个类。

2. 建造者模式类图

看一下建造者角色之间的一个关系，如图 4-1 所示。

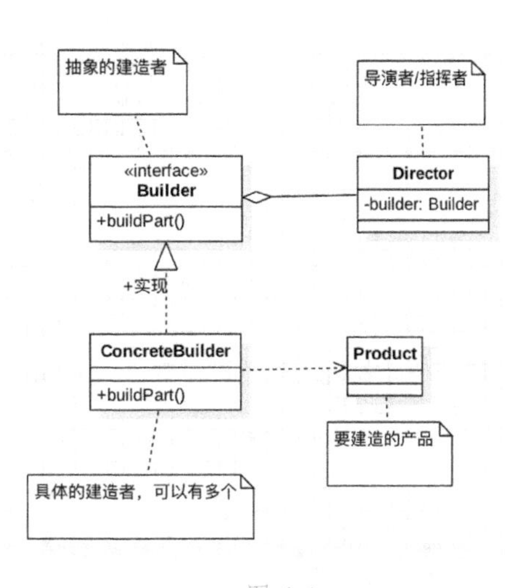

图 4-1

4.1.3 建造者模式的优缺点

1. 优点

（1）客户端不必知道产品内部组成的细节，将产品本身与产品的创建过程解耦，使得相同的创建过程可以创建不同的产品对象。

（2）每一个具体建造者是独立的，因此可以方便地替换具体建造者或增加新的具体建造者，用户使用不同的具体建造者即可得到不同的产品对象。

（3）可以更加精细地控制产品的创建过程，将复杂产品的创建步骤分解在不同的方法中，使得创建过程更加清晰，也更方便使用程序来控制创建过程。

（4）增加新的具体建造者无须修改原有类库的代码，指挥者类针对抽象建造者类编程，系统扩展方便，符合开闭原则。

2. 缺点

（1）当建造者过多时，会产生很多类，难以维护。

（2）建造者模式所创建的产品一般具有较多的共同点，其组成部分相似，若产品之间的差异性很大，则不适合使用该模式，因此其使用范围受到一定限制。

（3）若产品的内部变化复杂，可能需要定义很多具体建造者类来实现这种变化，导致系统变得很庞大。

4.2 建造者模式之组装计算机

为了能够让小璐在家就可以追剧，我开始进行计算机的组装。

4.2.1 无建造者模式

1. 类图

计算机应该有 CPU、内存、硬盘等，于是我设计出了一张类图，如图 4-2 所示。

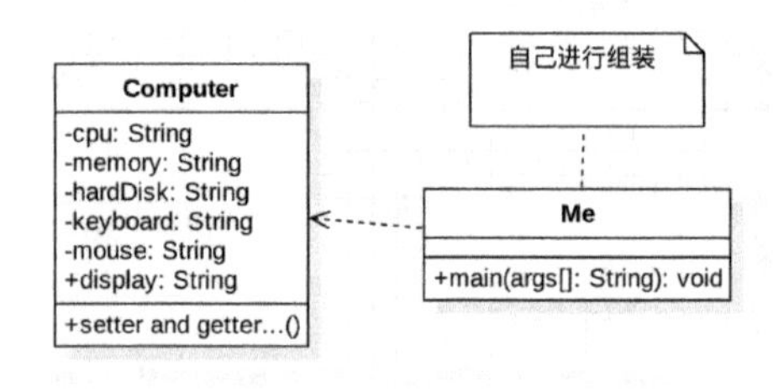

● 图 4-2

2. 编码实现

首先把计算机的配置进行封装（Computer），代码如下所示。

```
package com.kfit.builder.nobuilder;

/**
 * 计算机
 * @author 悟纤「公众号 SpringBoot」
 * @slogan 大道至简 悟在天成
 */
public class Computer {
    //计算机的 cpu
    private String cpu;
    //计算机内存
    private String memory;
    //计算机硬盘
    private String hardDisk;
    /* 键盘*/
    private String keyboard;
    /* 鼠标*/
    private String mouse;
    /* 显示器*/
    private String display;

    public String getCpu() {
        return cpu;
    }

    public void setCpu(String cpu) {
        this.cpu = cpu;
    }
```

```
public String getMemory() {
    return memory;
}

public void setMemory(String memory) {
    this.memory = memory;
}

public String getHardDisk() {
    return hardDisk;
}

public void setHardDisk(String hardDisk) {
    this.hardDisk = hardDisk;
}

public String getKeyboard() {
    return keyboard;
}

public void setKeyboard(String keyboard) {
    this.keyboard = keyboard;
}

public String getMouse() {
    return mouse;
}

public void setMouse(String mouse) {
    this.mouse = mouse;
}

public String getDisplay() {
    return display;
}

public void setDisplay(String display) {
    this.display = display;
}

@Override
public String toString() {
    return "Computer{" +
            "cpu='" + cpu + '\'' +
            ", memory='" + memory + '\'' +
            ", hardDisk='" + hardDisk + '\'' +
            ", keyboard='" + keyboard + '\'' +
            ", mouse='" + mouse + '\'' +
```

```
            ", display='" + display + '\'' +
            '}';
    }
}
```

有了 Computer 类，就可以组装计算机了，代码如下所示。

```
package com.kfit.builder.nobuilder;

/**
 * 我自己组装计算机
 * @author 悟纤「公众号 SpringBoot」
 * @slogan 大道至简 悟在天成
 */
public class Me {
    public static void main(String[] args) {
        Computer computer = new Computer();
        computer.setCpu("2 核");
        computer.setDisplay("杂牌显示器");
        computer.setHardDisk("20G");
        computer.setKeyboard("杂牌键盘");
        computer.setMemory("4G");
        computer.setMouse("杂牌鼠标");

        //检查一下计算机的配置是否正确
        System.out .println(computer);

        //有了计算机就可以追剧了……
        //……追剧……

    }
}
```

于是我把组装好的计算机给小璐，她很开心。

小璐看着看着，感觉画面很模糊。

我想可能是计算机的配置有点低，于是购买了高级配置，重新进行组装：

```
//高级配置》。
computer = new Computer();
computer.setCpu("4 核");
computer.setDisplay("蓝光显示器");
computer.setHardDisk("100G");
computer.setKeyboard("高品质键盘");
computer.setMemory("8G");
computer.setMouse("高品质鼠标");
System.out .println(computer);
```

我把新组装好的计算机给小璐，这回画面很清楚，播放也流畅。

4.2.2 建造者模式

1. 类图

我根据最新的想法设计了新的图纸（新的类图），如图 4-3 所示。

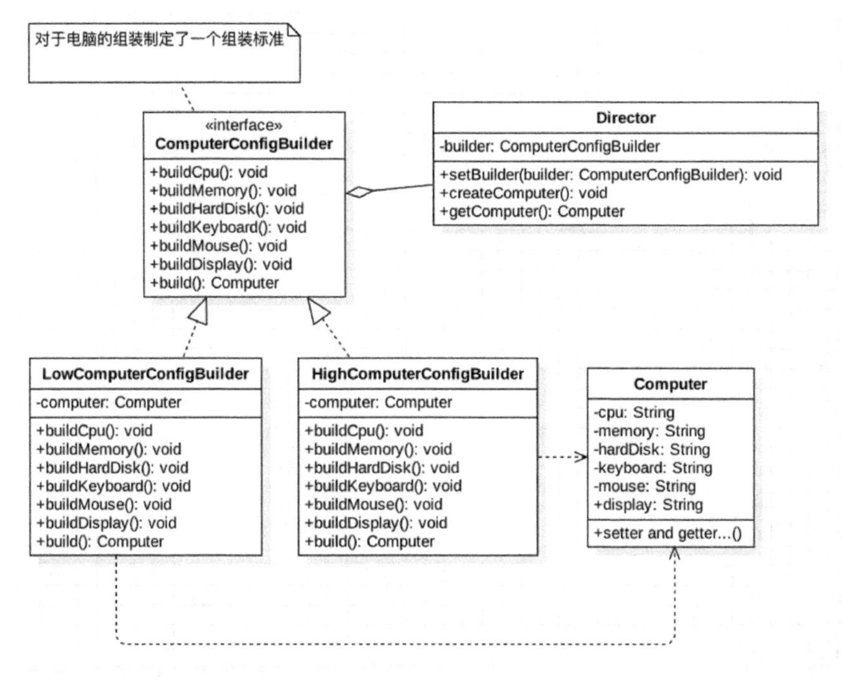

图 4-3

2. 具体的产品编码

一台计算机的基本配置就是上面的 Computer 类，代码如下所示。

```
/**
 * 计算机
 * @author 悟纤「公众号 SpringBoot」
 * @slogan 大道至简 悟在天成
 */
public class Computer {
    //计算机的 cpu
    private String cpu;
    //计算机内存
    private String memory;
    //计算机硬盘
    private String hardDisk;
    /* 键盘*/
    private String keyboard;
```

```
    /* 鼠标*/
    private String mouse;
    /* 显示器*/
    private String display;

    public String getCpu() {
        return cpu;
    }

    public void setCpu(String cpu) {
        this.cpu = cpu;
    }

    public String getMemory() {
        return memory;
    }

    public void setMemory(String memory) {
        this.memory = memory;
    }

    public String getHardDisk() {
        return hardDisk;
    }

    public void setHardDisk(String hardDisk) {
        this.hardDisk = hardDisk;
    }

    public String getKeyboard() {
        return keyboard;
    }

    public void setKeyboard(String keyboard) {
        this.keyboard = keyboard;
    }

    public String getMouse() {
        return mouse;
    }

    public void setMouse(String mouse) {
        this.mouse = mouse;
    }

    public String getDisplay() {
        return display;
    }
```

```
    public void setDisplay(String display) {
        this.display = display;
    }

    @Override
    public String toString() {
        return "Computer{" +
                "cpu='" + cpu + '\'' +
                ", memory='" + memory + '\'' +
                ", hardDisk='" + hardDisk + '\'' +
                ", keyboard='" + keyboard + '\'' +
                ", mouse='" + mouse + '\'' +
                ", display='" + display + '\'' +
                '}';
    }
}
```

3. 抽象的建造者编码

有了产品之后，就可以规范产品的建造了。

```
package com.kfit.builder.build;

/**
 *  抽象的 Builder --安装 CPU、内存、硬盘等抽象的步骤
 *
 * @author 悟纤「公众号 SpringBoot」
 * @slogan 大道至简 悟在天成
 */
public interface ComputerConfigBuilder {
    //计算机 CPU
    void buildCpu();
    //计算机内存
    void buildMemory();
    //计算机硬盘
    void buildHardDisk();
    /* 键盘*/
    void buildKeyboard();
    /* 鼠标*/
    void buildMouse();
    /* 显示器*/
    void buildDisplay();

    //组装好 Computer 之后,提供返回构建完成的 Computer 对象
    Computer build();
}
```

4. 具体的建造者编码

计算机的配置有高配的也有低配的，具体的建造者有两个：LowComputerConfigBuilder 和 HighComputerConfigBuilder，代码如下所示。

低配置的 LowComputerConfigBuilder：

```
package com.kfit.builder.build;

/**
 * Builder 的具体实现 ConcreteBuilder -- 对上述抽象步骤的实现,比如安装 i5CPU、8GB 内存、1TB 硬盘
 *
 * @author 悟纤「公众号 SpringBoot」
 * @slogan 大道至简 悟在天成
 */
public class LowComputerConfigBuilder implements ComputerConfigBuilder{
    private  Computer computer = null;

    public LowComputerConfigBuilder() {
        this.computer = new Computer();
    }

    @Override
    public void buildCpu() {
        computer.setCpu("2 核");
    }

    @Override
    public void buildMemory() {
        computer.setMemory("4GB");
    }

    @Override
    public void buildHardDisk() {
        computer.setHardDisk("20GB");
    }

    @Override
    public void buildKeyboard() {
        computer.setKeyboard("杂牌键盘");
    }

    @Override
    public void buildMouse() {
        computer.setMouse("杂牌鼠标");
    }

    @Override
    public void buildDisplay() {
        computer.setDisplay("杂牌显示器");
    }
```

```
    @Override
    public Computer build() {
        return computer;
    }
}
```

高配置的 HighComputerConfigBuilder：

```
package com.kfit.builder.build;

/**
 * Builder 的具体实现 ConcreteBuilder -- 对上述抽象步骤的实现,比如安装 i5CPU、8GB 内存、1TB 硬盘
 *
 * @author 悟纤「公众号 SpringBoot」
 * @slogan 大道至简 悟在天成
 */
public class HighComputerConfigBuilder implements ComputerConfigBuilder{
    private  Computer computer = null;

    public HighComputerConfigBuilder() {
        this.computer = new Computer();
    }

    @Override
    public void buildCpu() {
        computer.setCpu("4 核");
    }

    @Override
    public void buildMemory() {
        computer.setMemory("8GB");
    }

    @Override
    public void buildHardDisk() {
        computer.setHardDisk("100GB");
    }

    @Override
    public void buildKeyboard() {
        computer.setKeyboard("高品质键盘");
    }

    @Override
    public void buildMouse() {
        computer.setMouse("高品质鼠标");
    }
```

```
    @Override
    public void buildDisplay() {
        computer.setDisplay("蓝光显示器");
    }

    @Override
    public Computer build() {
        return computer;
    }
}
```

5. 指挥者/导演编码

使用 Builder 规范了组装一台计算机需要的事项，但是并没有组装计算机，到底是先装 cpu 还是内存，具体的组装交给指挥者来安排，代码如下所示：

```
package com.kfit.builder.build;

/**
 * 装机人员
 *
 * @author 悟纤「公众号 SpringBoot」
 * @slogan 大道至简 悟在天成
 */
public class Director {
    //拥有建造者
    private ComputerConfigBuilder builder;

    /**
     * 设置具体的建造者
     * @param builder
     */
    public void setBuilder(ComputerConfigBuilder builder) {
        this.builder = builder;
    }

    /**
     * 开始组装计算机
     * 当然这里组装完成计算机后直接返回也是可以的》
     */
    public void createComputer() {
        builder.buildCpu();
        builder.buildDisplay();
        builder.buildHardDisk();
        builder.buildKeyboard();
        builder.buildMemory();
        builder.buildMouse();
    }
```

```
    /**
     * 返回组装之后的计算机
     * @return
     */
    public Computer getComputer() {
        return builder.build();
    }

}
```

6. 生产计算机编码

现在为左邻右舍组装一台计算机，代码如下所示。

```
/**
 * @author 悟纤「公众号 SpringBoot」
 * @slogan 大道至简 悟在天成
 */
public class Me {
    public static void main(String[] args) {
        //创建装机人员
        Director director = new Director();

        //告诉装机人员计算机配置,这里为低配版/高配版的-只需要修改构造器的实现即可
        //  /HighComputerConfigBuilder
        director.setBuilder(new LowComputerConfigBuilder());
        //装机人员开始组装
        director.createComputer();
        //从装机人员那里获取组装好的计算机
        Computer computer = director.getComputer();
        //查看计算机配置
        System.out.print("计算机配置:" + computer.toString());

    }
}
```

控台输出结果：

计算机配置：Computer {cpu=‘2核’, memory=‘4GB’, hardDisk=‘20GB’, keyboard=‘杂牌键盘’, mouse=‘杂牌鼠标’, display=‘杂牌显示器’}

7. 优势说明

通过建造者模式改造之后，使用者（客户 client）不用操心产品的制造过程，需要设置什么属性，以及每一步属性的构建顺序。

4.3 建造者模式在 Spring 框架和 JDK 源码中的应用

这一节看一下建造者模式在 Spring 框架和 JDK 源码中的应用。

4.3.1 JDK 中的建造者模式

StringBuilder/StringBuffer

在 Java 中要构建一个字符串，一般使用的是 String，但是 String 在操作上不够灵活，效率也不是很高，于是就有了 StringBuilder/StringBuffer，它解决了用户追加数据的烦恼。

对于 StringBuffer 比 StringBuilder 多一个 synchronized，直接看一下 StringBuffer 的 append：

```
@Override
public synchronized StringBuffer append(Object obj) {
    toStringCache = null;
    super.append(String.valueOf(obj));
    return this;
}

@Override
public synchronized StringBuffer append(String str) {
    toStringCache = null;
    super.append(str);
    return this;
}
```

append( )方法屏蔽了用户追加一个字符串的复杂过程，相当于之前例子中的 createComputer( )方法。

看一下它的抽象类 AbstractStringBuilder：

```
public AbstractStringBuilder append(String str) {
    if (str == null)
        return appendNull();
    int len = str.length();
    ensureCapacityInternal(count + len);
    str.getChars(0, len, value, count);
    count += len;
    return this;
}
```

append( )方法在追加字符串的实现上还是有一些复杂的，当使用了建造者设计模式后，使用者对于这些复杂的过程就不用操心了。

学习设计模式一定要灵活使用，它并不是一成不变的。另外在实际编码中，也不要过度去关心设计模式，重点是在如何解决问题的思路上。

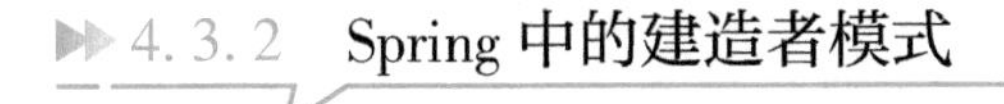

4.3.2 Spring中的建造者模式

Spring框架中有一些功能的实现也使用到了建造者模式，以下是Spring框架中基于建造者模式的类：

EmbeddedDatabaseBuilder

AuthenticationManagerBuilder

UriComponentsBuilder

BeanDefinitionBuilder

MockMvcWebClientBuilder

1. UriComponentsBuilder

看一下UriComponentsBuilder中的类和建造者模式中角色的对应关系，如表4-2所示。

表4-2 UriComponentsBuilder类和建造者模式角色的对应关系

角　色	描　述	对　应
Builder	接口或抽象类	UriBuilder
ConcreteBuilder	具体的建造者	UriComponentsBuilder
Product	普通的类	UriComponents
Director	导演也叫作指挥者	—

建造者模式的核心是建造的方法，简化用户的复杂度，看一下UriComponentsBuilder的build()方法，代码如下所示。

```
public UriComponents build(boolean encoded) {
    return this.buildInternal(encoded?
UriComponentsBuilder.EncodingHint.FULLY_ENCODED: (this.encodeTemplate?
UriComponentsBuilder.EncodingHint.ENCODE_TEMPLATE:
UriComponentsBuilder.EncodingHint.NONE));
}
private UriComponents buildInternal(EncodingHint hint) {
    Object result;
    if (this.ssp != null) {
        result = new OpaqueUriComponents(this.scheme, this.ssp, this.fragment);
    } else {
        HierarchicalUriComponents uric = new HierarchicalUriComponents(this.scheme, this.frag-
ment, this.userInfo, this.host, this.port, this.pathBuilder.build(), this.queryParams, hint ==
UriComponentsBuilder.EncodingHint.FULLY_ENCODED);
            result = hint == UriComponentsBuilder.EncodingHint.ENCODE_TEMPLATE ? uric.
encodeTemplate(this.charset): uric;
    }

    if (!this.uriVariables.isEmpty()) {
        result = ((UriComponents)result).expand((name) -> {
```

```
return this.uriVariables.getOrDefault(name, UriTemplateVariables.SKIP_VALUE);
        });
    }

return (UriComponents)result;
}
```

通过图 4-4 的截图代码可以看到，UriComponentsBuilder 的 build( )方法很简单，就是返回了相应的 UriComponents 类。在构造 HierarchicalUriComponents 时，调用了 pathBuilder 的 build( )方法生成 uri 对应的 path。建造者模式对于使用者而言隐去了自己创建 UriComponents 的复杂过程，直接使用 build( )方法就可以构建一个 UriComponents 对象。

2. BeanDefinitionBuilder

BeanDefinitionBuilder 是用于构建 Bean 定义的构造器，看一下 BeanDefinitionBuilder 中的类和建造者模式中的角色对应关系，如表 4-3 所示。

表 4-3　BeanDefinitionBuilder 类和建造者模式中的角色对应关系

角　色	描　述	对　应
Builder	接口或抽象类	—
ConcreteBuilder	具体的建造者	BeanDefinitionBuilder
Product	普通的类	BeanDefinition
Director	导演也叫作指挥者	—

BeanDefinitionBuilder 类被定义了 final，不可被继承，代码如下所示。

```
public final class BeanDefinitionBuilder {

/**
    * Create a new {@code BeanDefinitionBuilder} used to construct a {@link GenericBeanDefini-
tion}.
    */
public static BeanDefinitionBuilder genericBeanDefinition() {
    return new BeanDefinitionBuilder(new GenericBeanDefinition());
}
```

BeanDefinitionBuilder 提供了构建 BeanDefinition 对象的一系列方法，代码如下所示。

```
/**
 * Set the name of the parent definition of this bean definition.
 */
public BeanDefinitionBuilder setParentName(String parentName) {
    this.beanDefinition.setParentName(parentName);
    return this;
}

/**
 * Set the name of a static factory method to use for this definition,
```

```
* to be called on this bean's class.
*/
public BeanDefinitionBuilder setFactoryMethod(String factoryMethod) {
    this.beanDefinition.setFactoryMethodName(factoryMethod);
    return this;
}
```

在 BeanDefinitionBuilder 中也定义了一个返回构建好的 BeanDefinition 方法 getRawBeanDefinition( ),代码如下所示。

```
/**
 * Return the current BeanDefinition object in its raw (unvalidated) form.
 * @see #getBeanDefinition()
 */
public AbstractBeanDefinition getRawBeanDefinition() {
    return this.beanDefinition;
}

/**
 * Validate and return the created BeanDefinition object.
 */
public AbstractBeanDefinition getBeanDefinition() {
  this.beanDefinition.validate();
  return this.beanDefinition;
}
```

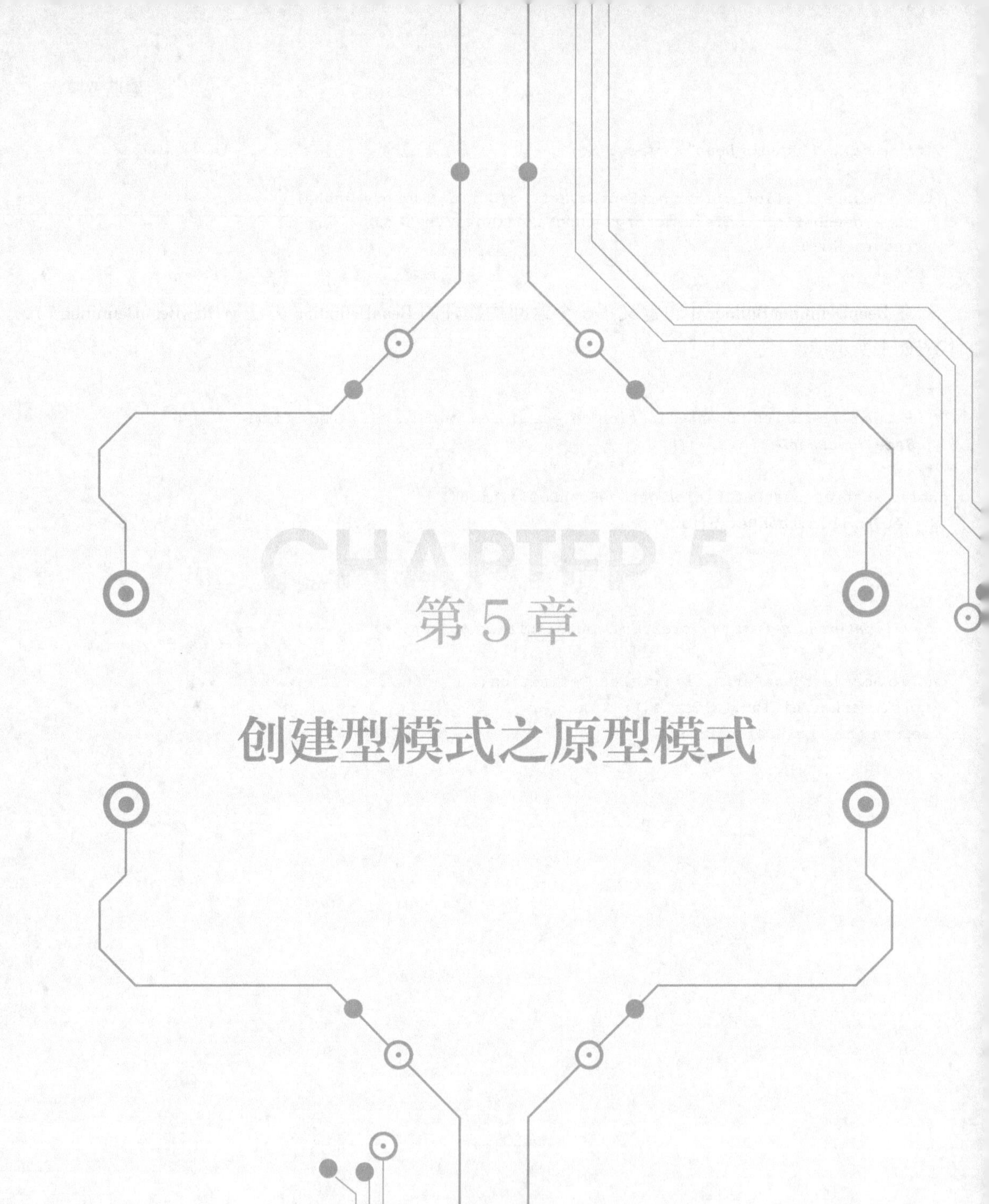

CHAPTER 5

第5章

创建型模式之原型模式

5.1 原型模式概念

最近为了小璐，不是造汽车（BMW520/BMW521）就是造计算机，资金耗费有点大。于是我决定找份工作好好磨练一下自己。

找工作很重要的事情就是写简历，一份优秀的简历，能让面试事半功倍，于是我绞尽脑汁，从各个方面来把自己优秀的一面展现出来。

为了提高投简历的准确性，我觉得简历要写得多样化，比如期望薪资不能写成一样，根据目标企业的情况来投递合适薪资的简历，这样得到面试机会的概率大一点。

对于简历信息大部分是一样的，要是每一份都重复来写，那岂不是很累，于是研发出了原型模式（克隆技术）。

5.1.1 原型模式定义及优势

1. 定义

原型（Prototype）模式：用一个已经创建的实例作为原型，通过复制该原型对象来创建一个和原型相同或相似的新对象。在这里原型实例指定了要创建的对象的种类，用这种方式创建对象非常高效，根本无须知道对象创建的细节。

2. 优势

效率高，直接克隆，避免了重新执行构造过程的步骤。克隆类似于 new，但是不同于 new。new 创建新的对象属性采用的是默认值。克隆对象的属性值完全和原型对象相同，并且克隆的新对象的改变不会影响原型对象。

5.1.2 原型模式主要角色和类图

1. 原型模式主要角色

原型模式主要包含以下几个角色：

（1）抽象原型类（Abstract Prototype）：规定了具体原型对象必须实现的接口。

（2）具体原型类（Concrete Prototype）：实现抽象原型类的 clone( )方法，它是可被复制的对象。

（3）访问类（Client）：使用具体原型类中的 clone( )方法来复制新的对象。

2. 原型模式类图

原型模式角色类之间的关系图，如图 5-1 所示。

5.1.3 原型模式适用场景及在 Java 中的实现

1. 原型模式适用场景

（1）在需要一个类的大量对象时，使用原型模式是最佳选择，因为原型模式是在内存中对这个对

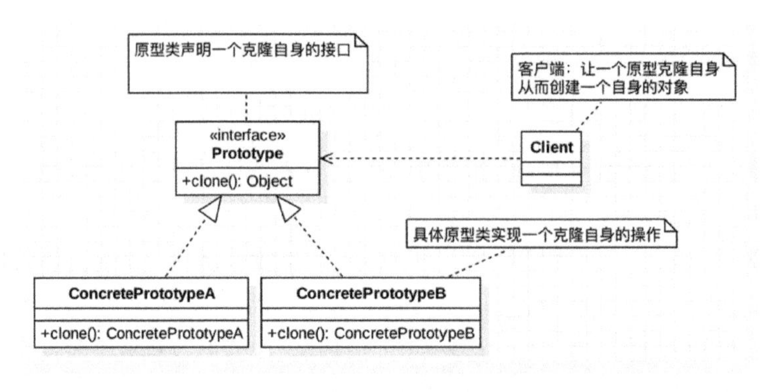

● 图 5-1

象进行复制，要比直接 new 这个对象性能好很多。在这种情况下，需要的对象越多，原型模式体现出的优点越明显。

（2）当需要一个对象的大量公共信息，对少量字段进行个性化设置时，也可以使用原型模式复制出现有对象的副本进行加工处理。

2. 原型模式在 Java 中的实现

由于 Java 提供了对象的 clone( ) 方法，所以用 Java 实现原型模式很简单：

（1）Cloneable 接口和 clone 方法：让类实现接口 Cloneable，然后实现 clone( ) 方法。

（2）Prototype 模式中实现起来最困难的地方就是内存复制操作，在 Java 中提供的 clone( ) 方法做了绝大部分事情。

（3）clone( ) 方法是在 Object 中提供的。

（4）在使用克隆的时候，要注意浅克隆和深克隆（对象中嵌套着另外一个对象的克隆）。

5.2 原型模式之复印简历

找份工作的前提就是要写简历，手写简历很麻烦，这么麻烦的事情还是交给打印机来完成吧。

1. 打印简历：new 的方式

首先定义简历类 Resume，在该类中定义姓名、职位、薪水等字段，代码如下所示。

```
package com.kfit.prototype.noprototype;

/**
 * 简历类
 * @author 悟纤「公众号 SpringBoot」
 * @slogan 大道至简 悟在天成
 */
public class Resume {
    private String name;//姓名
```

```
    private String position;//职位
    private int salary;//薪水

    public String getName() {
        return name;
    }

    public void setName(String name) {
        this.name = name;
    }

    public String getPosition() {
        return position;
    }

    public void setPosition(String position) {
        this.position = position;
    }

    public int getSalary() {
        return salary;
    }

    public void setSalary(int salary) {
        this.salary = salary;
    }

    @Override
    public String toString() {
        return "Resume{" +
                "name='" + name + '\'' +
                ", position='" + position + '\'' +
                ", salary=" + salary +
                '}';
    }
}
```

为了能够更快地完成简历的创建，熬夜写简历：

```
package com.kfit.prototype.noprototype;

/**
 * @author 悟纤「公众号 SpringBoot」
 * @slogan 大道至简 悟在天成
 */
public class Me {
    public static void main(String[] args) {
        Resume resume1 = new Resume();
        resume1.setName("悟纤");
```

```
        resume1.setPosition("架构师");
        resume1.setSalary(12000);
        System.out.println(resume1);

        Resume resume2 = new Resume();
        resume2.setName("悟纤");
        resume2.setPosition("架构师");
        resume2.setSalary(15000);
        System.out.println(resume2);


        Resume resume3 = new Resume();
        resume3.setName("悟纤");
        resume3.setPosition("架构师");
        resume3.setSalary(13000);
        System.out.println(resume3);

        System.out.println(resume1 == resume2 );//false
        System.out.println(resume2 == resume3 );//false
        //.....

    }
}
```

当写到10多份的时候，我已经睡着了。

第二天一早，我去买了一台打印机回来打印简历：

Resume{name='悟纤', position='架构师', salary=12000}

Resume{name='悟纤', position='架构师', salary=15000}

Resume{name='悟纤', position='架构师', salary=13000}

同时顺便帮别人打印简历。

一个月后，工作没找到，但是打印机倒是没有停止过。

现在打印机每天要打印一万张简历，每次打印都是损耗。

于是决定研究一下有没有更好的解决办法。

2. 复印简历：clone的方式

听说Cloneable有个复印接口可以使用，于是去试试看。

具体实现方式就是修改Resume实现接口Cloneable，重写Clone方法：

```
package com.kfit.prototype.prototype;

/**
 *  实现Cloneable重写clone方法,实现原型模式。
 * @author 悟纤「公众号SpringBoot」
 * @slogan 大道至简 悟在天成
 */
public class Resume implements Cloneable{
```

```
private String name;//姓名
private String position;//职位
private int salary;//薪水

public String getName() {
    return name;
}

public void setName(String name) {
    this.name = name;
}

public String getPosition() {
    return position;
}

public void setPosition(String position) {
    this.position = position;
}

public int getSalary() {
    return salary;
}

public void setSalary(int salary) {
    this.salary = salary;
}

@Override
protected Resume clone() {
    // Object clone() 是 Object 提供的方法
    //java.lang.Object
    //protected native Object clone() throws CloneNotSupportedException;
    Resume resume = null;
    try {
        resume = (Resume) super.clone();
    } catch (CloneNotSupportedException e) {
        e.printStackTrace();
    }
    return resume;
}

@Override
public String toString() {
    return "Resume{" +
            "name='" + name + '\'' +
            ", position='" + position + '\'' +
```

```
                ", salary=" + salary +
                '}';
    }

}
```

打印机的复印代码：

```
package com.kfit.prototype.prototype;

/**
 *
 * 使用 clone 方法 克隆对象
 * @author 悟纤「公众号 SpringBoot」
 * @slogan 大道至简 悟在天成
 */
public class Me {
    public static void main(String[] args) {
        Resume resume1 = new Resume();
        resume1.setName("悟纤");
        resume1.setPosition("架构师");
        resume1.setSalary(12000);
        System.out.println(resume1);

        //clone()-克隆方法
        Resume resume2 = resume1.clone();
        resume2.setSalary(15000);
        System.out.println(resume2);

        Resume resume3 = resume1.clone();
        resume3.setSalary(13000);
        System.out.println(resume3);

        System.out.println(resume1 == resume2 );//false
        System.out.println(resume2 == resume3 );//false

        //.....
    }
}
```

运行一下代码，打印信息是一样的，这里打印机只打印了一次，其他的都是通过 clone 方法复印出来的。

3. 复印简历：深度克隆

为了让我的简历更有吸引力，打算把学历补充上（Education），现在就需要两个类 Education 和 Resume，而 Education 是 Resume 的一个属性，如图 5-2 所示。

Education 的实现代码如下：

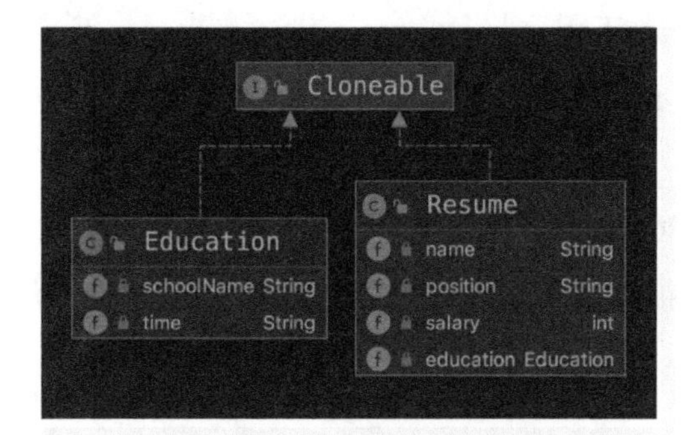

● 图 5-2

```
package com.kfit.prototype.prototype1;

/**
 * 学历
 * @author 悟纤「公众号 SpringBoot」
 * @slogan 大道至简 悟在天成
 */
public class Education {
    private  String schoolName;//学习名称
    private String time;//在校时间

    public String getSchoolName() {
        return schoolName;
    }

    public void setSchoolName(String schoolName) {
        this.schoolName = schoolName;
    }

    public String getTime() {
        return time;
    }

    public void setTime(String time) {
        this.time = time;
    }


    @Override
    public String toString() {
        return "Education{" +
               "schoolName='" + schoolName + '\'' +
               ", time='" + time + '\'' +
               '}';
    }
}
```

加上学历 Education，代码如下所示。

```
package com.kfit.prototype.prototype1;

/**
 *  实现 Cloneable 重写 clone 方法,实现原型模式。
 *
 * @author 悟纤「公众号 SpringBoot」
 * @date 2020-11-23
 * @slogan 大道至简 悟在天成
 */
public class Resume implements Cloneable{
    private String name;//姓名
    private String position;//职位
    private int salary;//薪水
    private Education education;//学习信息

    public String getName() {
        return name;
    }

    public void setName(String name) {
        this.name = name;
    }

    public String getPosition() {
        return position;
    }

    public void setPosition(String position) {
        this.position = position;
    }

    public int getSalary() {
        return salary;
    }

    public void setSalary(int salary) {
        this.salary = salary;
    }

    public Education getEducation() {
        return education;
    }

    public void setEducation(Education education) {
        this.education = education;
    }
```

```
    @Override
    protected Resume clone() {
        // Object clone() 是 Object 提供的方法
        //java.lang.Object
        //protected native Object clone() throws CloneNotSupportedException;
        Resume resume = null;
        try {
            resume = (Resume) super.clone();
        } catch (CloneNotSupportedException e) {
            e.printStackTrace();
        }
        return resume;
    }

    @Override
    public String toString() {
        return "Resume{" +
                "name='" + name + '\'' +
                ", position='" + position + '\'' +
                ", salary=" + salary +
                ", education=" + education +
                '}';
    }
}
```

于是就把学历写到我的简历上，然后进行打印，代码如下所示。

```
package com.kfit.prototype.prototype1;

/**
 *
 * 使用 clone 方法 克隆对象
 * @author 悟纤「公众号 SpringBoot」
 * @slogan 大道至简 悟在天成
 */
public class Me {
    public static void main(String[] args) {
        Education education = new Education();
        education.setSchoolName("清华大学");
        education.setTime("2016-2020");
        Resume resume1 = new Resume();
        resume1.setName("悟纤");
        resume1.setPosition("架构师");
        resume1.setSalary(11000);
        resume1.setEducation(education);
        System.out.println(resume1);

        //clone()-克隆方法
        Resume resume2 = resume1.clone();
```

```
        resume2.setSalary(16000);
        System.out.println(resume2);

        Resume resume3 = resume1.clone();
        resume3.setSalary(17000);
        System.out.println(resume3);

        System.out.println(resume1 == resume2 );//false
        System.out.println(resume2 == resume3 );//false
        /*
            当浅度克隆的时候,结果是 true;
            当深度克隆的时候,结果是 false;
        */
        System.out.println(resume1.getEducation() == resume2.getEducation());
        //.....
    }
}
```

运行一下代码会发现此时 education 的引用是同一个，要是把 resume1 的学校信息更改了，那么其他 clone 的类也会跟着一起变了。

这个结果不是我想要的，于是我研究了深度克隆技术，大体的实现思路如下：

（1）Education 添加克隆的方法 clone( )；

（2）在类 Resume 执行 clone 的时候，调用 education 的 clone 方法进行赋值。

改造 Education 添加 clone( )方法：

```
package com.kfit.prototype.prototype1;

/**
 * 学历
 *
 * @author 悟纤「公众号 SpringBoot」
 * @slogan 大道至简 悟在天成
 */
public class Education implements  Cloneable {
    private  String schoolName;//学习名称
    private String time;//在校时间

    public String getSchoolName() {
        return schoolName;
    }

    public void setSchoolName(String schoolName) {
        this.schoolName = schoolName;
    }

    public String getTime() {
        return time;
```

```
    }

    public void setTime(String time) {
        this.time = time;
    }

    @Override
    protected Education clone() {
        try {
            return (Education)super.clone();
        } catch (CloneNotSupportedException e) {
            e.printStackTrace();
        }
        return null;
    }

    @Override
    public String toString() {
        return "Education{" +
              "schoolName='" + schoolName + '\'' +
              ", time='" + time + '\'' +
              '}';
    }
}
```

紧接着改造 Resume 的 clone( )方法：

```
@Override
protected Resume clone() {
    // Object clone() 是 Object 提供的方法
    //java.lang.Object
    //protected native Object clone() throws CloneNotSupportedException;
    Resume resume = null;
    try {
        resume = (Resume) super.clone();
    if(this.education != null){
        resume.setEducation(this.education.clone());
    }
    } catch (CloneNotSupportedException e) {
        e.printStackTrace();
    }
    return resume;
}
```

调整完成之后，再次运行看一下效果，信息就很完美地打印了。

4. 原型模式小结

（1）原型模式：对原型对象的复制，在 Java 中就是克隆技术。

（2）实现方式：实现接口 Cloneable，实现 Object 的方法 clone( )，调用 object.clone( )方法进行对象复制。

（3）在克隆的时候，要注意是浅度克隆，还是深度克隆。

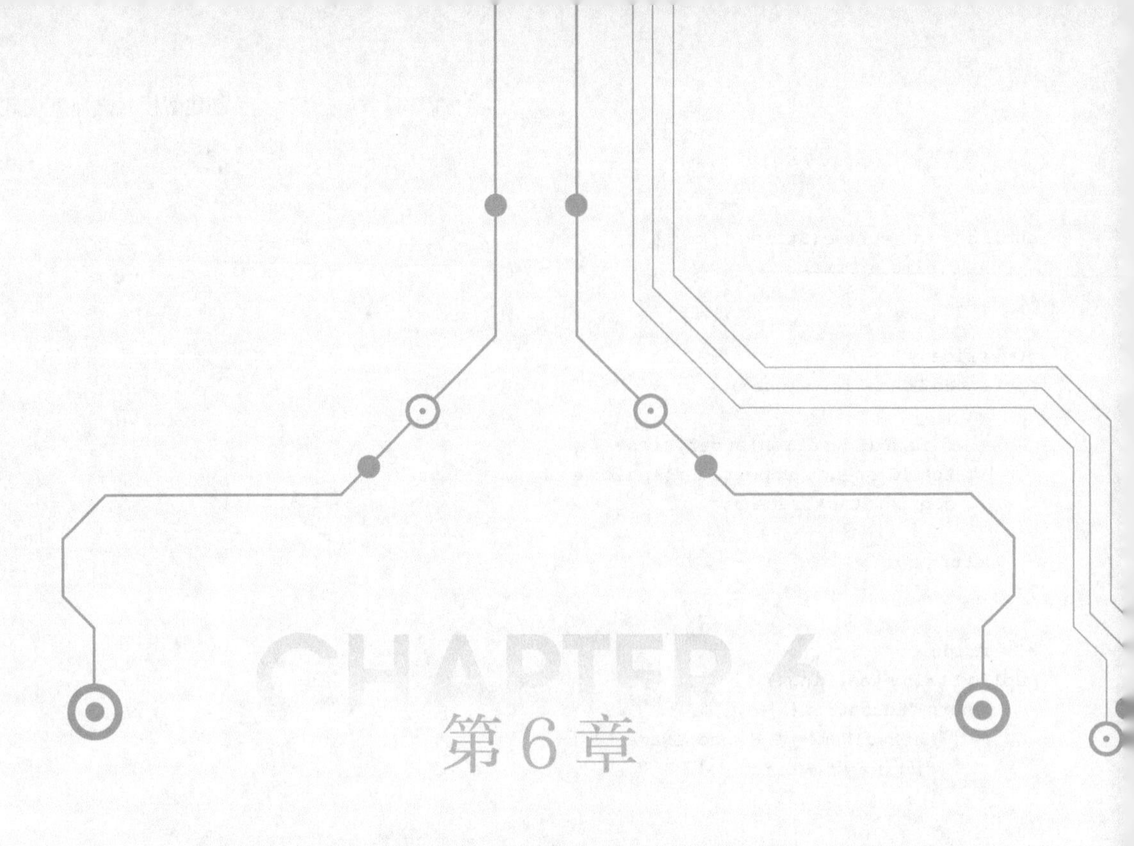

CHAPTER 6

第6章

结构型模式之适配器模式

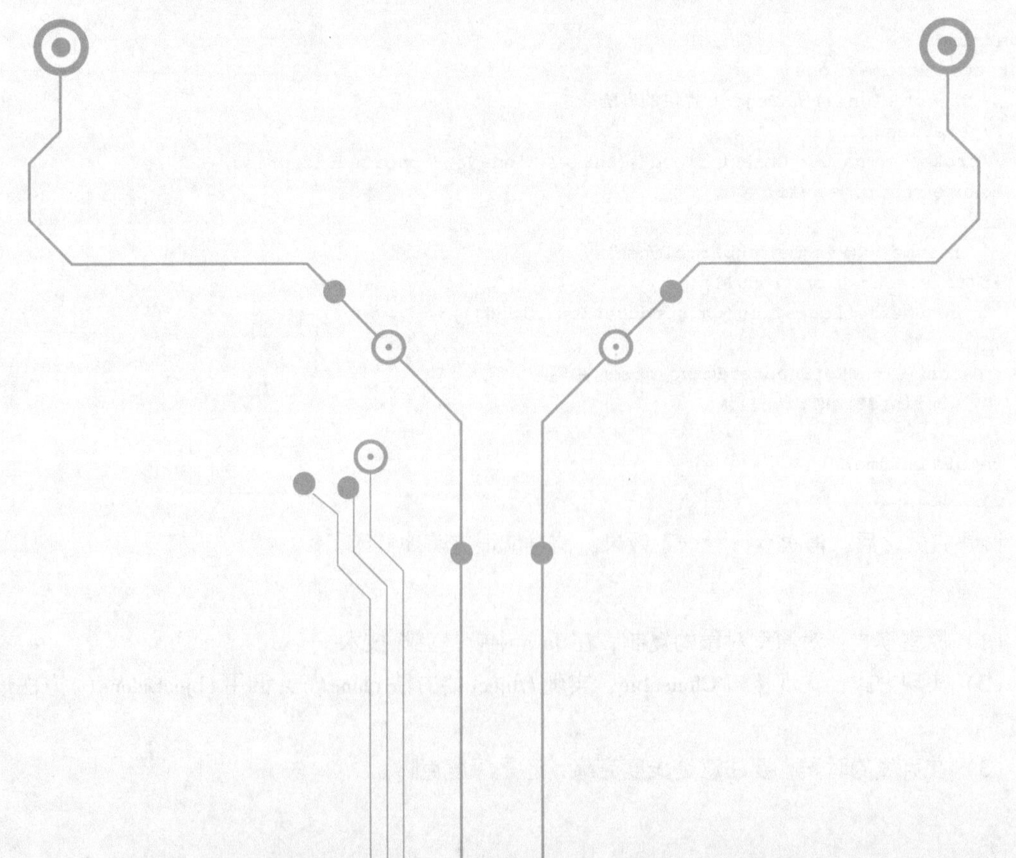

6.1 适配器模式概念

为了解决手机充电的问题，需要一个变压器（适配器）将220V的电压转换成5V的电压。结果发现了一个新的设计模式——适配器模式。

6.1.1 适配器模式基本概念

1. 定义

将一个类的接口转换成客户需要的另外一个接口。适配器模式使得原本由于接口不兼容而不能在一起工作的那些类可以一起工作。

2. 作用

把一个类的接口转换成客户需要的另一个接口，从而使原本接口因不匹配而无法一起工作的两个类能够在一起工作。

3. 主要角色

（1）目标角色（target）：目标抽象类定义客户所需的接口，可以是一个抽象类或接口，也可以是具体类。

（2）适配者角色（adaptee）：适配者就是被适配的角色，它定义了一个已经存在的接口，这个接口需要适配，适配者类一般是一个具体类，包含了客户希望使用的业务方法，在某些情况下，可能没有适配者类的源代码。

（3）适配器角色（adapter）：适配器可以调用另一个接口，作为一个转换器，对Adaptee和Target进行适配，适配器类是适配器模式的核心。在对象适配器中，它通过继承Target并关联一个Adaptee对象，使二者产生联系。

6.1.2 适配器模式适用场景和分类

1. 适用场景

（1）系统需要使用现有的类，但现有的类却不兼容。

（2）需要建立一个可以重复使用，用于一些彼此关系不大的类，并易于扩展，以便于面对将来会出现的类。

（3）需要一个统一的输出接口，但是输入类型却不可预知。

客户端需要一个target（目标）接口，但是不能直接重用已经存在的adaptee（适配者）类，因为它的接口和target接口不一致，所以需要adapter（适配器）将adaptee转换为target接口。

前提是target接口和已存在的适配者adaptee类所做的事情是相同或相似的，只是接口不同且都不易修改。如果在设计之初，最好不要考虑这种设计模式。

凡事都有例外，就是设计新系统的时候考虑使用第三方组件，我们没必要为了迎合它修改自己的设计风格，可以尝试使用适配器模式。

一个适配器使用场景的例子如下：

Sun 公司在 1996 年公开了 Java 语言的数据库连接工具 JDBC，JDBC 使得 Java 语言程序能够与数据库连接，并使用 SQL 语言来查询和操作数据。

JDBC 给出一个客户端通用的抽象接口，每一个具体数据库引擎（如 SQL Server、Oracle、MySQL 等）的 JDBC 驱动软件都是一个介于 JDBC 接口和数据库引擎接口之间的适配器软件。

抽象的 JDBC 接口和各个数据库引擎 API 之间需要相应的适配器软件，这就是为各个不同数据库引擎准备的驱动程序。

2. 分类

适配器模式分三类：

（1）类适配器模式（Class Adapter Pattern）：通过继承关系，将适配类的 API 转换成为目标类的 API。

（2）对象适配器模式（Object Adapter Pattern）：通过关联关系，将适配类的 API 转换成为目标类的 API。

（3）缺省适配器模式（Default Adapter Pattern），也叫作默认适配器模式、接口适配器模式。当不需要全部实现接口提供的方法时，可以设计一个适配器抽象类实现接口，并为接口中的每个方法提供默认方法，抽象类的子类就可以有选择地覆盖父类的某些方法实现需求，它适用于一个接口不想使用所有方法的情况。

在 Java 8 后，接口中可以有 default 方法，就不需要这种缺省适配器模式了。接口中的方法都设置为 default，实现为空，这样同样可以达到与缺省适配器模式相同的效果。

6.2 适配器模式之类适配器

这一节来看一看第一种分类：类适配器模式。

6.2.1 类适配器基本概念

1. 说明

类适配器模式在编译时实现 target（目标）接口。这种适配器模式使用了多个实现了期待的接口或者已经存在的多态接口。比较典型的就是：target 接口被创建为一个纯粹的接口。

2. 类图

如图 6-1 所示，因为 Java 没有多继承，所以只能实现 Target 接口，而且 Target 只能是接口。Adapter实现了 Target 接口，继承了 Adaptee 类，Target.operation()实现为 Adaptee.specificOperation()。

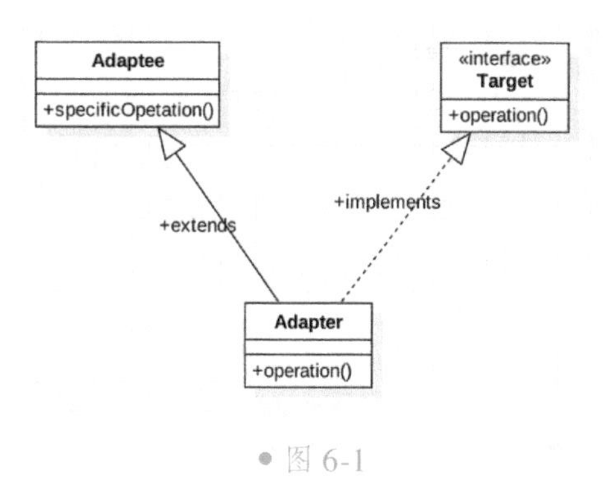

● 图 6-1

6.2.2 电压转换例子说明

1. 需求

手机充电头就是电源适配器，一般具备这样的功能：

- 输入：100~240V \ 0.5A 50~60Hz
- 输出：5.2V ⎓ 2.4A

现在的需求是将电源输入 220V（适配者）转换为 5V 输出（目标）。

2. 类图

看一下类适配器模式电压转换例子的类图，如图 6-2 所示，PowerAdaptee 是适配者角色，PowerTarget 是目标角色，PowerAdapter 是适配器角色，这里的 PowerAdapter 是通过继承的方式拥有PowerAdaptee。

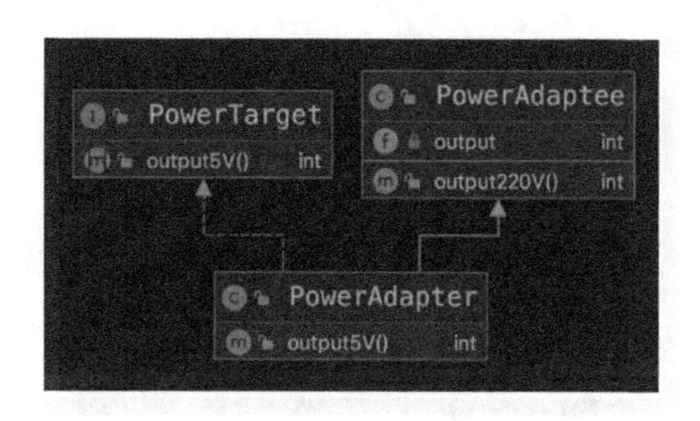

● 图 6-2

6.2.3 电压转换

接下来看一下如何将 220V 电压通过对象适配器转换为 5V。

1. 适配者角色

PowerAdaptee 适配者角色，就是原先的类或者数据，这里电压输出为 220V，代码如下所示。

```
package com.kfit.adapter.ac.classadapter;

/**
 * 输出 220V
 * @author 悟纤「公众号 SpringBoot」
 * @slogan 大道至简 悟在天成
 */
public class PowerAdaptee {
    private int output = 220;
    public int output220V(){
        System.out .println("电源输出电压:" + output);
        return output;
    }
}
```

2. 目标角色

PowerTarget 目标角色，原先的电压数据是 220V，对于目标数据只需要 5V，将此目标角色定义为接口，代码如下所示。

```
/**
 * 目标角色-只需要 5V 的电压
 * @author 悟纤「公众号 SpringBoot」
 * @slogan 大道至简 悟在天成
 */
public interface PowerTarget {
    /** 目标只需要 5V 即可*/
    int output5V();
}
```

3. 适配器角色

电源电压是 220V，目标电压是 5V，那么中间这个转换器就使用适配器 PowerAdapter 来进行实现，代码如下所示。

```
package com.kfit.adapter.ac.objectadapter;

/**
 *  使用 extends 的方式拥有 PowerAdaptee
 * @author 悟纤「公众号 SpringBoot」
 * @slogan 大道至简 悟在天成
 */
public class PowerAdapter extends PowerAdaptee  implements PowerTarget {

    @Override
    public int output5v() {
```

```
        int output = super.output220V();
        System.out .println("objectadapter-电源适配器开始工作,此时输出电压是:" + output);
        output = output/44;
        System.out .println("objectadapter-电源适配器工作完成,此时输出电压是:" + output);
        return output;
    }
}
```

4. 使用

到这里就可以使用了，编写一个Test测试类来测试一下是否可以将电压从220V转换到5V，代码如下所示。

```
package com.kfit.adapter.ac.classadapter;

/**
 * @author 悟纤「公众号 SpringBoot」
 * @slogan 大道至简 悟在天成
 */
public class Test {
    public static void main(String[] args) {
        PowerTarget target = new PowerAdapter();
        target.output5V();

        /**
         * 因为 Java 单继承的缘故,Target 必须是接口,以便于 Adapter 去继承 Adaptee 并实现 Target。
         * 完成适配的功能,但这样就导致 Adapter 里暴露了 Adaptee 类的方法,使用起来的成本就增加了。
         */
        PowerAdapter target1 = new PowerAdapter();
        target1.output5V();
        target1.output220V();
    }
}
```

因为Java单继承的缘故，Target类必须是接口，以便Adapter继承Adaptee并实现Target，完成适配的功能，但这样就导致Adapter暴露了Adaptee类的方法，使用起来的成本就增加了。

6.3 适配器模式之对象适配器

这一节来看一看第二种分类：对象适配器模式。

6.3.1 对象适配器模式基本概念

1. 说明

对象适配器模式在运行时实现target（目标）接口。在这种适配器模式中，适配器包装了一个类实例，然后适配器调用包装对象实例的方法。

2. 类图

如图 6-3 所示，与类适配器模式不同的是，Adapter 只实现了 Target 的接口，没有继承 Adaptee，而是使用聚合的方式引用 Adaptee。

6.3.2 电压转换例子说明

看一下使用对象适配器模式电压转换例子的类图，如图 6-4 所示，PowerAdaptee 是适配者角色，PowerTarget 是目标角色，PowerAdapter 是适配器角色，这里的 PowerAdapter 通过聚合的方式拥有 PowerAdaptee。

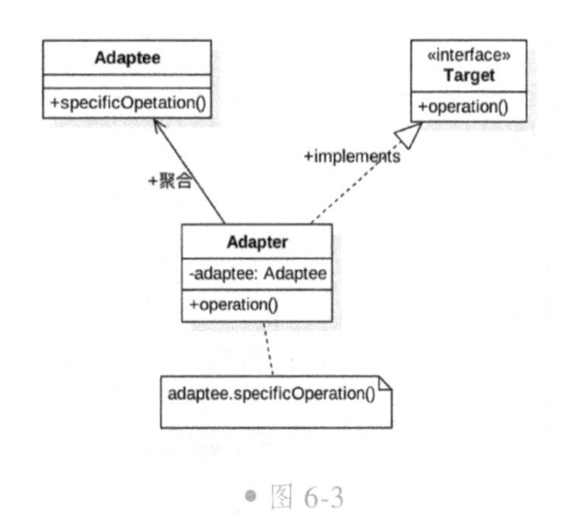

图 6-3

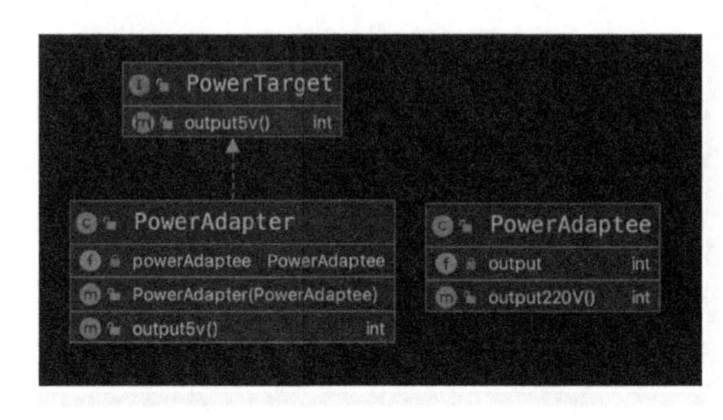

图 6-4

6.3.3 电压转换

接下来看一下如何将 220V 的电压通过类适配器转换为 5V。

1. 适配者角色

适配者角色 PowerAdaptee 指的是原先的类或者数据，在这个例子中就是电压输出为 220V，代码如下所示。

```
package com.kfit.adapter.ac.objectadapter;

/**
 * 输出 220V
 *
 * @author 悟纤「公众号 SpringBoot」
 * @slogan 大道至简 悟在天成
 */
public class PowerAdaptee {
    private int output = 220;
    public int output220V() {
        System.out .println("电源输出电压:" + output);
```

```
        return output;
    }
}
```

2. 目标角色

目标角色 PowerTarget 指的是原先的电压数据是220V，目标数据只需要5V，将此目标角色定义为接口，代码如下所示。

```
package com.kfit.adapter.ac.objectadapter;

/**
 * 目标角色-只需要 5V 的电压
 *
 * @author 悟纤「公众号 SpringBoot」
 * @slogan 大道至简 悟在天成
 */
public interface PowerTarget {
    /** 目标电压只需要 5V 即可*/
    int output5V();
}
```

3. 适配器角色

源电压是220V，目标电压是5V，那么中间转换器使用适配器 PowerAdaptee 进行实现，这里和前面的类适配器不一样的地方是通过聚合的方式拥有了 PowerAdaptee，代码如下所示。

```
package com.kfit.adapter.ac.objectadapter;

/**
 *  使用聚合的方式拥有 PowerAdaptee
 * @author 悟纤「公众号 SpringBoot」
 * @slogan 大道至简 悟在天成
 */
public class PowerAdapter implements PowerTarget {
    private PowerAdaptee powerAdaptee;

    public PowerAdapter(PowerAdaptee powerAdaptee) {
        this.powerAdaptee = powerAdaptee;
    }

    @Override
    public int output5V() {
        int output = powerAdaptee.output220V();
        System.out .println("objectadapter-电源适配器开始工作,此时输出电压是:" + output);
        output = output/44;
        System.out .println("objectadapter-电源适配器工作完成,此时输出电压是:" + output);
```

```
        return output;
    }
}
```

4. 使用

到这里可以编写一个 Test，测试是否可以将 550V 的电压转换为 5V，具体代码如下所示。

```
package com.kfit.adapter.ac.objectadapter;

/**
 *
 *
 * @author 悟纤「公众号 SpringBoot」
 * @slogan 大道至简 悟在天成
 */
public class Test {
    public static void main(String[] args) {
        PowerTarget target = new PowerAdapter(new PowerAdaptee());
        target.output5V();
    }
}
```

6.4 适配器模式之缺省适配器

这一节来看一看第三种分类：缺省适配器。

6.4.1 缺省适配器模式基本概念

1. 说明

当不需要全部实现接口提供的方法时，可以设计一个适配器抽象类实现接口，并为接口中的每个方法提供默认方法，抽象类的子类就可以有选择地覆盖父类的某些方法实现需求，它适用于一个接口不想使用所有方法的情况。

在 Java 8 后，接口中可以定义 default 方法，就不需要这种缺省适配器模式了。接口中的方法都设置为 default，实现为空，同样可以达到缺省适配器模式的效果。

2. 类图

如图 6-5 所示，缺省适配器中间多了一个抽象类 DefaultAdapter，为每个接口进行了默认的实现，具体要实现哪一个接口由它的子类 ConcreteAdapter 进行实现，子类 ConcreteAdapter 可以根据情况只实现部分的方法。

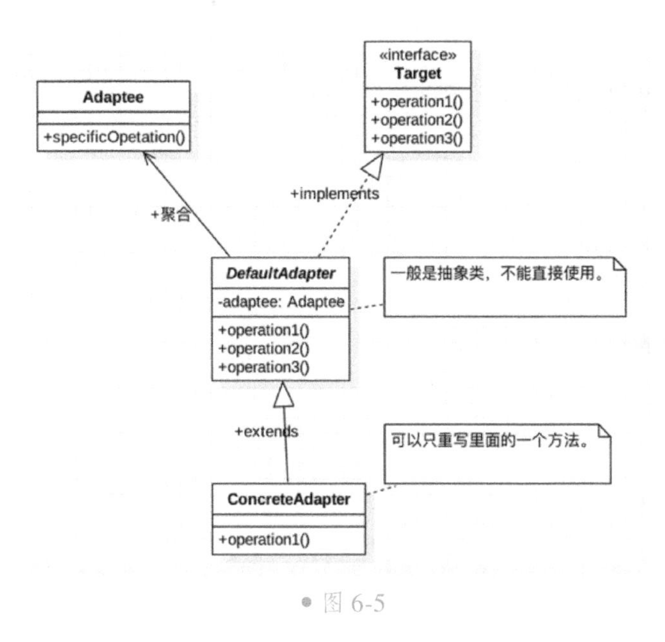

● 图 6-5

6.4.2 电压转换例子说明

看一下使用缺省适配器模式电压转换例子的类图，如图 6-6 所示，PowerAdaptee 是适配者角色，PowerTarget 是目标角色，PowerAdapter 是缺省适配器角色，Power5vAdapter 是适配器角色。

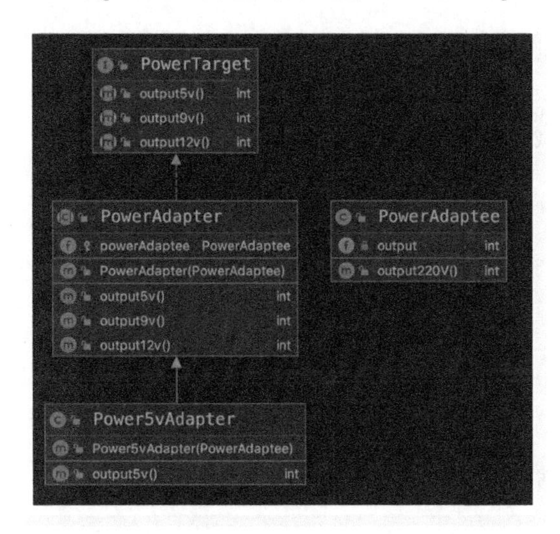

● 图 6-6

6.4.3 电压转换

接下来看一下如何将 220V 的电压通过类适配器转换为 5V。

1. 适配者角色

适配者角色 PowerAdaptee 指的是原先的类或者数据，在这个例子中就是电压输出为 220V，代码如下所示。

```
/**
 * 输出 220V
 * @author 悟纤「公众号 SpringBoot」
 * @slogan 大道至简 悟在天成
 */
public class PowerAdaptee {
    private int output = 220;
    public int output220V(){
        System.out .println("电源输出电压:" + output);
        return output;
    }
}
```

2. 目标角色

由于目标电压需要 5V/9V/12V 的，所以在目标角色 PowerTarget 定义了多种输出方式，代码如下所示。

```
package com.kfit.adapter.ac.defaultadapter;

/**
 *
 *
 * @author 悟纤「公众号 SpringBoot」
 * @slogan 大道至简 悟在天成
 */
public interface PowerTarget {
    int output5v();
    int output9v();
    int output12v();
}
```

3. 适配器角色

默认的适配器 PowerAdapter（抽象类）并没有真正实现接口中的方法，代码如下所示。

```
/**
 *
 * @author 悟纤「公众号 SpringBoot」
 * @slogan 大道至简 悟在天成
 */
public abstract class PowerAdapter implements  PowerTarget{
```

```
    protected PowerAdaptee powerAdaptee;

    public PowerAdapter(PowerAdaptee powerAdaptee) {
        this.powerAdaptee = powerAdaptee;
    }

    @Override
    public int output5v() {
        return 0;
    }

    @Override
    public int output9v() {
        return 0;
    }

    @Override
    public int output12v() {
        return 0;
    }
}
```

具体的适配者角色 Power5vAdapter 根据实际情况重写默认的适配器 PowerAdapter 中的方法，需求中只需要输出 5V 的电压，所以这里只需要重写 output5v 即可，代码如下所示。

```
package com.kfit.adapter.ac.defaultadapter;

/**
 *
*
 * @author 悟纤「公众号 SpringBoot」
 * @slogan 大道至简 悟在天成
 */
public class Power5vAdapter extends  PowerAdapter{

    public Power5vAdapter(PowerAdaptee powerAdaptee) {
        super(powerAdaptee);
    }

    @Override
    public int output5v() {
        int output = powerAdaptee.output220V();
        System.out .println("objectadapter-电源适配器开始工作,此时输出电压是:" + output);
        output = output/44;
        System.out .println("objectadapter-电源适配器工作完成,此时输出电压是:" + output);
        return output;
    }
}
```

4. 使用

到这里可以编写一个 Test 测试类，测试是否可以输出 5V 的电压，代码如下所示。

```
package com.kfit.adapter.ac.defaultadapter;
/**
 * @author 悟纤「公众号 SpringBoot」
 * @slogan 大道至简 悟在天成
 */
public class Test {
    public static void main(String[] args) {
        PowerTarget target = new Power5vAdapter(new PowerAdaptee());
        target.output5v();
    }
}
```

6.4.4 电压转换在 jdk1.8+的实现

由于 jdk1.8+对于接口是可以定义成 default 的，适用该特性可以优化上面的缺省适配者模式。

1. 类图

如图 6-7 所示，PowerAdaptee 是适配者角色，PowerTarget 是目标角色，Power5vAdapter 是适配器角色，中间少了一个抽象类 PowerAdaptee，这是因为可以直接在接口 PowerTarget 将方法定义为 default。

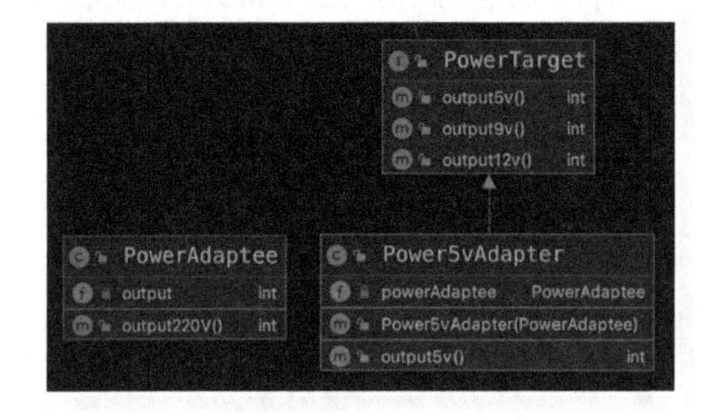

• 图 6-7

2. 适配者角色

适配者角色 PowerAdaptee 指的是原先的类或者数据，在这个例子中电压输出为 220V，代码如下所示。

```
package com.kfit.adapter.ac.objectadapter;

/**
 * 输出 220V
 * @author 悟纤「公众号 SpringBoot」
 * @slogan 大道至简 悟在天成
 */
public class PowerAdaptee {
    private int output = 220;
    public int output220V() {
```

```
        System.out .println("电源输出电压:" + output);
        return output;
    }
}
```

3. 目标角色

由于目标电压需要 5V/9V/12V 的，所以在目标角色 PowerTarget 定义了多种输出方式，这里的一个区别是方法使用了 default 的实现方式，代码如下所示。

```
package com.kfit.adapter.ac.defaultadapter1;

/** * *
 * @author 悟纤「公众号 SpringBoot」
 * @slogan 大道至简 悟在天成
 */
public interface PowerTarget {
    default int output5v(){
        return 0;
    }
    default int output9v(){
        return 0;
    }
    default int output12v(){
        return 0;
    }
}
```

4. 适配器角色

适配者角色 Power5vAdapter，实现了接口 PowerTarget，虽然接口中定义了多种电压的输出，但这里只需要输出电压 5V，代码如下所示。

```
package com.kfit.adapter.ac.defaultadapter1;

/**
 * TODO
 *
 * @author 悟纤「公众号 SpringBoot」
 * @slogan 大道至简 悟在天成
 */
public class Power5vAdapter implements PowerTarget{
    private PowerAdaptee powerAdaptee;

    public Power5vAdapter(PowerAdaptee powerAdaptee) {
        this.powerAdaptee = powerAdaptee;
    }
```

```
    @Override
    public int output5v() {
        int output = powerAdaptee.output220V();
        System.out.println("objectadapter-电源适配器开始工作,此时输出电压是:" + output);
        output = output/44;
        System.out.println("objectadapter-电源适配器工作完成,此时输出电压是:" + output);
        return output;
    }

}
```

5. 使用

到这里就可以编写一个 Test 测试类来测试是否可以将电压输出为 5V 了，代码如下所示。

```
package com.kfit.adapter.ac.defaultadapter1;

/**
 * @author 悟纤「公众号 SpringBoot」
 * @slogan 大道至简 悟在天成
 */
public class Test {
    public static void main(String[] args) {
        PowerTarget target = new Power5vAdapter(new PowerAdaptee());
        target.output5v();
    }
}
```

6.5 适配器模式在 Spring 框架中的应用

这一节来看一下适配器模式在 Spring 框架中的应用。

6.5.1 在 Spring 中的应用

Spring 框架使用适配器模式来实现很多功能，以下列出一些在 Spring 框架中使用到适配器模式的类：

- JpaVendorAdapter。
- HibernateJpaVendorAdapter。
- HandlerInterceptorAdapter。
- MessageListenerAdapter。
- SpringContextResourceAdapter。
- ClassPreProcessorAgentAdapter。
- RequestMappingHandlerAdapter。

- AnnotationMethodHandlerAdapter。
- WebMvcConfigurerAdapter。

1. 在 SpringMVC 中的应用

在 Spring MVC 中，有一个前端控制器 DispatcherServlet 接收所有的请求进行处理。

DispatcherServlet 中的 doDispatch 方法，是将请求分发到具体的 Controller，因为存在很多不同类型的 Controller，常规处理是用大量的 if...else...来判断各种不同类型的 Controller，如图 6-8 所示。

```
if(mappedHandler.getHandler() instanceof MultiActionController){
   ((MultiActionController)mappedHandler.getHandler()).xxx
}else if(mappedHandler.getHandler() instanceof XXX){
   ...
}else if(...){
   ...
}
```

● 图 6-8

如果还需要添加另外的 Controller，就需要再次添加 if...else...，程序就会难以维护，也违反了开闭原则——对扩展开放，对修改关闭。

因此，Spring 定义了一个适配器接口，使得每一种 Controller 有对应的适配器实现类，让适配器代替 Controller 执行相应的方法。这样在扩展 Controller 时，只需要增加一个适配器类，即可完成 Spring-MVC 的扩展。

如图 6-9 所示，展示了 DispatcherServlet 类的关系图，因为使用了 adapter，所以代码结构非常清晰。

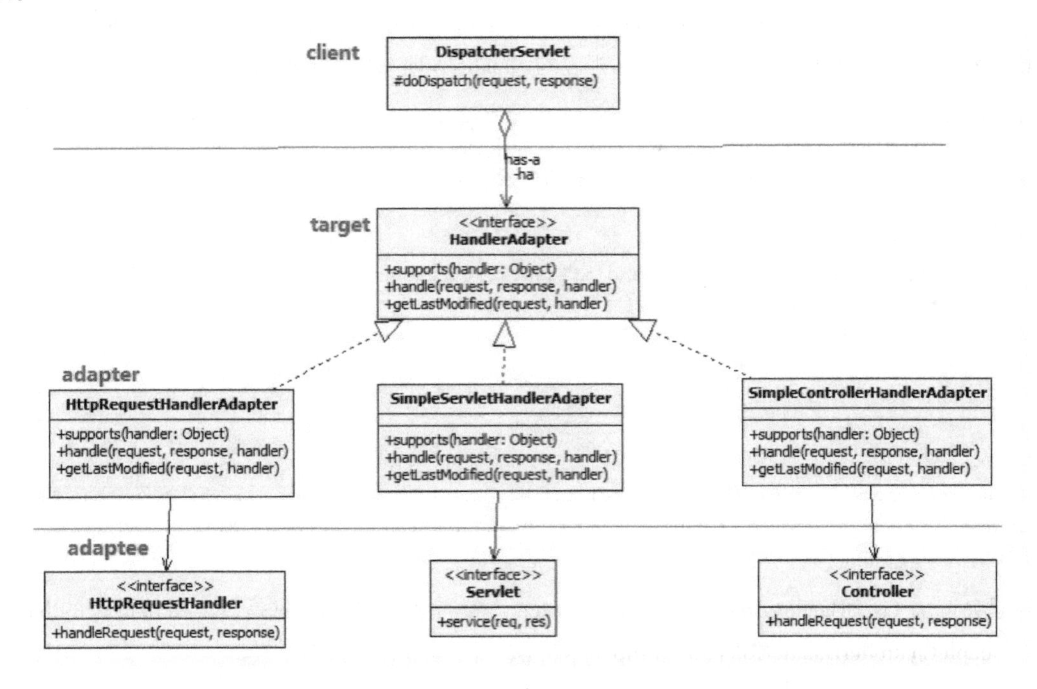

● 图 6-9

看一下 DispatcherServlet 的 doDispatch( )方法，代码如下所示。

```
protected void doDispatch(HttpServletRequest request, HttpServletResponse response) throws Ex-
ception {
    HttpServletRequest processedRequest = request;
    HandlerExecutionChain mappedHandler = null;
    boolean multipartRequestParsed = false;
    WebAsyncManager asyncManager = WebAsyncUtils.getAsyncManager(request);

    try {
        try {
            ModelAndView mv = null;
            Exception dispatchException = null;

            try {
                processedRequest = this.checkMultipart(request);
                multipartRequestParsed = processedRequest != request;
                mappedHandler = this.getHandler(processedRequest);
                if (mappedHandler == null) {
                    this.noHandlerFound(processedRequest, response);
                    return;
                }

                HandlerAdapter ha = this.getHandlerAdapter(mappedHandler.getHandler());
                String method = request.getMethod();
                boolean isGet = "GET".equals(method);
```

这里核心的代码是 Determine handler adapter for the current request（确定当前请求的 handler adapter）。跟进 getHandlerAdapter 看看怎样获取到相应的 HandlerAdapter，代码如下所示。

```
protected HandlerAdapter getHandlerAdapter(Object handler) throws ServletException {
    if (this.handlerAdapters != null) {
        Iterator var2 = this.handlerAdapters.iterator();

        while(var2.hasNext()) {
            HandlerAdapter adapter = (HandlerAdapter)var2.next();
            if (adapter.supports(handler)) {
                return adapter;
            }
        }
    }

    throw new ServletException("No adapter for handler [" + handler + "]: The DispatcherServlet
configuration needs to include a HandlerAdapter that supports this handler");
}
```

这里会遍历 List<HandlerAdapter>handlerAdapters，看看当前的 adapter 是否支持传进来的 handler。看一下 SimpleControllerHandlerAdapter 的 supports 方法，代码如下所示。

```java
public class SimpleControllerHandlerAdapter implements HandlerAdapter {
    public SimpleControllerHandlerAdapter() {
    }

    public boolean supports(Object handler) {
        return handler instanceof Controller;
    }
```

从这里可以看到 SimpleControllerHandlerAdapter 处理 handler 为 Controller 类型。看一下 SimpleServletHandlerAdapter 的 supports 方法可以看出 SimpleServletHandlerAdapter 处理 handler 为 Servlet 类型，代码如下所示。

```java
public class SimpleServletHandlerAdapter implements HandlerAdapter {
    public SimpleServletHandlerAdapter() {
    }

    public boolean supports(Object handler) {
        return handler instanceof Servlet;
    }
```

到这里已经体现出整个适配器在 MVC 的应用了。

2. 在 Spring AOP 中的应用

在 Spring 的 AOP 中，适配器模式应用得非常广泛。Spring 使用 Advice（通知）来增强被代理类的功能，Advice 的类型主要有 BeforeAdvice、AfterReturningAdvice、ThrowsAdvice。每种 Advice 都有对应的拦截器，即 MethodBeforeAdviceInterceptor、AfterReturningAdviceInterceptor、ThrowsAdviceInterceptor。

各种不同类型的 Interceptor，通过适配器统一对外提供接口，client ---> target ---> adapter ---> interceptor ---> advice，最终调用不同的 Advice 来实现被代理类的增强。Spring AOP 的 AdvisorAdapter 类有 4 个实现类，即 SimpleBeforeAdviceAdapter、MethodBeforeAdviceAdapter、AfterReturningAdviceAdapter 和 ThrowsAdviceAdapter。

6.5.2 导出数据类型

在实际项目中，会有将数据导出到 excel 表格的需求。在开始时，编写的是接收 Map<String, Object>，但数据库查询出来的一般是 List<Object>的类型，这时候怎样在不改变原有代码的情况下，去优化代码呢？这里可以使用适配器进行优化。

在前期编写了一个导出工具类，代码如下所示。

```java
package com.kfit.adapter.example.v1;

import java.util.Map;

public class ExcelExport {

    /**
     * 这是一个工具类:用于导出数据到 excel 表格
```

```
    */
    public static void export(Map<String,Object> map) {
        //TODO 这里需要编写具体的导出代码
        for (int i = 0; i < map.size(); i++) {
            System.out .println(map.get(i+""));
        }
    }
}
```

有一个从数据库获取数据的方法，代码如下所示。

```
package com.kfit.adapter.example.v1;

import java.util.ArrayList;
import java.util.List;

public class PersonService {

    /**
     * 通过组织获取到该组织下的员工信息.
     * @return
     */
    public List<String>getPerson(String orgId){
        //这只是模拟,实际会从数据库中进行获取.
        List<String> list = new ArrayList<String>();
        list.add("张三");
        list.add("李四");
        list.add("王五");
        return list;
    }

}
```

这时候调用应怎样写呢？需要进行遍历 List，然后将数据设置到 Map 中，代码如下所示。

```
package com.kfit.adapter.example.v1;

import java.util.LinkedHashMap;
import java.util.List;
import java.util.Map;

public class Test {
    public static void main(String[] args) {
        //未使用适配器之前的处理方式,调用者要这样使用:
        System.out .println("//未使用适配器之前的处理方式,调用者要这样使用:");
        PersonService personService = new PersonService();
        List<String> list = personService.getPerson("1");
        Map<String,Object> map = new LinkedHashMap<String, Object>();
```

```
        for(int i=0;i<list.size();i++) {
            //System.out.println("i="+i+","+list.get(i));
            map.put(String.valueOf(i), list.get(i));
        }
        ExcelExport.export(map);


    }
}
```

这种实现方式不好的地方就是每个使用者需要将 list 转换为 Map，特别不方便，所以这里可以加入一个转换器 ListToMapAdapter 来优化代码，代码如下所示。

```
package com.kfit.adapter.example.v2;

import java.util.LinkedHashMap;
import java.util.List;

public class ListToMapAdapter<K, V>extends LinkedHashMap<K, V> {
    private static final long serialVersionUID = 1L;
    private List<String>list;

    public ListToMapAdapter(List<String> list) {
        this.list = list;
    }

    @Override
    public int size() {
        return list.size();
    }

    @SuppressWarnings("unchecked")
    @Override
    public V get(Object i) {
        return (V)list.get( Integer.valueOf(i.toString()) );
    }

}
```

这时候可以这样进行使用，代码如下所示。

```
package com.kfit.adapter.example.v2;

import com.kfit.adapter.example.v1.ExcelExport;
import com.kfit.adapter.example.v1.PersonService;

import java.util.List;

public class Test {
```

```
    public static void main(String[] args) {
        //使用适配器之后的代码,调用者要这样使用:
        /*
        使用适配器之后,原先的代码照样可以运行,并不用进行修改;
        新的代码可以使用新的编码方式。
        */
        System.out.println("//使用适配器之后的代码,调用者要这样使用:");
        PersonService personService2 = new PersonService();
        List<String> list2 = personService2.getPerson("1");
        ListToMapAdapter<String,Object> adapterMap = new ListToMapAdapter(list2);
        ExcelExport.export(adapterMap);
    }
}
```

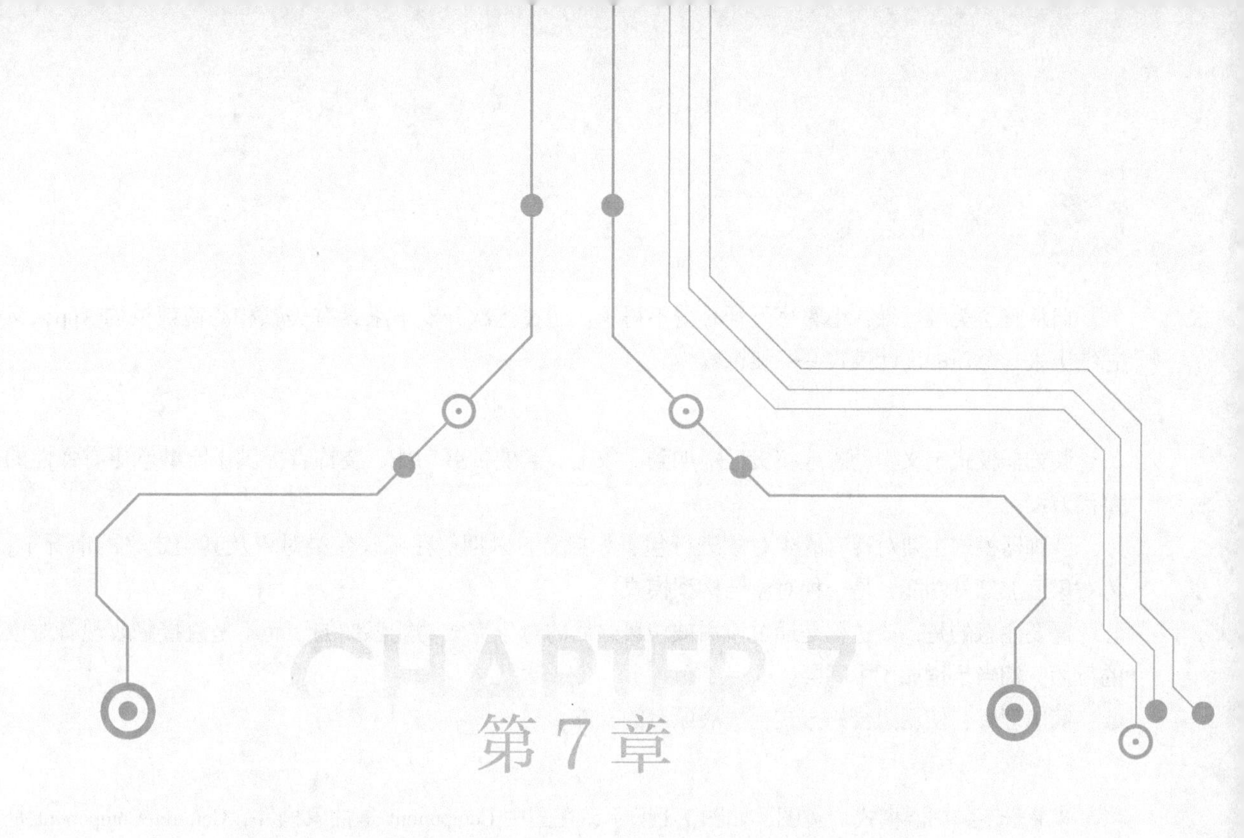

CHAPTER 7

第7章

结构型模式之装饰器模式

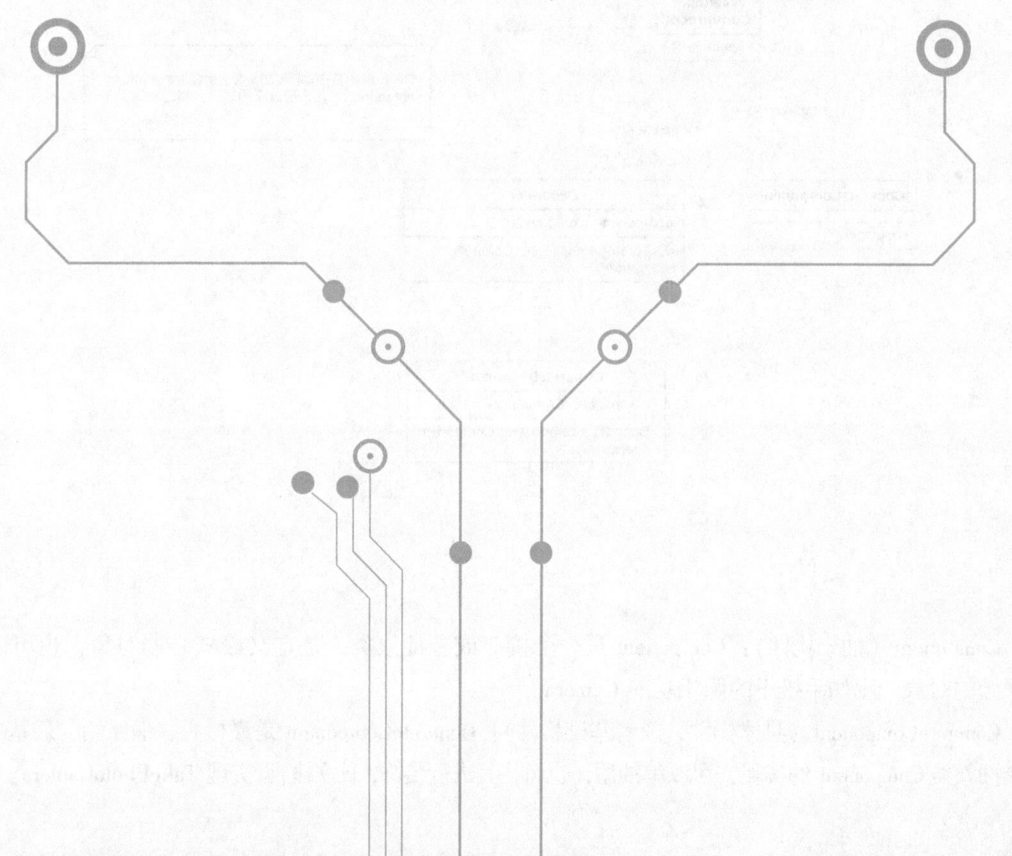

7.1 装饰器模式概念

自从有了美颜效果，小璐每天开心得不得了。通过这次开发出来具有美颜和滤镜效果的 App，又总结出来一个新的设计模式——装饰器模式。

1. 定义

装饰器模式定义：动态地将责任附加到对象上。若要扩展功能，装饰者提供了比继承更有弹性的替代方案。

装饰器模式主要对现有的类对象进行包裹和封装，以期望在不改变类对象及其类定义的情况下，为对象添加额外功能，是一种对象结构型模式。

需要注意的是，该过程是通过调用被包裹之后的对象完成功能添加的，而不是直接修改现有对象的行为，相当于增加了中间层。

简单理解：使用组合的方式，扩展原有的功能。

2. 类图

来看一下装饰器模式的类图，如图 7-1 所示，在图中 Component 是抽象构件，ConcreteComponent 是构件，Decorator 是装饰角色，ConcreteDecorator 是具体的装饰器。

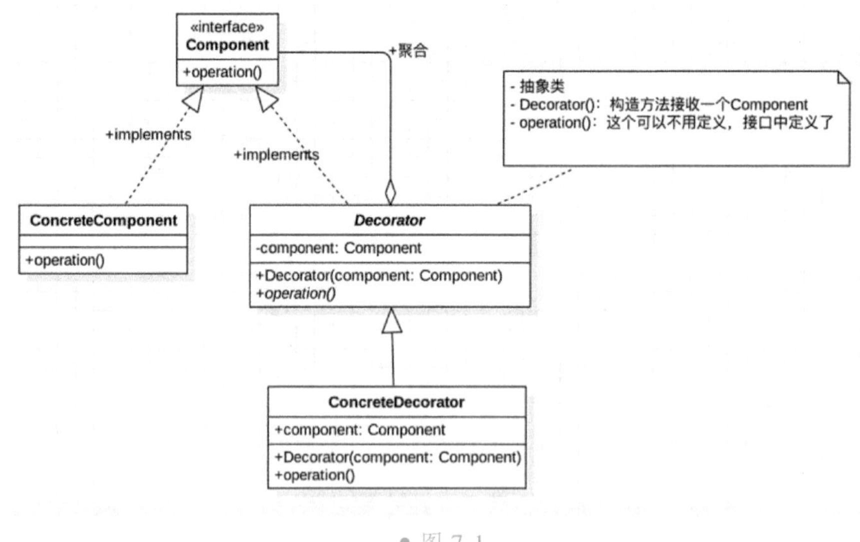

图 7-1

3. 主要角色

Component（抽象构件）：Component 是一个接口或者抽象类，是定义最核心的对象，也可以说是最原始的对象，比如手机里的照相功能 Camera。

ConcreteComponent（具体构件，或者基础构件）：ConcreteComponent 是最核心、最原始、最基本的接口或抽象类 Component 的实现，可以单独用，也可将其进行装饰，比如拍照实现 TakePhotoCamera。

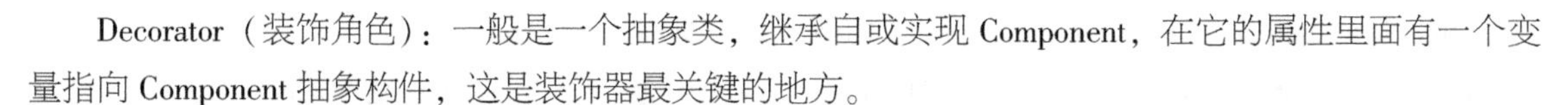

Decorator（装饰角色）：一般是一个抽象类，继承自或实现 Component，在它的属性里面有一个变量指向 Component 抽象构件，这是装饰器最关键的地方。

ConcreteDecorator（具体装饰角色）：ConcreteDecorator 可以有多个，它们可以把基础构件装饰成新的东西，比如在照相功能的基础上增加美颜或者滤镜的效果。

4. 优点

（1）灵活性：相较于类的继承来扩展功能，对对象进行包裹更加灵活。

（2）低耦合：装饰类和被装饰类相互独立，耦合度较低。

5. 缺点

（1）没有继承结构清晰。

（2）包裹层数较多时，难以理解和管理。

6. 应用场景

（1）动态地增加对象的功能，在原先的对象上增加功能。

（2）不能以派生子类的方式来扩展功能，比如 final 类。

（3）限制对象的执行条件，在什么情况下，才能执行对象，否则抛出异常。

（4）参数控制和检查等，对参数的校验和检查，不通过就抛出异常。

7.2 照相机美颜滤镜

使用装饰器设计模式扩展照相机的功能，增加了美颜和滤镜效果。

7.2.1 照相机类图

经过很长时间，我终于设计出了完美的设计图，如图 7-2 所示。

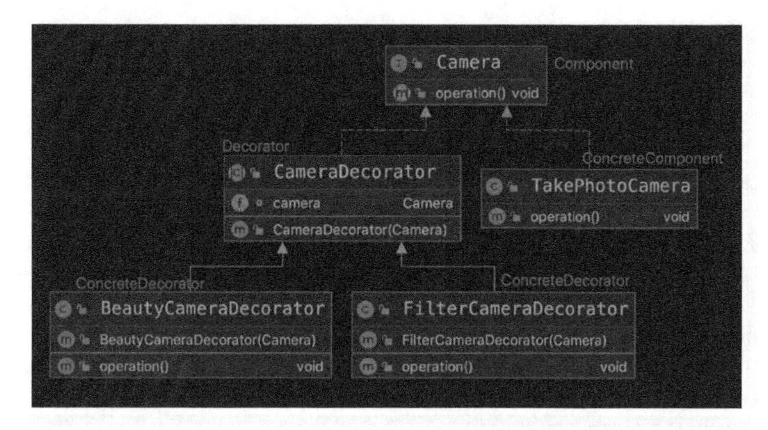

● 图 7-2

Camera（Component）：相当于装饰器模式的组件角色。

TakePhotoCamera（ConcreteComponent）：相当于装饰器模式具体组件的角色。

CameraDecorator（Decorator）：CameraDecorator 是照相机装饰器，拥有照相机 Camera 属性。

BeautyCameraDecorator/FilterCameraDecorator（ConcreteDecorator）：具体装饰器，分别实现了美颜和滤镜的功能。

7.2.2 照相机编码

1. 抽象构件 Component

先定义一个照相机的构件 Camera，在接口中定义一个操作的方法，具体拥有什么操作，由实现类进行实现，代码如下所示。

```
package com.kfit.decorator.camera;

/**
 * 照相机
 * @author 悟纤「公众号 SpringBoot」
 * @slogan 大道至简 悟在天成
 */
public interface Camera {

    /** 操作：拍照 ……*/
    void operation();

}
```

2. 具体/基础构件 ConcreteComponent

照相机的基本功能是拍照，所以需要实现接口 Camera 来实现拍照，取名为 TakePhotoCamera，代码如下所示。

```
package com.kfit.decorator.camera;

/**
 * 照相机的基本功能-拍照功能
 *
 * @author 悟纤「公众号 SpringBoot」
 * @slogan 大道至简 悟在天成
 */
public class TakePhotoCamera implements Camera {
    @Override
    public void operation() {
        //实现具体的拍照,然后将照片保存到手机本地
        System.out .println("拍照功能…");
    }
}
```

到这里可以先写一个测试类来试一试拍照效果，代码如下所示。

```
/**
 * 只有拍照功能
 */
Camera camera = new TakePhotoCamera();
camera.operation();
```

小璐觉得现在的拍照功能完全不能拍出她美丽的样子，得继续优化一下，这时候装饰器模式就派上用场了：通过加入美颜增强拍照的功能。

3. 装饰角色 Decorator

装饰器角色 Decorator 一般是一个抽象类，继承或实现 Component，在该类中拥有一个变量指向 Component 抽象构件，这是装饰器最关键的地方。

这里就是 CameraDecorator 实现 Camera，还定义了一个变量指向 Camera，具体代码如下：

```
package com.kfit.decorator.camera;


/**
 * 照相机抽象的 Decorator
 * @author 悟纤「公众号 SpringBoot」
 * @slogan 大道至简 悟在天成
 */
public abstract class CameraDecorator implements Camera {
    Camera camera;

    public CameraDecorator(Camera camera) {
        this.camera = camera;
    }
}
```

4. 具体装饰角色 ConcreteDecorator

先加入一个美颜的效果 BeautyCameraDecorator，代码如下所示。

```
package com.kfit.decorator.camera;


/**
 * 拍照完成之后对照片进行美颜处理
 * @author 悟纤「公众号 SpringBoot」
 * @slogan 大道至简 悟在天成
 */
public class BeautyCameraDecorator extends CameraDecorator{

    public BeautyCameraDecorator(Camera camera) {
        super(camera);
```

```
    }

    @Override
    public void operation() {
        camera.operation();//实现原有拍照的功能
        System.out.println("美颜功能….");
    }
}
```

这时候要怎样使用照相机呢？可以用 BeautyCameraDecorator 接收入参 TakePhotoCamera 的方式进行组合使用，代码如下所示。

```
    System.out.println();
    Camera camera1 = new BeautyCameraDecorator(new TakePhotoCamera());
    camera1.operation();
```

这里就实现了既能拍照又具备美颜功能的相机。最后添加一个滤镜的效果，新增装饰器的类 FilterCameraDecorator，代码如下所示。

```
package com.kfit.decorator.camera;


/**
 * 拍照完成之后对照片进行滤镜处理
 * @author 悟纤「公众号 SpringBoot」
 * @slogan 大道至简 悟在天成
 */
public class FilterCameraDecorator extends CameraDecorator{

    public FilterCameraDecorator(Camera camera) {
        super(camera);
    }

    @Override
    public void operation() {
        camera.operation();//原先的功能
        System.out.println("滤镜功能…");
    }
}
```

具有滤镜、美颜和拍照功能的照相机，看一下测试代码：

```
/**
 * 具有滤镜+美颜和拍照功能
 */
System.out.println();
Camera camera2 = new FilterCameraDecorator(new BeautyCameraDecorator(new TakePhotoCamera()));
camera2.operation();
```

总的测试代码：

```java
package com.kfit.decorator.camera;

/**
 * 测试照相机功能
 *
 * @author 悟纤「公众号 SpringBoot」
 * @slogan 大道至简 悟在天成
 */
public class Test {
    public static void main(String[] args) {
        /**
         * 只有拍照功能
         */
        Camera camera = new TakePhotoCamera();
        camera.operation();

        /**
         * 具有美颜和拍照功能
         */
        System.out.println();
        Camera camera1 = new BeautyCameraDecorator(new TakePhotoCamera());
        camera1.operation();

        /**
         * 具有滤镜+美颜和拍照功能
         */
        System.out.println();
        Camera camera2 = new FilterCameraDecorator(new BeautyCameraDecorator(new TakePhotoCamera()));
        camera2.operation();
    }
}
```

执行代码，查看运行结果，如图 7-3 所示。

● 图 7-3

对于装饰器的类可以单独使用，也可以组合使用，也就是说可以将拍照和美颜组合使用，也可以将拍照和滤镜组合使用，还可以将拍照、美颜和滤镜组合使用。

7.2.3 装饰器模式小结

装饰类和被装饰类可以独立发展，而不会相互耦合，换句话说，Component 类无须知道 Decorator 类，Decorator 类是从外部来扩展 Component 类的功能，而 Decorator 也不用知道具体的构件。

装饰器模式是继承关系的一个替代方案，装饰类 Decorator 不管装饰多少层，返回的对象还是 Component，因为 Decorator 本身就是继承自 Component 的，实现的是 is-a 的关系。

装饰模式可以动态地扩展一个实现类的功能，比如在 I/O 系统中，给 BufferedInputStream 的构造器直接传一个 InputStream，就可以轻松构建带缓冲的输入流，如果需要扩展，继续“装饰”即可。

装饰器模式也有其自身的缺点，多层的装饰是比较复杂的，为什么会复杂？大家想想看，就像剥洋葱一样，剥到最后才发现最里层的装饰出现了问题，可以想象一下工作量。从使用 Java I/O 的类库就深有体会，只需要单一结果的流，结果却往往需要创建多个对象，一层套一层，对于初学者来说容易让人迷惑。

7.3 装饰器模式在 Spring 框架和 JDK 源码中的应用

这一节看看装饰器模式在 Spring 框架和 JDK 源码中的应用。

7.3.1 在 Spring 中的应用

Spring 框架使用装饰器模式构建重要功能，如事务、缓存同步、与安全相关的任务。以下是 Spring 实现此模式的两个类：

（1）BeanDefinitionDecorator：通过使用自定义属性增强 bean 的定义，具体实现类是 AbstractInterceptorDrivenBeanDefinitionDecorator、ScopedProxyBeanDefinitionDecorator，如图 7-4 所示。

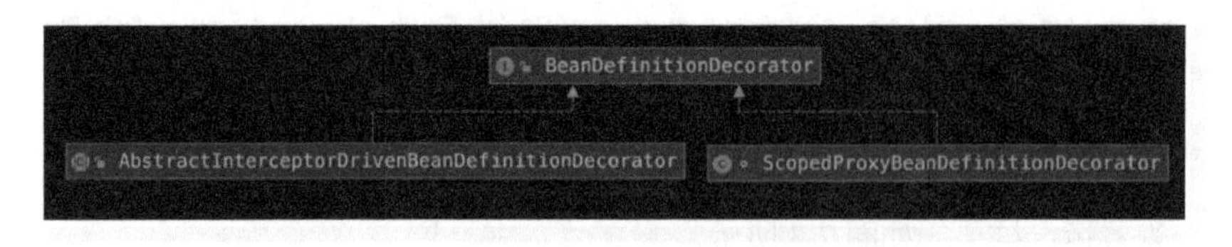

● 图 7-4

（2）WebSocketHandlerDecorator：用来增强一个 WebSocketHandler 附加行为。

7.3.2 在 JDK 中的应用

装饰模式在 Java.io 包中广泛使用，包括基于字节流的 InputStream/OutputStream 和基于字符的 Reader/Writer 体系，以下以 InputStream 为例进行讲解。

InputStream 是所有字节输入流的基类，其下有众多子类，如基于文件的 FileInputStream、基于对象的 ObjectInputStream、基于字节数组的 ByteArrayInputStream 等。有些时候，想为这些流加一些其他的小特性，如缓冲、压缩等，用装饰模式实现就非常方便，相关的部分类如图 7-5 所示。

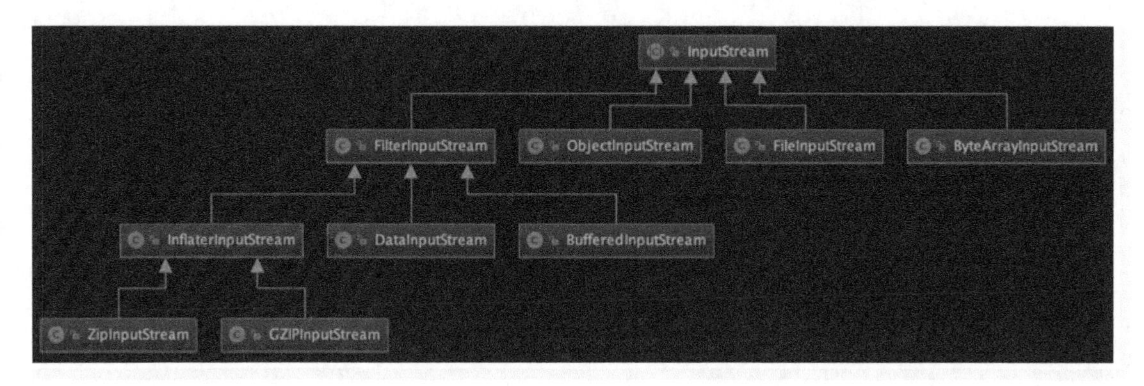

● 图 7-5

这个类图和装饰器中的角色基本是一对一关系：

（1）构件是 InputStream；

（2）构件实体是 FileInputStream、ObjectInputStream 等；

（3）装饰器是 FilterInputStream；

（4）装饰器实体是 FilterInputStream 的所有子类。

第8章

结构型模式之外观（门面）模式

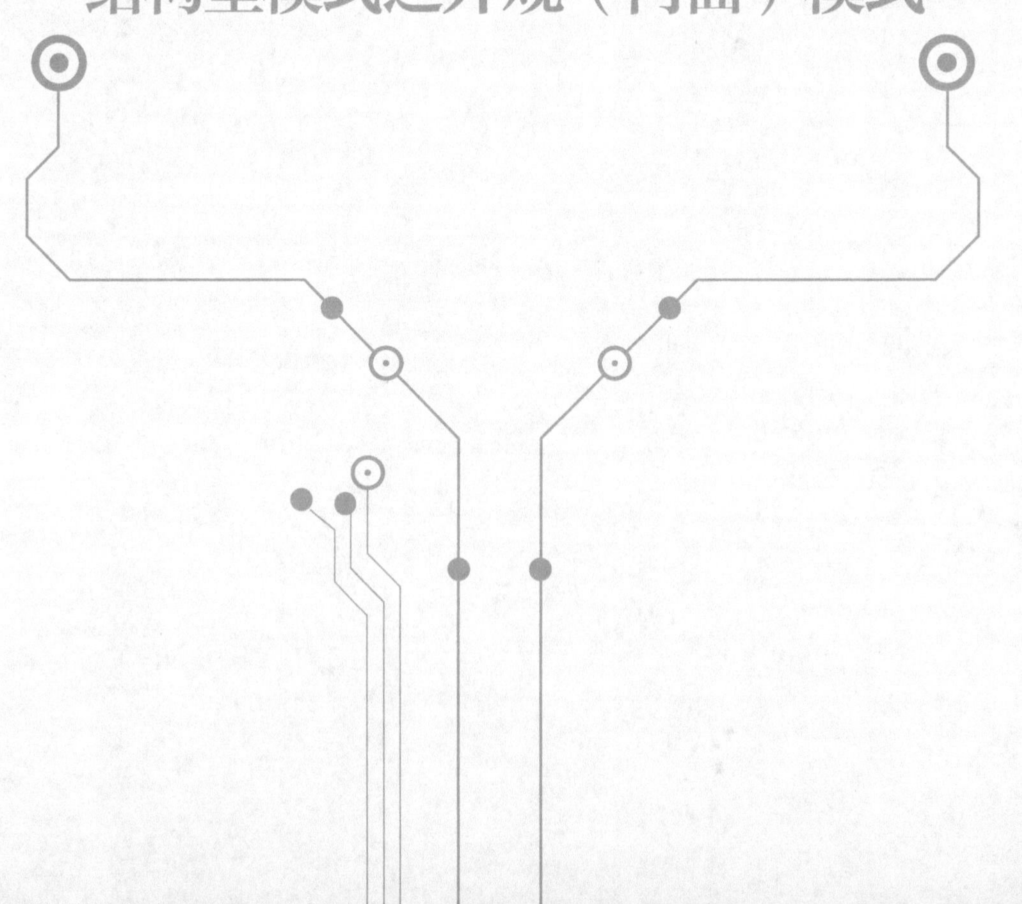

8.1 外观模式概念

1. 定义

外观模式又叫作门面模式（Facade Pattern），提供了一个统一的接口，用来访问子系统中的功能。外观模式定义了一个高层接口，让子系统更容易使用。

外观模式通过创建一个统一的类，用来包装子系统中一个或多个复杂的类，客户端可以通过调用外观类的方法来调用内部子系统中的所有方法，如图 8-1 所示。

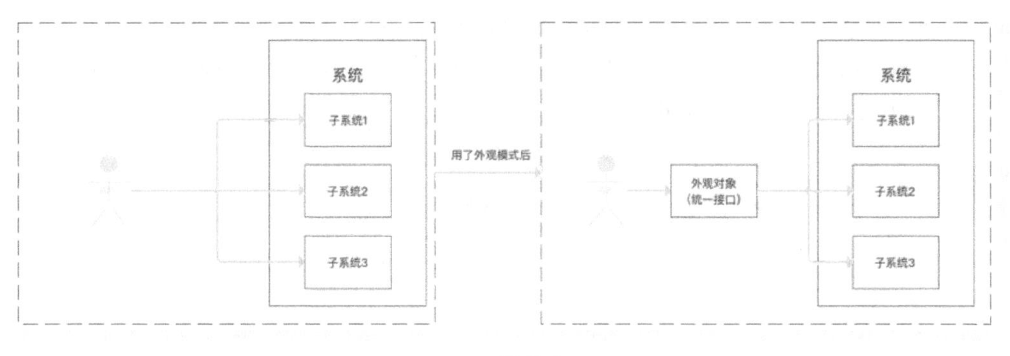

图 8-1

外观模式的本质是：封装交互，简化调用。

2. 通过网站导航例子理解外观模式

以前需要在搜索栏逐个搜索网站地址，有了网站导航（用了外观模式）后，就方便很多了，如图 8-2 所示。

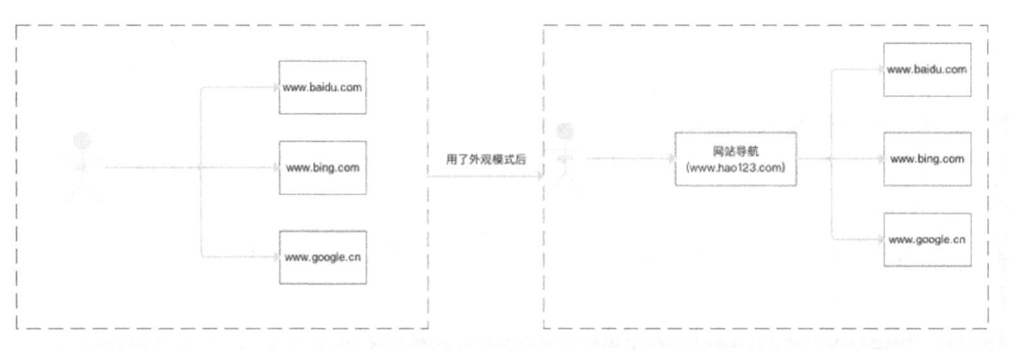

图 8-2

3. 主要作用

（1）实现客户类与子系统类的松耦合。

（2）降低原有系统的复杂度。

（3）提高客户端使用的便捷性，使得客户端无须关心子系统的工作细节，通过外观角色，即可调用相关功能。

引入外观角色之后，用户只需要与外观角色交互即可。

用户与子系统之间的复杂逻辑关系由外观角色来实现。

4. 解决的问题

（1）避免了系统与系统之间的高耦合度。

（2）使得复杂的子系统用法变得简单。

5. 类图

如图 8-3 所示，有三个子系统 SubSystemA、SubSystemB、SubSystemC，如果 Client 要访问这三个子系统，不是直接访问，而是通过门面 Facade 进行访问。这样做的好处就是 Client 不需要知道三个子系统的内部结构，这些工作交给了 Facade 完成。

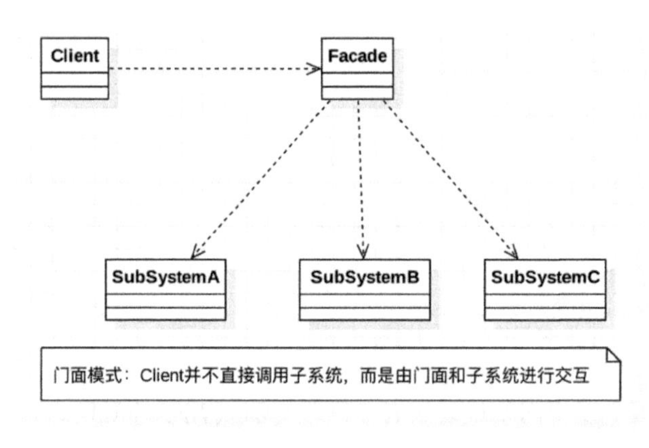

● 图 8-3

6. 主要角色

在外观设计中，主要涉及 3 个角色：

（1）门面角色（Facade）：它是外观模式的核心，被客户角色调用，它熟悉子系统的功能，内部根据客户角色的需求预定了几种功能的组合。

（2）子系统角色（SubSystem）：实现了子系统的功能，对客户角色和 Façade 是未知的，它的内部可以有系统内的相互交互，也可以有供外界调用的接口。

（3）客户角色（Client）：通过调用 Facede 来完成要实现的功能。

8.2 外观模式之一键开关

为了解决小璐可以一键开关灯、开关窗帘、开关电视这个功能，我对家里的开关系统进行了优化。

8.2.1 一键开关类图

为了解决“一键开关”的问题，我加入了总开关的概念（也就是门面），只要和总开关交互，就能一键对电视、窗帘和灯进行操作了，来看一下类图，如图 8-4 所示。

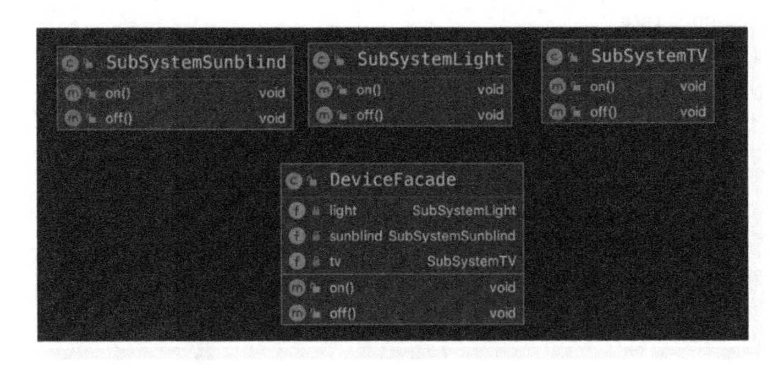

● 图 8-4

8.2.2 一键开关编码

1. 子系统角色（SubSystem）

子系统在这个例子里就是灯、窗帘、电视，它们有相同的方法就是 on（开）、off（关）。

子系统灯 SubSystemLight 的 on、off 代码如下所示。

```
package com.kfit.facade.onoff;

/**
 * 操作灯的类
 * @author 悟纤「公众号 SpringBoot」
 * @slogan 大道至简 悟在天成
 */
public class SubSystemLight {
    public void on(){
        System.out .println("打开灯…");
    }

    public void off(){
        System.out .println("关闭灯…");
    }
}
```

子系统窗帘 SubSystemSunblind 的 on、off 代码如下所示。

```
package com.kfit.facade.onoff;

/**
```

```
 * 操作窗帘的类
 * @author 悟纤「公众号 SpringBoot」
 * @date 2020-11-26
 * @slogan 大道至简 悟在天成
 */
public class SubSystemSunblind {
    public void on(){
        System.out.println("打开窗帘…");
    }

    public void off(){
        System.out.println("关闭窗帘…");
    }
}
```

子系统电视 SubSystemTV 的 on、off 代码如下所示。

```
package com.kfit.facade.onoff;

/**
 * 操作 TV 的类
 * @author 悟纤「公众号 SpringBoot」
 * @slogan 大道至简 悟在天成
 */
public class SubSystemTV {
    public void on(){
        System.out.println("打开电视…");
    }

    public void off(){
        System.out.println("关闭电视…");
    }
}
```

在没有外观设计模式的时候，需要定义每个子系统 Light、Sunblind、TV 进行初始化，然后调用每个对象的 on、off 方法，代码如下所示。

```
package com.kfit.facade.onoff;

/**
 *  没有外观/门面的时候 调用方式
 *
 * @author 悟纤「公众号 SpringBoot」
 * @slogan 大道至简 悟在天成
 */
public class Test1 {
    public static void main(String[] args) {
        //实例化设备
```

```java
        SubSystemLight light = new SubSystemLight();
        SubSystemSunblind sunblind = new SubSystemSunblind();
        SubSystemTV tv = new SubSystemTV();


        //早上起床的时候
        light.on();
        sunblind.on();
        tv.on();

        System.out .println();

        //晚上要睡觉的时候
        light.off();
        sunblind.off();
        tv.off();
    }
}
```

2. 门面（Facade）

通过一个门面类 DeviceFacade 来控制所有设备的开和关，这样就能实现一键开关设备，代码如下所示。

```java
package com.kfit.facade.onoff;

/**
 * 门面,统一管理设备
 * @author 悟纤「公众号 SpringBoot」
 * @slogan 大道至简 悟在天成
 */
public class DeviceFacade {
    //也可以作为参数传递进来,如果没有别的实现类,那么直接在内部初始化,会使得使用者更简单。
    private SubSystemLight light = new SubSystemLight();
    private SubSystemSunblind sunblind = new SubSystemSunblind();
    private SubSystemTV tv = new SubSystemTV();

    public void on(){
        light.on();
        sunblind.on();
        tv.on();
    }

    public void off(){
        light.off();
        sunblind.off();
        tv.off();
    }
}
```

3. 客户端（Client）

客户端使用门面类 DeviceFacade 操作子系统，不需要知道操作的是哪个子系统，代码会简洁很多，代码如下所示。

```
package com.kfit.facade.onoff;

/**
 * 使用了门面模式,操作起来很简单
 * @author 悟纤「公众号 SpringBoot」
 * @date 2020-11-26
 * @slogan 大道至简 悟在天成
 */
public class TestClient {
    public static void main(String[] args) {
        //使用很简单,使用者根本不需要知道子类
        DeviceFacade deviceFacade = new DeviceFacade();


        //早上起床的时候
        deviceFacade.on();

        System.out.println();

        //晚上要睡觉的时候
        deviceFacade.off();
    }
}
```

8.2.3 外观模式的优缺点

1. 优点

（1）降低了客户类与子系统类的耦合度，实现了子系统与客户之间的松耦合关系。

a）只是提供了一个访问子系统的统一入口，并不影响用户直接使用子系统类。

b）减少了与子系统的关联对象，实现了子系统与客户之间的松耦合关系，松耦合使得子系统的组件变化不会影响到它的客户。

（2）外观模式对客户屏蔽了子系统组件，从而简化了接口，减少了客户处理的对象数目，并使子系统的使用更加简单。

a）引入外观角色之后，用户只需要与外观角色交互即可。

b）用户与子系统之间的复杂逻辑关系由外观角色来实现。

（3）降低原有系统的复杂度和系统中的编译依赖性，并简化了系统在不同平台之间的移植过程。

因为编译一个子系统一般不需要编译其他的子系统。一个子系统的修改对其他子系统没有任何影响，而且子系统内部变化也不会影响到外观对象。

2. 缺点

（1）在不引入抽象外观类的情况下，增加新的子系统可能需要修改外观类或客户端的源代码，违背了“开闭原则”。

（2）不能很好地限制客户使用子系统类，如果对客户访问子系统类做太多的限制，则减少了可变性和灵活性。

8.2.4 外观模式与适配器模式的区别

外观模式的实现核心主要是由外观类去保存各个子系统的引用，实现由一个统一的外观类去包装多个子系统类，客户端只需要引用这个外观类，然后由外观类来调用各个子系统中的方法即可。

这样的实现方式非常类似适配器模式，然而外观模式与适配器模式不同的是：适配器模式是将一个对象包装起来，以改变其接口，而外观是将一群对象包装起来，以简化其接口。它们的意图是不一样的，适配器是将接口转换为不同接口，而外观模式是提供一个统一的接口来简化接口。

8.3 外观模式在 Spring 框架和 SLF4J 中的应用

这一节来看一下外观模式在 Spring 框架和 SLF4J 中的应用。

8.3.1 在 Spring 中的应用

Spring JDBC 中的 JdbcUtils 对原生的 JDBC 进行封装，让调用者统一访问，代码如下所示。

```
public static Object getResultSetValue(ResultSet rs, int index) throws SQLException {
    Object obj = rs.getObject(index);
    String className = null;
    if (obj != null) {
        className = obj.getClass().getName();
    }

    if (obj instanceof Blob) {
        Blob blob = (Blob)obj;
    obj = blob.getBytes(1L, (int)blob.length());
    } else if (obj instanceof Clob) {
        Clob clob = (Clob)obj;
    obj = clob.getSubString(1L, (int)clob.length());
    } else if (!"oracle.sql.TIMESTAMP".equals(className) && !"oracle.sql.TIMESTAMPTZ".equals
(className)) {
    if (className != null && className.startsWith("oracle.sql.DATE")) {
            String metaDataClassName = rs.getMetaData().getColumnClassName(index);
             if (!"java.sql.Timestamp".equals(metaDataClassName) && !"oracle.sql.TIMESTAMP".
equals(metaDataClassName)) {
                obj = rs.getDate(index);
            } else {
```

```
                obj = rs.getTimestamp(index);
            }
        } else if (obj instanceof Date &&"java.sql.Timestamp".equals(rs.getMetaData().getColumn-
ClassName(index))) {
            obj = rs.getTimestamp(index);
        }
    } else {
        obj = rs.getTimestamp(index);
    }

    return obj;
}
```

8.3.2 在 SLF4J 中的应用

Log4j、Logback 都是日志框架，它们都有着自己独立的 API 接口。如果单独使用某个框架，会大大增加系统的耦合性，而 SLF4J 并不是真正的日志框架，它有一套通用的 API 接口。

阿里开发手册中强制用 SLF4J 日志门面，日志门面是门面模式的一个典型应用，代码如下所示。

```
/**
 *
 *
 * @author 悟纤「公众号 SpringBoot」
 * @date 2020-11-26
 * @slogan 大道至简悟在天成
 */
public class Test {
    public static void main(String[] args) {
        Logger logger = LoggerFactory.getLogger(Test.class);
        logger.info("Hello World");
    }
}
```

进入 info 方法可以看到具体的实现，如图 8-5 所示。

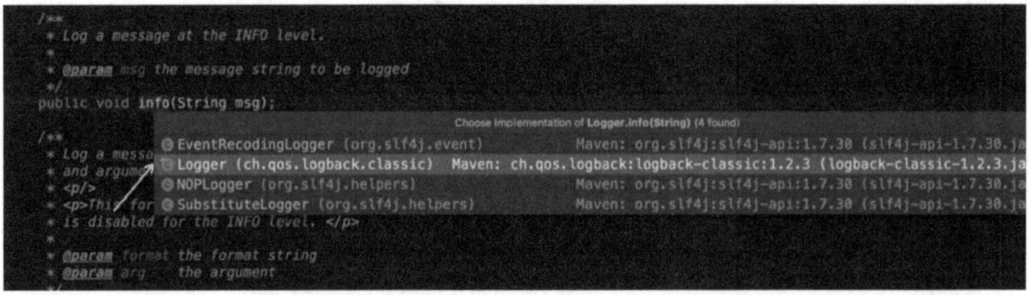

```
/**
 * Log a message at the INFO level.
 *
 * @param msg the message string to be logged
 */
public void info(String msg);

Choose Implementation of Logger.info(String) (4 found)
EventRecodingLogger (org.slf4j.event)        Maven: org.slf4j:slf4j-api:1.7.30 (slf4j-api-1.7.30.ja
Logger (ch.qos.logback.classic)   Maven: ch.qos.logback:logback-classic:1.2.3 (logback-classic-1.2.3.ja
NOPLogger (org.slf4j.helpers)                Maven: org.slf4j:slf4j-api:1.7.30 (slf4j-api-1.7.30.ja
SubstituteLogger (org.slf4j.helpers)         Maven: org.slf4j:slf4j-api:1.7.30 (slf4j-api-1.7.30.ja
 * is disabled for the INFO level. </p>
 *
 * @param format the format string
 * @param arg    the argument
```

● 图 8-5

只有在系统引入 Logback 这个日志框架时，才有了 Logger 真正的实现类。

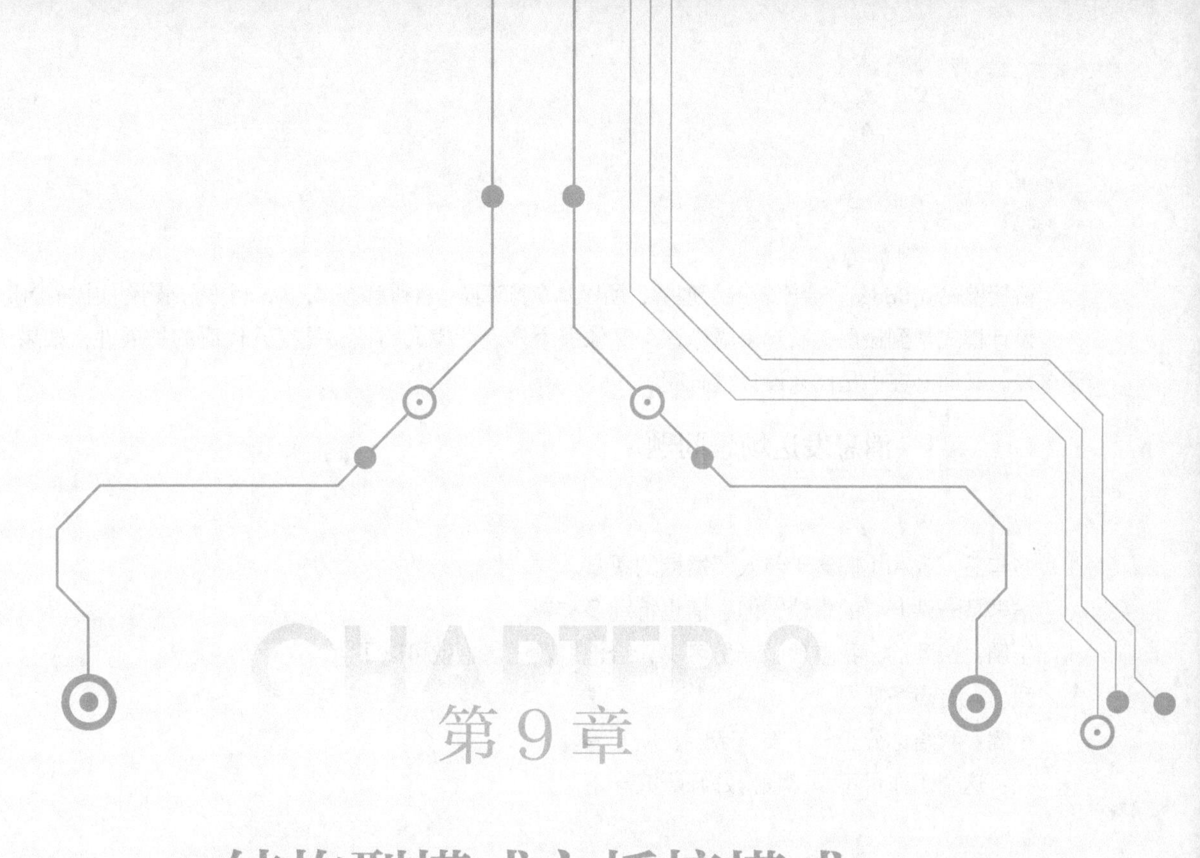

第9章

结构型模式之桥接模式

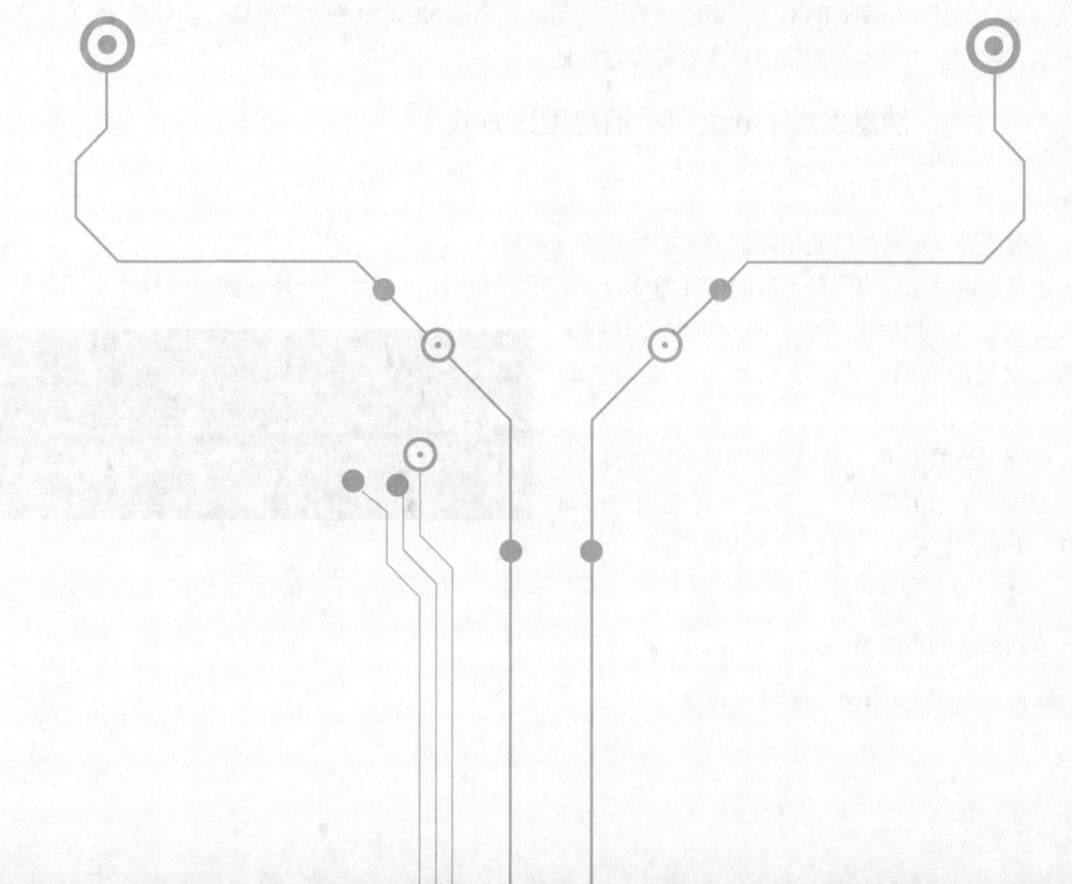

9.1 桥接模式之消息发送

桥接模式（Bridge）会比较难于理解，所以本章打算换一种讲解方式，从一个例子慢慢引出桥接模式。

设计模式学到最后，看起来既像这个又像那个。设计模式的核心是提升代码的扩展性，如果达到了这点，又何必在乎是什么设计模式呢。

9.1.1 消息发送场景问题

1. 故事场景

多年后，我和小璐终于步入了婚姻的殿堂。

结婚是一件开心的事情，但事情也特别多和杂。

小璐：亲爱的，我整理了一份名单，给他们发送信息就可以了。

我：人有点多吧？

小璐：我给你分了一下类，亲戚、朋友等。

我：这个工作量不小，我得好好研究一下。

2. 业务场景

上面的故事场景，在实际项目中就会碰到，比如给要过期的企业（企业购买了年套餐）发送一条续费的消息，针对到期时间不同，可能会有所区别，到期前 30 天发送微信消息，到期前 15 天发送手机短信，到期前 7 天发送加急消息或者直接电话通知等。

9.1.2 消息发送 1.0 之只有消息发送方式

1. 设计

小璐的要求就是能够使用微信和手机短信发送消息。

由于发送消息会有两种不同的实现方式（微信和手机短信），为了让外部能统一操作，因此把消息设计成接口，然后由两个不同的实现类分别实现微信发送消息的方式和手机短信发送消息的方式。

根据初步的设想，应该能够满足小璐的要求，于是把当前发送消息的方式定义为普通消息，如图 9-1 所示，定义 1 个接口，2 个实现类。

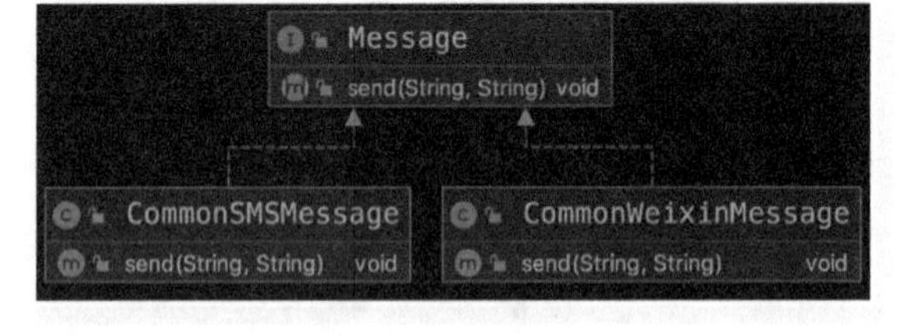

图 9-1

2. 发送消息的接口

发送消息的接口 Message：

```
package com.kfit.bridge.message.v1;

/**
```

```
* 发送消息的方式
* @author 悟纤「公众号 SpringBoot」
* @slogan 大道至简 悟在天成
*/
public interface Message {
    /**
     * 所有的消息类型需要有发送消息的方法
     * @param toUser：消息要发送给谁
     * @param message ：发送消息的内容
     */
    void send(String toUser,String message);
}
```

3. 发送消息的具体实现

使用微信发送消息 CommonWeixinMessage，代码如下所示。

```
package com.kfit.bridge.message.v1;

/**
 * 发送消息的方式 -使用微信发送消息：实际项目中应该是微信公众号的消息
 * @author 悟纤「公众号 SpringBoot」
 * @slogan 大道至简 悟在天成
 */
public class CommonWeixinMessage implements  Message {

    @Override
    public void send(String toUser, String message) {
        //调用微信的 SDK 发送消息
        System.out .println("[微信消息] "+toUser+":"+message);
    }
}
```

使用手机短信发送消息 CommonSMSMessage，代码如下所示。

```
/**
 * 发送消息的方式-手机短信
 * @author 悟纤「公众号 SpringBoot」
 * @slogan 大道至简 悟在天成
 */
public class CommonSMSMessage implements  Message {

    @Override
    public void send(String toUser, String message) {
        //调用短信平台 SDK 发送消息
        System.out .println("[手机短信消息] "+toUser+":"+message);
    }
}
```

4. 发送消息

万事俱备，于是准备发送消息，代码如下所示。

```
/**
  *
  *   我来发送消息
  * @author 悟纤「公众号 SpringBoot」
  * @date 2020-11-27
  * @slogan 大道至简 悟在天成
  */
public class Me {
    public static void main(String[] args) {
        //初始化发送消息的方式
        Message weixinMessage = new CommonWeixinMessage();
        Message smsMessage = new CommonSMSMessage();

        weixinMessage.send("鹏仔", "2021 年 x 月 x 日,我要结婚了,记得来参加我的婚礼");
        smsMessage.send("鹏仔", "2021 年 x 月 x 日,我要结婚了,记得来参加我的婚礼");

        weixinMessage.send("钟哥", "2021 年 x 月 x 日,我要结婚了,记得来参加我的婚礼");
        smsMessage.send("钟哥", "2021 年 x 月 x 日,我要结婚了,记得来参加我的婚礼");

        //…其他人…
    }
}
```

运行代码看一下打印结果，如图 9-2 所示。

```
[微信消息] 鹏仔:2021年x月x日, 我要结婚了, 记得来参加我的婚礼
[手机短信消息] 鹏仔:2021年x月x日, 我要结婚了, 记得来参加我的婚礼
[微信消息] 钟哥:2021年x月x日, 我要结婚了, 记得来参加我的婚礼
[手机短信消息] 钟哥:2021年x月x日, 我要结婚了, 记得来参加我的婚礼
```

图 9-2

9.1.3 消息发送 2.0 之加入消息类型

消息发送之后，过了几天清闲的日子，结果小璐的消息又来了。

小璐：你在忙吗？

我：有何事需要我去办的？

小璐：快临近婚礼了，好多人也没有回复呢？你要不要尽快问一下（加急消息）。

1. 需求分析

这里先定义一下加急消息的概念：

（1）加急消息会在消息上添加加急的标识。

（2）加急会提供监控的方法，以便客户了解消息的处理进度。

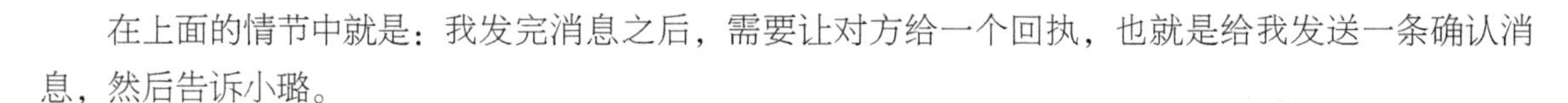

在上面的情节中就是：我发完消息之后，需要让对方给一个回执，也就是给我发送一条确认消息，然后告诉小璐。

2. 设计

从一开始的需求到现在的需求，其实整个结构已经改变了。

一开始就是一维的：发送消息的方式，现在已经转变为二维的：消息的类型。

（1）发送消息的方式：微信、手机短信。

（2）消息的类型：普通消息、加急消息。

先看一下常规的思路是怎样的？抽象出来一个加急的接口 UrgencyMessage，在此接口中会有一个 watch 方法，然后根据此接口还会有两个具体的实现：微信发送方式、手机短信发送方式，如图 9-3 所示，新增一个接口，两个实现类，来看看如何进行编码。

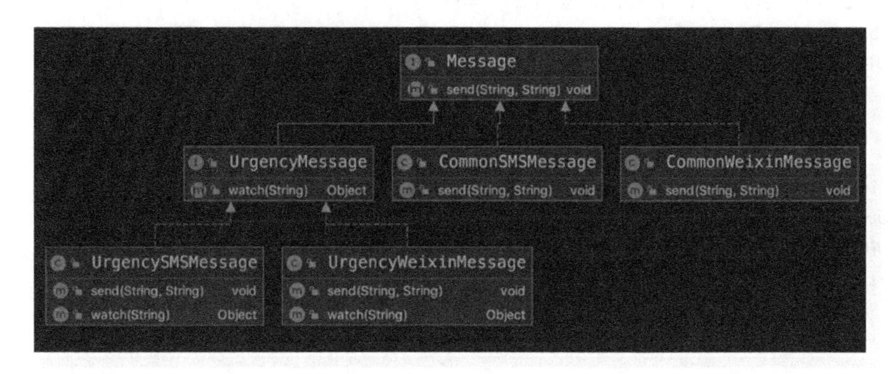

● 图 9-3

3. 发送加急消息方式的接口

加急消息 UrgencyMessage 继承接口 Message，新增监控 watch 方法：

```
package com.kfit.bridge.message.v2;

/**
 * 消息的类型-加急消息
 *    一开始的方式可以认为是普通消息。
 * @author 悟纤「公众号 SpringBoot」
 * @slogan 大道至简 悟在天成
 */
public interface UrgencyMessage extends Message{

    /**
     * 监控某消息的处理过程
     * @param messageId：消息 id
     * @return
     */
    Object watch(String messageId);
}
```

4. 发送加急消息方式的实现

通过微信发送加急消息方式的实现 UrgencyWeixinMessage：

```
package com.kfit.bridge.message.v2;

/**
 * 发送加急消息的方式-手机短信
 * @author 悟纤「公众号 SpringBoot」
 * @slogan 大道至简 悟在天成
 */
public class UrgencyWeixinMessage implements UrgencyMessage {

    @Override
    public void send(String toUser, String message) {
        message = "[加急]"+message;
        //调用短信平台 SDK 发送消息
        System.out .println("[微信消息] "+toUser+":"+message);
    }

    @Override
    public Object watch(String messageId) {
        //获取相应的数据,返回监控结果
        return "收到,一定会参加的";
    }
}
```

通过手机短信发送加急消息方式的实现 UrgencySMSMessage：

```
package com.kfit.bridge.message.v2;

/**
 * 发送加急消息的方式-手机短信
 * @author 悟纤「公众号 SpringBoot」
 * @slogan 大道至简 悟在天成
 */
public class UrgencySMSMessage implements UrgencyMessage {

    @Override
    public void send(String toUser, String message) {
        message = "[加急]"+message;
        //调用短信平台 SDK 发送消息
        System.out .println("[手机短信消息] "+toUser+":"+message);
    }

    @Override
    public Object watch(String messageId) {
        //获取相应的数据,返回监控结果
        return "收到,一定会参加的";
    }
}
```

5. 发送消息

现在有监控的方法，就可以查看到消息的发送情况了：

```
package com.kfit.bridge.message.v2;

/**
 *
 *   我来发送消息
 *
 * @author 悟纤「公众号 SpringBoot」
 * @date 2020-11-27
 * @slogan 大道至简 悟在天成
 */
public class Me {
    public static void main(String[] args) {
        //初始化发送消息的方式
        UrgencyMessage weixinMessage = new UrgencyWeixinMessage();
        UrgencyMessage smsMessage = new UrgencySMSMessage();

        weixinMessage.send("鹏仔", "2021 年 x 月 x 日,我要结婚了,记得来参加我的婚礼");
        System.out .println("获取反馈结果:"+weixinMessage.watch("1"));
        smsMessage.send("鹏仔", "2021 年 x 月 x 日,我要结婚了,记得来参加我的婚礼");
        System.out .println("获取反馈结果:"+smsMessage.watch("2"));


        weixinMessage.send("钟哥", "2021 年 x 月 x 日,我要结婚了,记得来参加我的婚礼");
        System.out .println("获取反馈结果:"+weixinMessage.watch("3"));
        smsMessage.send("钟哥", "2021 年 x 月 x 日,我要结婚了,记得来参加我的婚礼");
        System.out .println("获取反馈结果:"+smsMessage.watch("4"));

        //…其他人…
    }
}
```

运行代码查看结果，如图 9-4 所示。

```
[微信消息] 鹏仔:[加急]2021年x月x日, 我要结婚了, 记得来参加我的婚礼
获取反馈结果: 收到, 一定会参加的
[手机短信消息] 鹏仔:[加急]2021年x月x日, 我要结婚了, 记得来参加我的婚礼
获取反馈结果: 收到, 一定会参加的
[微信消息] 钟哥:[加急]2021年x月x日, 我要结婚了, 记得来参加我的婚礼
获取反馈结果: 收到, 一定会参加的
[手机短信消息] 钟哥:[加急]2021年x月x日, 我要结婚了, 记得来参加我的婚礼
获取反馈结果: 收到, 一定会参加的
```

● 图 9-4

9.1.4 消息发送 3.0 二位扩展问题分析

上面的设计感觉挺好的，没看出哪里有问题。

系统问题的来源一般是由系统的升级产生的。

加急消息发出去之后，又过了一阵子。

小璐：王某说过段时间再给答复，那么现在到底是来还是不来呢？

我：这个我也不知道呢。

小璐：现在临近结婚日了，你赶紧问问吧。

小璐：另外，有些亲戚想要咱们的婚纱照，你用邮件给他们发一下吧。

1. 加入特急消息的处理

现在消息类型包括普通消息、加急消息、特急消息，对于特急消息需要有一个催促的方法（urge），类图关系就变成了这样，如图 9-5 所示。

● 图 9-5

2. 加入邮件发送消息的方式

如果要添加一种新的发送消息的方式，比如邮件，需要在每一种抽象的具体实现里添加邮件发送消息的处理，也就是说，可以通过邮件发送普通消息、加急消息和特急消息的处理，这就意味着需要添加三个实现，如图 9-6 所示。

● 图 9-6

3. 存在问题

通过继承来扩展的实现方式存在如下的问题：

扩展消息的类型（普通/加急/特急）不太容易，不同类型的消息具有不同的业务，也就是有不同的实现。在这种情况下，每个类型的消息，需要实现所有不同的消息方式（微信/邮件/手机短信）。

如果要加入一种新的发送消息方式，那么要求所有的消息类型，加入这种新的消息方式的实现，也就违背了开闭原则。

9.2 桥接模式基本概念

用来解决上一节问题的一个合理的解决方案，就是使用桥接模式（Bridge）。

什么是桥接模式呢？

1. 定义

桥接模式的定义：将抽象部分与它的实现部分分离，使它们可以独立地变化。

在前面的发送消息例子中有两个维度：发送消息的方式和消息的类型。

（1）发送消息的方式：微信、手机短信、邮件。

（2）消息的类型：普通消息、加急消息、特急消息。

这里的抽象部分、实现部分各是什么呢？

消息发送的核心功能是发送消息，所以实现部分就是消息的发送方式（微信/手机短信/邮件），那么抽象部分就是消息类型（普通/加急/特急）。

2. 思路分析

在前面的发送消息的例子中分析了两个维度：具体的消息发送的方式（微信/邮件/手机短信）和抽象的消息类型（普通/加急/加急）。

这两个纬度一共可以组合出 9 种不同的可能性（3×3＝9），如图 9-7 所示。

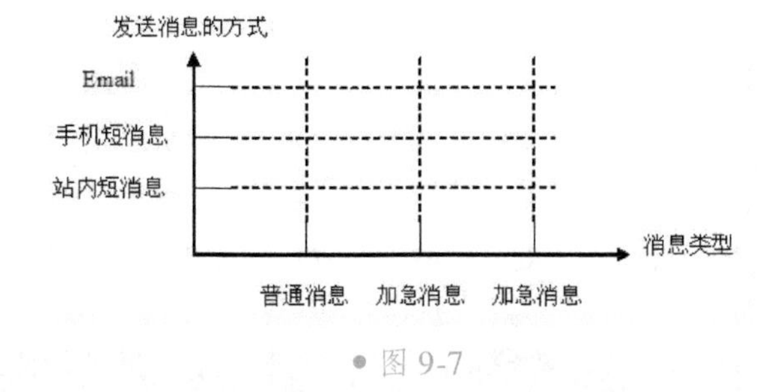

● 图 9-7

前一节实现的编码问题是：消息的抽象和实现是混杂在一起的，这就导致了一个纬度的变化，会引起另一个纬度的变化，从而使得程序扩展起来非常困难。

在桥接模式中解决的思路就是：把这两个纬度分开，也就是将抽象部分和实现部分分开，让它们相互独立，这样就可以实现独立的变化，使扩展变得简单。

桥接模式通过引入实现的接口，把实现部分从系统中分离出去，那么抽象部分如何使用具体的实现呢？肯定是面向实现的接口来编程了，为了让抽象能够很方便地与实现结合起来，把顶层的抽象接口改成抽象类，持有一个具体的实现部分的实例。

这样一来，对于需要发送消息的客户端而言，就只需要创建相应的消息对象，然后调用这个消息对象的方法就可以了，消息对象会调用持有的真正的消息发送方式来把消息发送出去，也就是说客户端只是想要发送消息而已，并不关心具体如何发送。

3. 类图和主要角色

看一下桥接模式的类图，如图 9-8 所示。

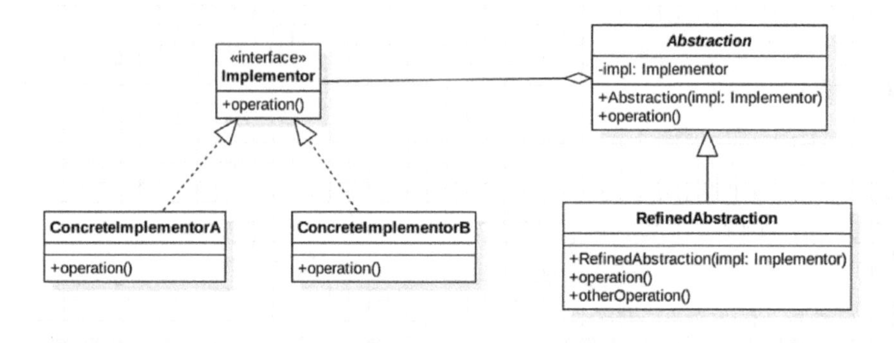

● 图 9-8

（1）抽象类（Abstraction）：维护了 Implementor 即它的实现类，二者是聚合关系，Abstraction 充当桥接类。

（2）扩展抽象类（RefinedAbstraction）：扩展抽象部分的接口，可以有多个。

（3）实现接口（Implementor）：定义实现部分的接口。

（4）具体实现（ConcreteImplementor）：Implementor 接口的具体实现，可以有多个。

9.3 桥接模式之消息发送

前面对于桥接模式的定义有了一个基本的了解，接下来重构之前的代码。

根据桥接模式的定义来进行编码，主要分为两大部分：抽象部分和实现部分，看一下最终完成的类图，如图 9-9 所示。

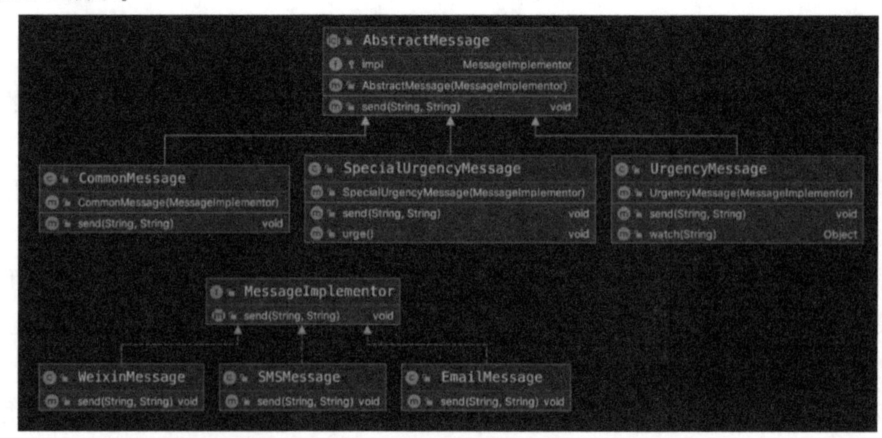

● 图 9-9

1. 实现接口（Implementor）

实现部分就是定义消息发送方式的一个接口，取名为MessageImplementor，代码如下所示。

```
package com.kfit.bridge.message.v4;

/**
 *
 * Implementor
 * 定义实现类的接口,该接口不一定要与Abstraction的接口完全一致。事实上这两个接口可以完全不同。
 * 一般来讲,Implementor接口仅提供基本操作,而Abstraction则定义了基于这些基本操作的较高层次的操作。
 *
 * @author 悟纤「公众号SpringBoot」
 * @slogan 大道至简 悟在天成
 */
public interface MessageImplementor {
    /**
     * 所有的消息类型需要有发送消息的方法
     * @param toUser:消息要发送给谁
     * @param message:发送消息的内容
     */
    void send(String toUser,String message);
}
```

2. 具体实现（ConcreteImplementor）

具体实现主要有两种发送方式：微信和手机短信，看一下具体两种方式的实现。

微信消息发送方式WeixinMessage的代码如下所示。

```
package com.kfit.bridge.message.v4;

/**
 * 发送消息的方式 - 微信发送消息:实际项目中应该是微信公众号的消息
 * @author 悟纤「公众号SpringBoot」
 * @slogan 大道至简 悟在天成
 */
public class WeixinMessage implements  MessageImplementor {

    @Override
    public void send(String toUser, String message) {
        //调用微信的SDK发送消息
        System.out .println("[微信消息] "+toUser+":"+message);
    }
}
```

通过手机短信发送方式SMSMessage的代码如下所示。

```
package com.kfit.bridge.message.v4;

/**
```

```
 * 发送消息的方式-手机短信
 *
 * @author 悟纤「公众号 SpringBoot」
 * @slogan 大道至简 悟在天成
 */
public class SMSMessage implements  MessageImplementor {

    @Override
    public void send(String toUser, String message) {
        //调用短信平台 SDK 发送消息
        System.out.println("[手机短信消息] "+toUser+":"+message);
    }
}
```

3. 抽象类（Abstraction）

抽象部分是消息的类型：普通消息、加急消息、特急消息 3 个类型的抽象，关键要点是要定义发送消息的方法 send()，消息类型抽象类 AbstractMessage 代码如下所示。

```
package com.kfit.bridge.message.v4;

/**
 *
 * 定义抽象类的接口。维护一个指向 Implementor 类型对象的指针。
 * @author 悟纤「公众号 SpringBoot」
 * @slogan 大道至简 悟在天成
 */
public abstract class AbstractMessage {

    /**
     * 持有一个实现部分的对象
     */
    protected MessageImplementor impl;

    public AbstractMessage(MessageImplementor impl) {
        this.impl = impl;
    }

    /**
     * 发送消息,转调实现部分的方法
     * send 这个方法不要求和 MessageImplementor 的一样。
     *
     * @param toUser 消息发送的目的人员
     * @param message 要发送的消息内容
     */
    public void send(String toUser,String message){
        this.impl.send(toUser,message);
    }
}
```

4. 扩展抽象类（RefinedAbstraction）

扩展抽象就是具体的消息类型的实现，这里来看一下普通消息方式和加急消息方式是如何实现的。

普通消息方式 CommonMessage 代码如下所示。

```
package com.kfit.bridge.message.v4;

/**
 *
 * 普通消息的实现
 * @author 悟纤「公众号 SpringBoot」
 * @slogan 大道至简 悟在天成
 */
public class CommonMessage extends AbstractMessage{

    public CommonMessage(MessageImplementor impl) {
        super(impl);
    }

    @Override
    public void send(String toUser, String message) {
        //对于普通消息,什么都不干,直接调父类的方法,把消息发送出去即可
        super.send(toUser, message);
    }
}
```

加急消息方式 UrgencyMessage 代码如下所示。

```
package com.kfit.bridge.message.v4;

/**
 * 加急消息的实现
 * @author 悟纤「公众号 SpringBoot」
 * @slogan 大道至简 悟在天成
 */
public class UrgencyMessage extends AbstractMessage{

    public UrgencyMessage(MessageImplementor impl) {
        super(impl);
    }

    @Override
    public void send(String toUser, String message) {
        message ="[加急]"+message;
        super.send(toUser, message);
    }

    /**
```

```
     * 扩展新功能:监控某消息的处理过程。
     * @param messageId :消息编号
     * @return
     */
    public Object watch(String messageId) {
        //获取相应的数据,返回监控结果
        return "[watch]收到,一定会参加的";
    }

}
```

5. 发送消息测试

到这里可以进行测试，编写 Me 测试代码，代码如下所示：

```
package com.kfit.bridge.message.v4;

/**
 *
 * 发送消息测试
 * @author 悟纤「公众号 SpringBoot」
 * @slogan 大道至简 悟在天成
 */
public class Me {
    public static void main(String[] args) {
        //定义消息发送方式,如果要发送手机短信,直接换一个实现类即可:SMSMessage
        MessageImplementor messageImplementor = new WeixinMessage();

        /**
         * 定义消息类型,可以和发送方式随意组合。
         */
        //创建一个普通消息对象
        AbstractMessage message = new CommonMessage(messageImplementor);
        message.send("鹏仔", "2021 年 x 月 x 日,我要结婚了,记得来参加我的婚礼");

        //加急消息
        message = new UrgencyMessage(messageImplementor);
        message.send("鹏仔", "2021 年 x 月 x 日,我要结婚了,记得来参加我的婚礼");

        //…其他人…
    }
}
```

运行代码，执行结果如图 9-10 所示。

```
[微信消息] 鹏仔:2021年x月x日, 我要结婚了, 记得来参加我的婚礼
[微信消息] 鹏仔:[加急]2021年x月x日, 我要结婚了, 记得来参加我的婚礼
[微信消息] 鹏仔:[特急]2021年x月x日, 我要结婚了, 记得来参加我的婚礼
```

● 图 9-10

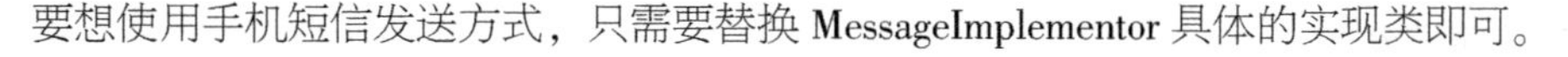

要想使用手机短信发送方式，只需要替换 MessageImplementor 具体的实现类即可。

6. 添加新的消息类型：加入特急消息

看看桥接模式是否可以解决前面小节碰到的问题：一个维度的变化会影响另外一个维度的变化。现在要加入特急消息，只需要定义新的扩展抽象类即可，然后就可以进行使用了。

特急消息类型 SpecialUrgencyMessage 代码如下所示。

```
/**
 * 特急消息
 * @author 悟纤「公众号 SpringBoot」
 * @slogan 大道至简 悟在天成
 */
public class SpecialUrgencyMessage extends  AbstractMessage{
    public SpecialUrgencyMessage(MessageImplementor impl) {
        super(impl);
    }

    @Override
    public void send(String toUser, String message) {
        message = "[特急]"+message;
        super.send(toUser, message);
    }

    /**
     * 扩展新功能:催促
     * @return
     */
    public void urge() {
        System.out .println("[urge]->赶紧来…");
    }
}
```

使用时只需要 new SpecialUrgencyMessage 即可，不需要修改其他的代码，代码如下所示。

```
//特急消息
message = new SpecialUrgencyMessage(messageImplementor);
message.send("鹏仔", "2021 年 x 月 x 日,我要结婚了,记得来参加我的婚礼");
```

7. 添加新的消息发送方式：加入邮件发送方式

来看一下加入新的发送方式如何实现？只需要新增一个具体实现即可。

邮件消息发送方式 EmailMessage 代码如下所示。

```
package com.kfit.bridge.message.v4;

/**
 * 发送消息的方式-邮件发送方式
 * @author 悟纤「公众号 SpringBoot」
```

```
 * @slogan 大道至简 悟在天成
 */
public class EmailMessage implements  MessageImplementor {

    @Override
    public void send(String toUser, String message) {
        //调用邮件服务
        System.out .println("[邮件] "+toUser+":"+message);
    }
}
```

8. 小结

采用桥接模式实现后，抽象部分和实现部分分离，可以相互独立变化，而不会相互影响。因此在抽象部分添加新的消息类型，对发送消息的实现部分是没有影响的；反过来增加新的发送消息的方式，对消息类型也是没有影响的。

9.4 桥接模式总结以及应用场景

通过前面几节的介绍，想必大家对于桥接模式有了一定的了解，这一节对于有些问题再深入探讨一下。

9.4.1 桥接模式总结

1. 定义

桥接模式定义：将抽象部分与它的实现部分分离，使它们可以独立地变化。

2. 什么是桥接

所谓桥接，就是在不同的东西之间搭一个桥，让它们能够连接起来，可以相互通信和使用。那么在桥接模式中，到底是为什么东西来搭桥呢？就是为被分离的抽象部分和实现部分来搭桥，比如前面的示例中抽象的消息和具体消息发送之间搭个桥。

在桥接模式中的桥接是单向的，也就是只能是抽象部分的对象去使用具体实现部分的对象，而不能反过来，也就是单向桥。

3. 为何需要桥接

为了达到让抽象部分和实现部分可以独立变化的目的，在桥接模式中是把抽象部分和实现部分分离，虽然从程序结构上是分开了，但是在抽象部分实现的时候，还是需要使用具体的实现的，这该怎么办呢？抽象部分如何才能调用到具体实现部分的功能呢？很简单，搭个桥。搭个桥让抽象部分通过这个桥就可以调用到实现部分的功能了，因此需要桥接。

4. 如何桥接

让抽象部分拥有实现部分的接口对象，就桥接上了，抽象部分就可以通过这个接口来调用具体实现部分的功能。

5. 谁来桥接

所谓谁来桥接，就是谁来负责创建抽象部分和实现部分的关系，说得更直白一点，就是谁来负责创建 Implementor 的对象，并把它设置到抽象部分的对象里面去，这点对于使用桥接模式来说，是十分重要的，大致有如下几种实现方式：

（1）由客户端负责创建 Implementor 的对象，并在创建抽象部分的对象时，把它设置到抽象部分的对象里面去，前面的示例采用的就是这样的方式。

（2）在抽象部分对象构建的时候，由抽象部分对象自己来创建相应的 Implementor 对象，当然可以给它传递一些参数，它可以根据参数来选择并创建具体的 Implementor 对象。

（3）在 Abstraction 中选择并创建一个缺省的 Implementor 对象，然后子类可以根据需要改变实现。

（4）使用抽象工厂或者简单工厂来选择并创建具体的 Implementor 对象，抽象部分的类可以通过调用工厂的方法来获取 Implementor 对象。

（5）如果使用 IOC 容器，还可以通过 IOC 容器来创建具体的 Implementor 对象，并注入 Abstraction 中。

6. 小结

（1）对于系统的高层来说，只需要知道抽象部分和实现部分的接口就够了，其他部分由具体业务来完成。

（2）桥接模式代替多层继承方案，可以减少子类的个数，降低系统的管理和维护成本。

（3）桥接模式要求正确识别出系统中的两个独立变化维度，因此其使用范围有一定的局限性，仅适用于一定的应用场景。

9.4.2 桥接模式的应用场景

对于那些不希望使用继承或因为多层次继承导致系统类的个数急剧增加的系统，桥接模式非常适用，常用的场景如下：

（1）JDBC 驱动程序：

Driver：MySQLDriver、OracleDriver。

Connection：MySqlConnection、OracleConnection。

（2）银行转账系统：

转账分类：网上转账、柜台转账、ATM 转账。

用户类型：普通用户、银卡用户、金卡用户。

（3）消息管理：

消息类型：即时消息、延时消息。

消息分类：手机短信、邮件信息、QQ 消息。

9.5 桥接模式在 JDK 源码中的应用

这一节来看一下桥接模式在 JDK 中的应用。

JDBC 在使用 Driver 获取 Connection 的过程中就使用了桥接模式，但结构有所不同，DriverManager 不是一个抽象，但使用了桥接模式的大致结构，如图 9-11 所示。

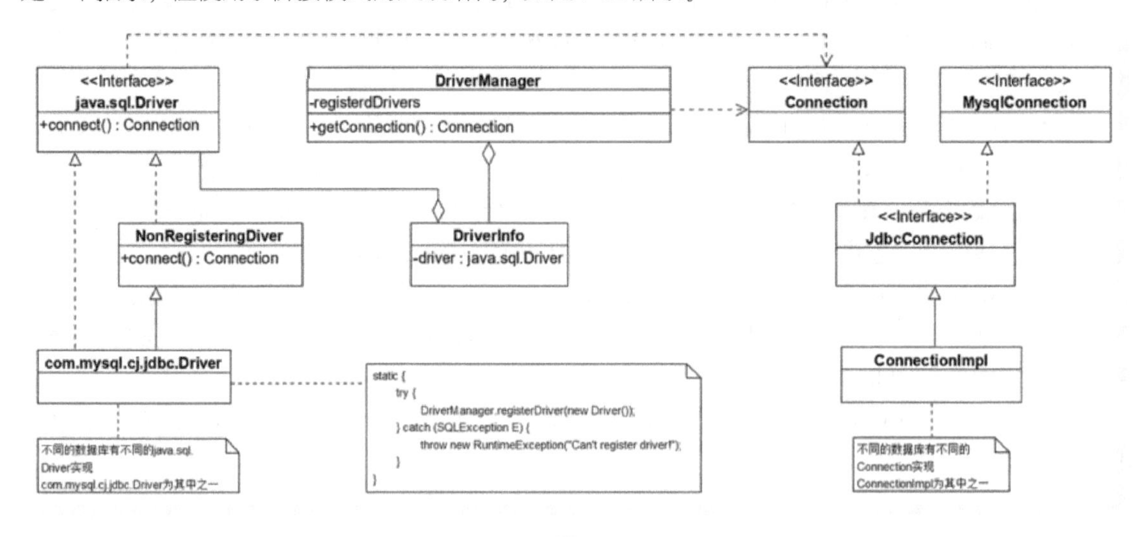

● 图 9-11

基于 JDBC 的应用程序使用 JDBC 的 API，相当于是对数据库操作的抽象扩展，算作桥接模式的抽象部分，而具体的接口实现是由驱动来完成的，驱动相当于桥接模式的实现部分。

而桥接的方式，不再是让抽象部分持有实现部分，而是采用了类似于工厂的做法，通过 DriverManager 来把抽象部分和实现部分对接起来，从而实现抽象部分和实现部分解耦。

对 Driver 和 Connection 进行抽象，绘制类图，如图 9-12 所示。

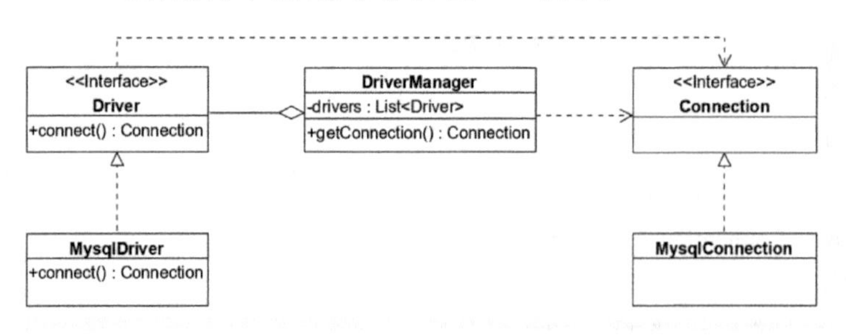

● 图 9-12

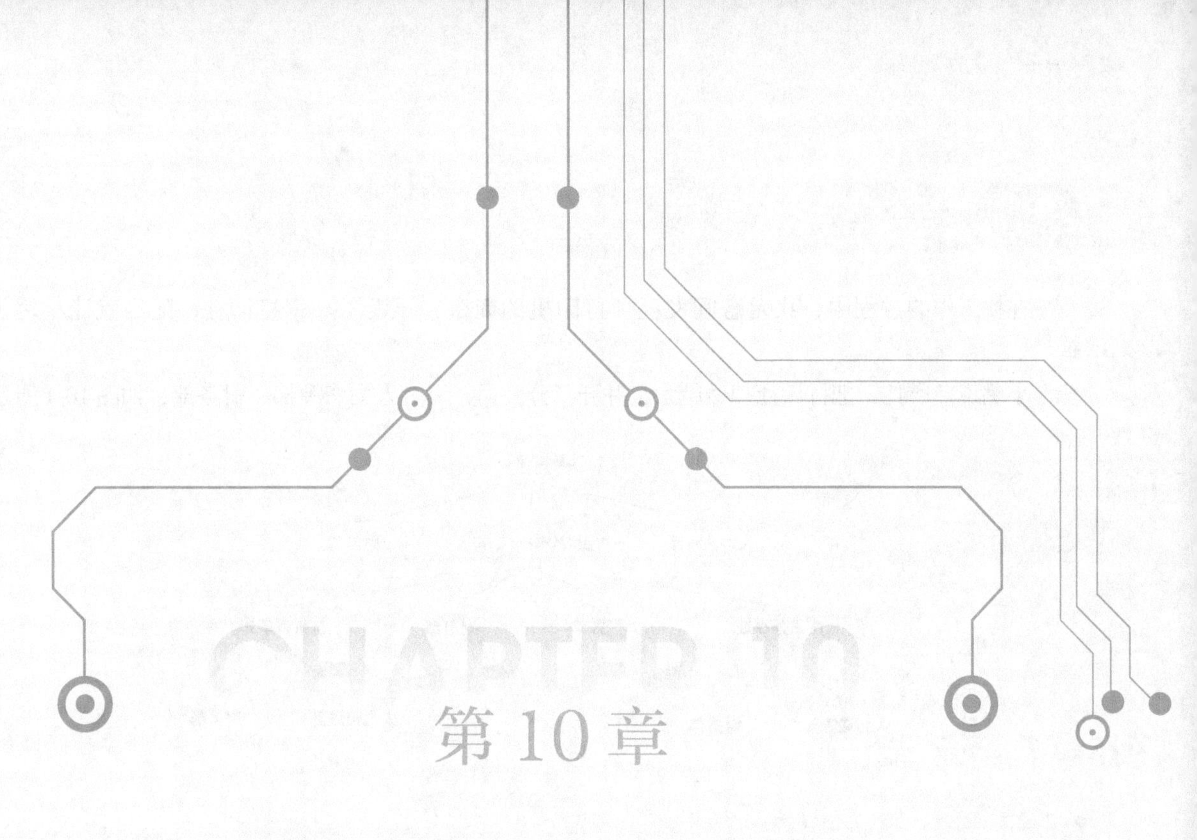

CHAPTER 10

第10章

结构型模式之组合模式

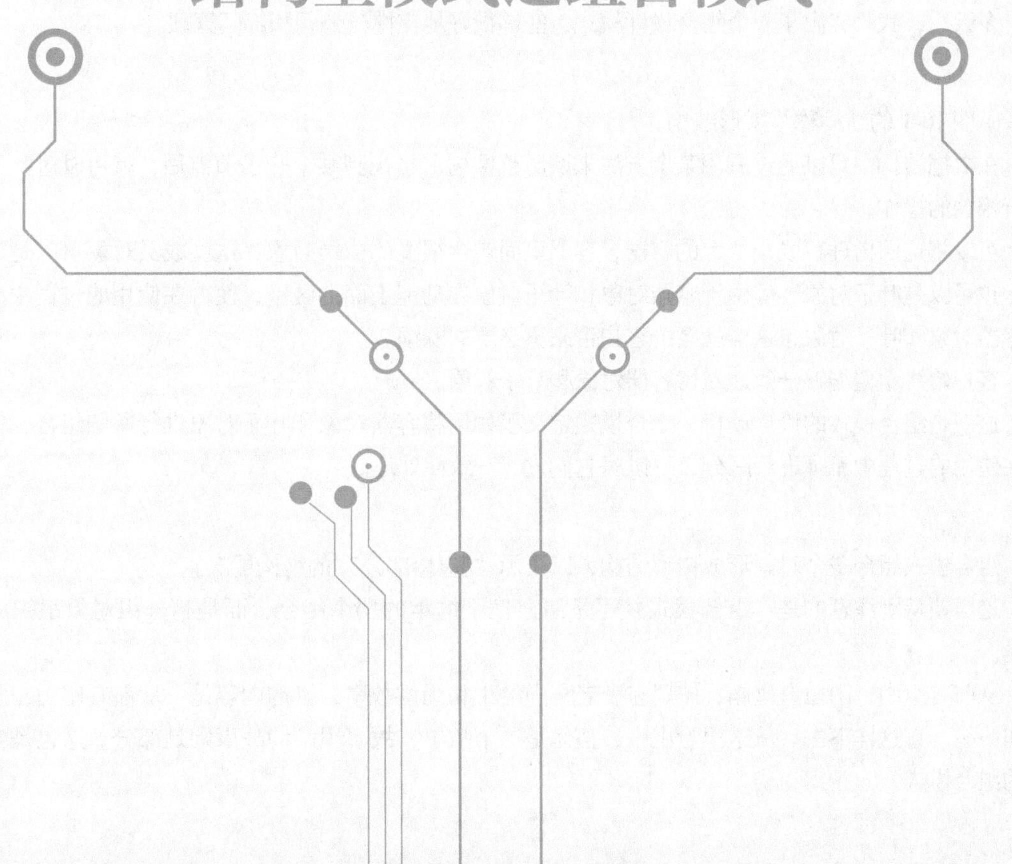

10.1 组合模式基本概念

在找工作的过程中，我无意间发现了打印机的商机，开设了一家打印社，随后就让小璐去打理了。

小璐不负所托，把打印社越做越大，并开了分公司，设有人力资源部、财务部，如图 10-1 所示。

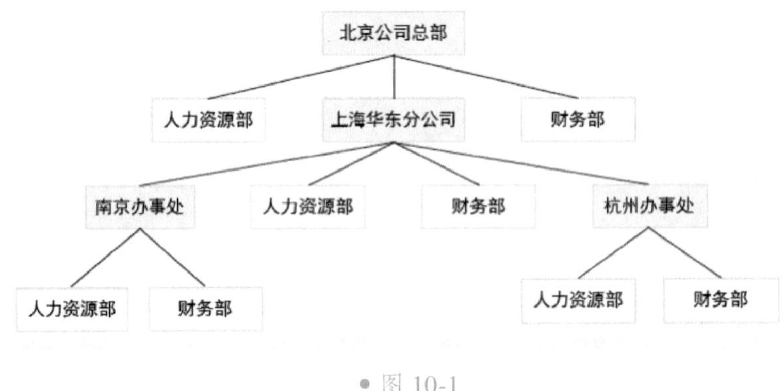

● 图 10-1

越做越大之后，小璐慢慢地就管理不过来了，需要有一套办公管理模式来管理分公司和部门。

多天后，我研究出了一个组合设计模式，能够很好地支撑分公司和部门管理。

1. 分析

上图 10-1 的结构称为树形结构。

在数据结构中可以通过调用某个方法来遍历整棵树，当找到某个叶子节点后，就可以对叶子节点进行相关的操作。

可以将这棵树理解成一个大的容器，容器里面包含很多的成员对象，这些成员对象可以是容器对象，也可以是叶子对象，但由于容器对象和叶子对象在功能上面的区别，使得在使用的过程中必须区分容器对象和叶子对象，这样就会给客户带来不必要的麻烦。

客户始终希望能够一致地对待容器对象和叶子对象。

这就是组合模式的设计动机，组合模式定义了如何将容器对象和叶子对象进行递归组合，使得客户在使用的过程中无须进行区分，可以对它们进行一致性处理。

2. 定义

组合模式组合多个对象形成树形结构，以表示“整体-部分”的结构层次。

这里要特别注意的是：组合模式并不是组合优于继承的那个组合，而是将一组对象组织成树状结构。

从前有座山，山里有座庙，庙里有个老和尚给小和尚讲故事，讲的内容是：从前有座山，山里有座庙……一直这样下去。从这里看出来，整体是这个故事，故事里面的故事则是部分。这也是一个简单的组合模式。

组合模式对单个对象（叶子对象）和组合对象（组合对象）具有一致性，它将对象组织到树结构中，可以用来描述整体与部分的关系，同时它也模糊了简单元素（叶子对象）和复杂元素（容器对象）的概念，使得客户能够像处理简单元素一样来处理复杂元素，从而使客户程序能够与复杂元素的内部结构解耦。

在使用组合模式时，需要注意一点，也是组合模式最关键的地方：叶子对象和组合对象实现相同的接口，这就是组合模式能够将叶子节点和对象节点进行一致处理的原因。

3. 类图和主要角色

看一下组合模式的类图，如图 10-2 所示。

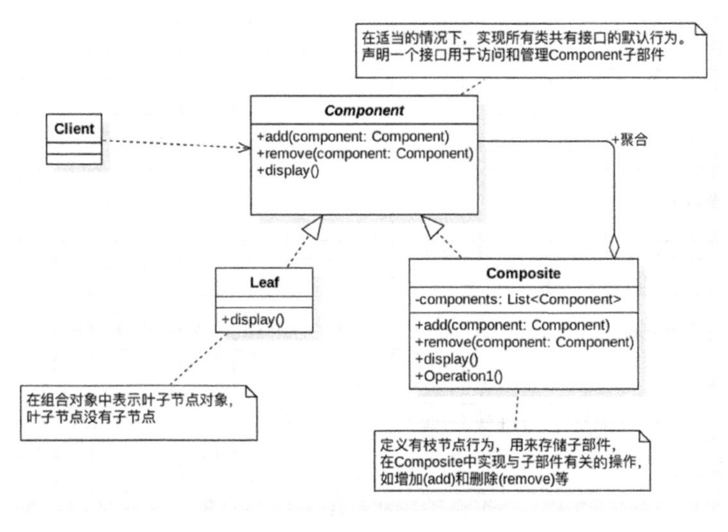

图 10-2

组合模式主要包含以下几个角色：

（1）组合中的对象声明接口（Component）：在适当的情况下，实现所有类共有接口的默认行为，声明一个接口用于访问和管理 Component 子部件。

（2）叶子对象（Leaf）：叶子节点没有子结点。

（3）容器对象（Composite）：定义有枝节点行为，用来存储子部件，在 Composite 中实现与子部件有关的操作，如增加（add）和删除（remove）等。

从模式结构中可以看出叶子节点和容器对象都实现 Component 接口，这也是能够将叶子对象和容器对象一致对待的关键。

4. 应用场景

什么场景适合使用组合模式呢？

只要能够构建树状结构的数据，就可以使用组合模式，如下：

（1）公司组织架构。

（2）操作系统的资源管理器（文件管理）：文件夹/文件，如图 10-3 所示。

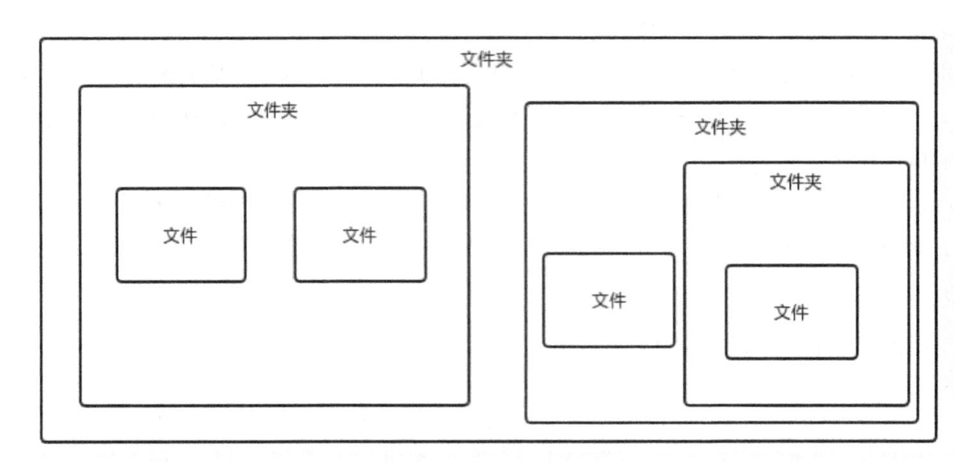

● 图 10-3

（3）XML 文件解析。

（4）Junit 单元测试框架：底层设计就是组合模式，其中 TestCase 代表叶子，TestUnite 代表容器，Test 代表接口。

（5）Java Swing：Button、Checkbox 等组件都是树叶，而 Container 容器是树枝。

5. 优点

（1）可以清楚定义分层次的复杂对象，表示全部或部分层次，让高层忽略层次的差异，方便对整个层次结构进行控制。

（2）高层模块可以一致地使用一个组合结构或其中的单个对象，不必关心处理的是单个对象还是整个组合结构，简化了高层模块的代码。

（3）增加新的枝干和叶子构件都很方便，无须对现有类进行任何修改，就像增加一个自定义 View 一样。

（4）将对象之间的关系形成树形结构，便于控制。

6. 缺点

设计变得更加抽象，因此很难限制组合中的组件，因为它们来自相同的抽象层，所以必须在运行时进行类型检查才能实现。

10.2 组合模式之公司部门管理

有了组合模式的设计，那么公司管理系统就容易实现了。

10.2.1 公司管理分析

1. 分析

如图 10-4 所示，根据组合模式的概念，对应的角色都是什么呢？

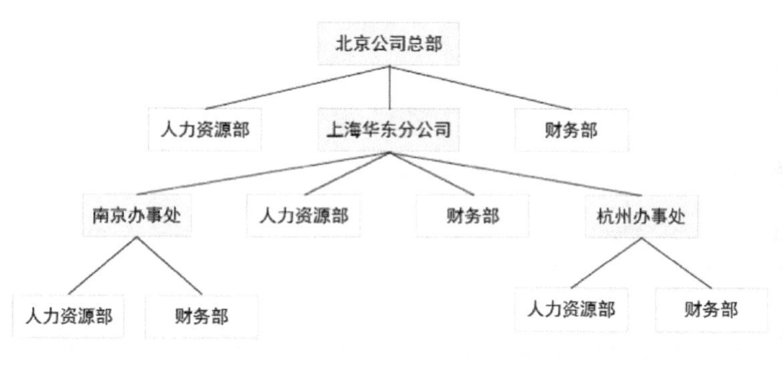

● 图 10-4

（1）组合中的对象声明接口（Component）：这里的抽象接口就是 Company。

（2）叶子对象（Leaf）：人力资源部、财务部，可以理解为一个类，也可以理解为两个类，具体就看实现的差异化。

（3）容器对象（Composite）：ConcreteCompany，不是叶子节点的，可以放在这里。

2. 类图

根据以上的分析，最终实现的编码的类图如图 10-5 所示。

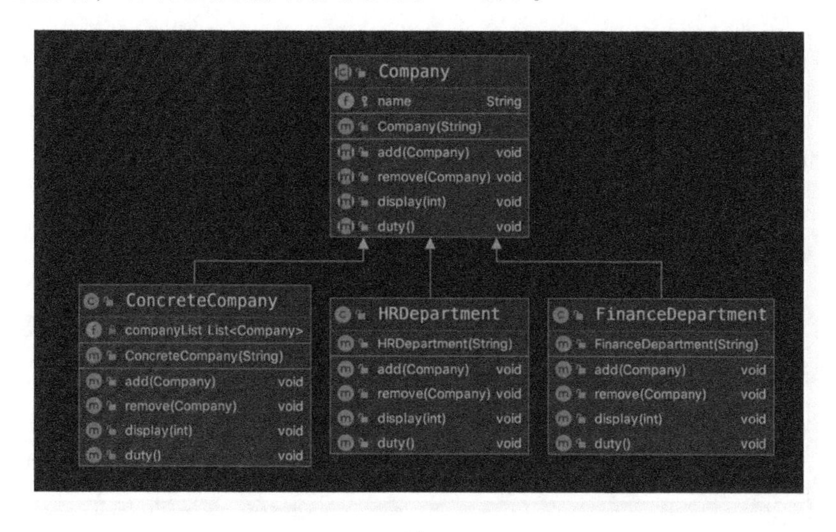

● 图 10-5

10.2.2 公司管理编码

1. 组合中的对象声明接口（Component）

在这里将组合中的对象声明为抽象类，因为需要定义公司名称属性，如果是接口，就不能定义属性了，具体的 Company 代码如下所示。

```
package com.kfit.composite.company;

/**
 *
 * 声明一个接口,用于访问和管理 Component 子部件。
 *
 * @author 悟纤「公众号 SpringBoot」
 * @slogan 大道至简 悟在天成
 */
public abstract class Company {
    protected String name;

    public Company(String name) {
        this.name = name;
    }

    /** 添加节点*/
    public abstract void add(Company company);

    /** 删除节点*/
    public abstract void remove(Company company);

    /** 显示*/
    public abstract void display(int depth);

    /** 职责*/
    public abstract void duty();
}
```

2. 容器对象（Composite）

组合中的对象声明接口的具体实现是容器对象，这里命名为 ConcreteCompany，容器对象需要实现接口的方法，代码如下所示。

```
package com.kfit.composite.company;

import java.util.ArrayList;
import java.util.List;

/**
 * 定义有枝节点行为,用来存储子部件,在 Composite 中实现与子部件有关的操作,如增加(add)和删除(remove)等
 *
 * @author 悟纤「公众号 SpringBoot」
 * @slogan 大道至简 悟在天成
 */
public class ConcreteCompany extends Company{

    private List<Company> companyList = new ArrayList<>();
```

```
    public ConcreteCompany(String name) {
        super(name);
    }

    @Override
    public void add(Company company) {
        companyList.add(company);
    }

    @Override
    public void remove(Company company) {
        companyList.remove(company);
    }

    @Override
    public void display(int depth) {
        //输出树形结构:
        for(int i=0;i<depth;i++){
            System.out .print("-");
        }

        System.out .println(name);

        //下级遍历
        for(Company company:companyList){
            company.display(depth+1);
        }
    }

    @Override
    public void duty() {
        for(Company company:companyList){
            company.duty();
        }
    }
}
```

3. 叶子对象（Leaf）

叶子节点，这里指人力资源部和财务部，它们需要具体去实现接口中的方法。

人力资源部- HRDepartment 代码如下所示。

```
package com.kfit.composite.company;

/**
 * 人力资源部
 *
```

```
 * @author 悟纤「公众号 SpringBoot」
 * @slogan 大道至简 悟在天成
 */
public class HRDepartment extends Company{

    public HRDepartment(String name) {
        super(name);
    }

    @Override
    public void add(Company company) {
        //叶子节点,不需要实现
    }

    @Override
    public void remove(Company company) {
        //叶子节点,不需要实现
    }

    @Override
    public void display(int depth) {
        //输出树形结构的子节点
        for(int i=0; i<depth; i++) {
            System.out.print('-');
        }
        System.out.println(name);
    }

    @Override
    public void duty() {
        System.out.println(name + ": 员工招聘培训管理");
    }
}
```

财务部- FinanceDepartment 代码如下所示。

```
package com.kfit.composite.company;

/**
 * 财务部
 *
 * @author 悟纤「公众号 SpringBoot」
 * @slogan 大道至简 悟在天成
 */
public class FinanceDepartment extends Company{

    public FinanceDepartment(String name) {
        super(name);
```

```
    }

    @Override
    public void add(Company company) {
        //叶子节点,不需要实现
    }

    @Override
    public void remove(Company company) {
        //叶子节点,不需要实现
    }

    @Override
    public void display(int depth) {
        //输出树形结构的子节点
        for(int i=0; i<depth; i++) {
            System.out .print('-');
        }
        System.out .println(name);
    }

    @Override
    public void duty() {
        System.out .println(name + ": 公司财务收支管理");
    }
}
```

4. 客户端（Client）

这里可以测试一下，编写 Client 进行测试，代码如下所示。

```
package com.kfit.composite.company;

/***
 * @author 悟纤「公众号 SpringBoot」
 * @slogan 大道至简 悟在天成
 */
public class Client {
    public static void main(String[] args) {
        //总公司
        Company headCompany = new ConcreteCompany("北京总公司");

        //分公司
        Company branchCompany = new ConcreteCompany("上海华东分公司");
        branchCompany.add(new HRDepartment("华东分公司人力资源部"));
        branchCompany.add(new FinanceDepartment("华东分公司财务部"));
        headCompany.add(branchCompany);
```

```
        //办事处
        Company agencyCompany = new ConcreteCompany("杭州办事处");
        agencyCompany.add(new HRDepartment("杭州办事处人力资源部"));
        agencyCompany.add(new FinanceDepartment("杭州办事处财务部"));
        branchCompany.add(agencyCompany);

        //组织图
        System.out.println("企业组织图:");
        headCompany.display(1);

        //职责
        System.out.println();
        headCompany.duty();
    }
}
```

运行代码，看一下控制台的打印结果，如图 10-6 所示。

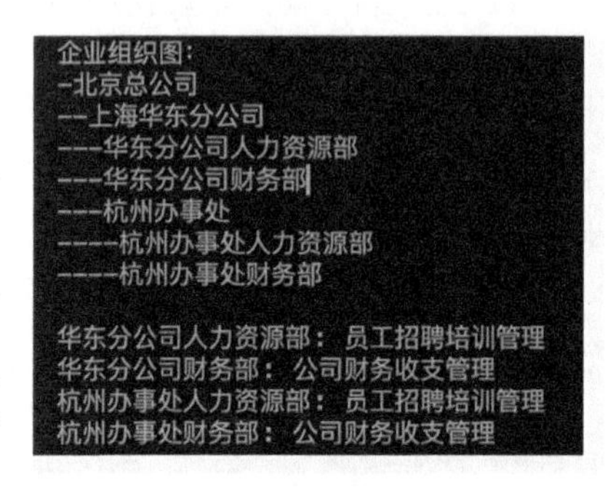

• 图 10-6

5. 透明模式和安全模式

理论上叶子节点不应该再长分支了，但在上面的例子中会发现叶子节点 Leaf 也有 add 和 remove 方法。

这种方式叫作透明模式，也就是说在 Component 中声明所有用来管理子对象的方法，其中包括 add、remove 等，这样实现 Component 接口的子类都具备了 add 和 remove。好处就是叶子节点和枝节点对于外界没有任何区别，它们具备完全一致的行为接口，但问题也很明显，因为 Leaf 类本身不具备 add、remove 方法的功能，所以实现它是没有任何意义的。

Leaf 类不实现 add、remove 难道不可以吗?

当然可以了，那么就需要使用安全模式，也就是说在 Component 接口中不再声明 add 和 remove 方法，那么子类的 Leaf 也就不需要去实现了，而是在 Composite 声明所有用来管理子类对象的方法，这样做就不会出现刚才提到的问题，但由于不够透明，所以树叶和树枝将不具有共同的接口，客户端的调用需要做相应的判断，总结起来如下:

（1）透明模式：容器对象和叶子对象具有共同的接口。

（2）安全模式：叶子对象不具有容器对象的 add/remove 容器操作接口。

10.3 组合模式在 Spring 框架和 JDK 中的应用

这一节看一下组合模式在 Spring 框架和 JDK 中的应用。

10.3.1 在 Spring 中的应用

在使用 Java 注解对 SpringMVC 进行配置时，通常使用这样的方式，如下代码所示。

```
/**
 *
 *
 * @author 悟纤「公众号 SpringBoot」
 * @date 2020-12-10
 * @slogan 大道至简悟在天成
 */
public class MyWebMvcConfig implements WebMvcConfigurer {

    @Override
    public void
configureMessageConverters(List<HttpMessageConverter<? >> converters) {

    }

    @Override
    public void addFormatters(FormatterRegistry formatterRegistry) {
    }
}
```

WebMvcConfig 是谁进行管理的呢？是 WebMvcConfigurerComposite，如图 10-7 所示。

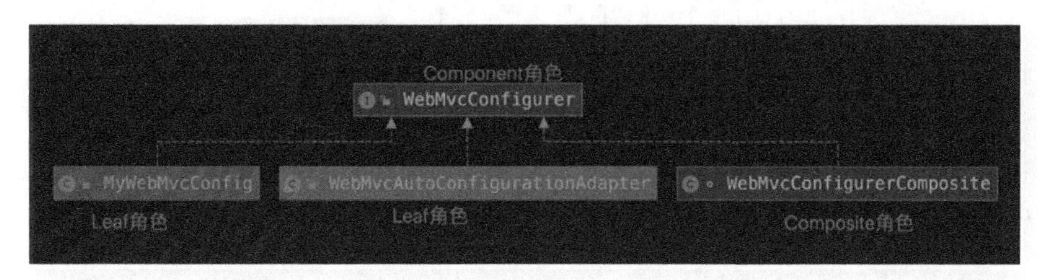

● 图 10-7

类 WebMvcConfigurerComposite 中维护了 WebMvcConfigurer，代码如下所示。

```
class WebMvcConfigurerComposite implements WebMvcConfigurer {
    private final List<WebMvcConfigurer>delegates = new ArrayList();

    WebMvcConfigurerComposite() {
    }

    public void addWebMvcConfigurers(List<WebMvcConfigurer> configurers) {
        if (!CollectionUtils.isEmpty(configurers)) {
            this.delegates.addAll(configurers);
        }

    }
```

10.3.2 在 JDK 中的应用

组合模式在 JDK 中有非常广泛的应用，比如：

（1）javax.swing.JComponent#add（Component）：Swing 是一个为 Java 设计的 GUI 工具包，包括了图形用户界面（GUI）器件，如文本框、按钮、分隔窗格和表。在 Swing 中的 JComponent 使用了组合模式对组件进行管理。

（2）java.util.Map#putAll（Map）：在 HashMap 源码中，putAll( )方法中传入的是 Map 对象。这里的 Map 就是一个抽象构件，同时这个构件只支持键值对的存储格式，而 HashMap 是一个中间构件，HashMap 中的 Node 节点就是叶子节点，如图 10-8 所示。

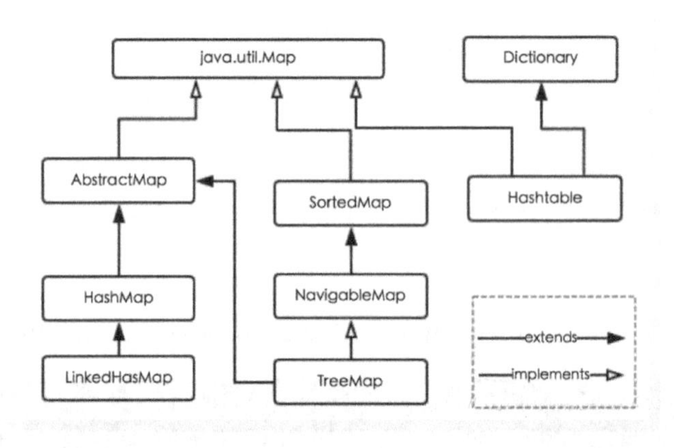

图 10-8

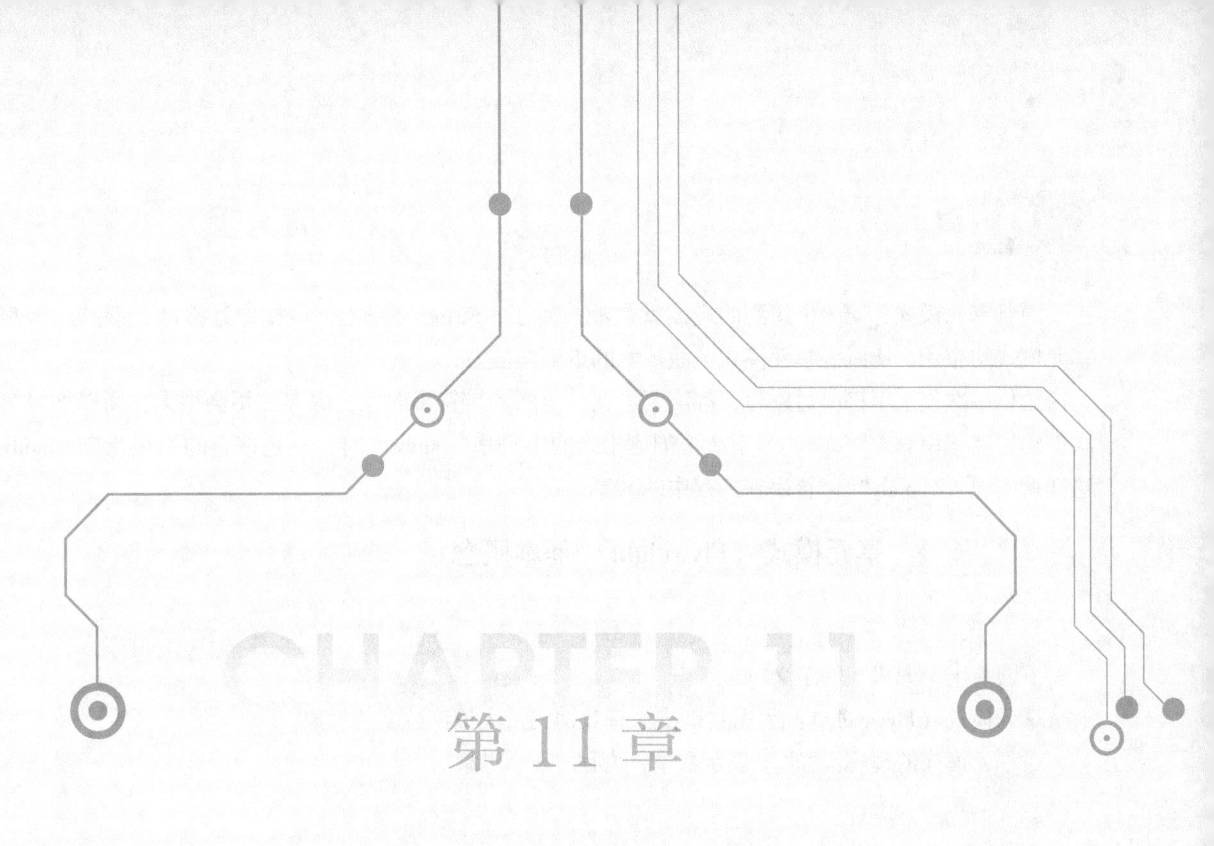

CHAPTER 11

第11章

结构型模式之享元模式

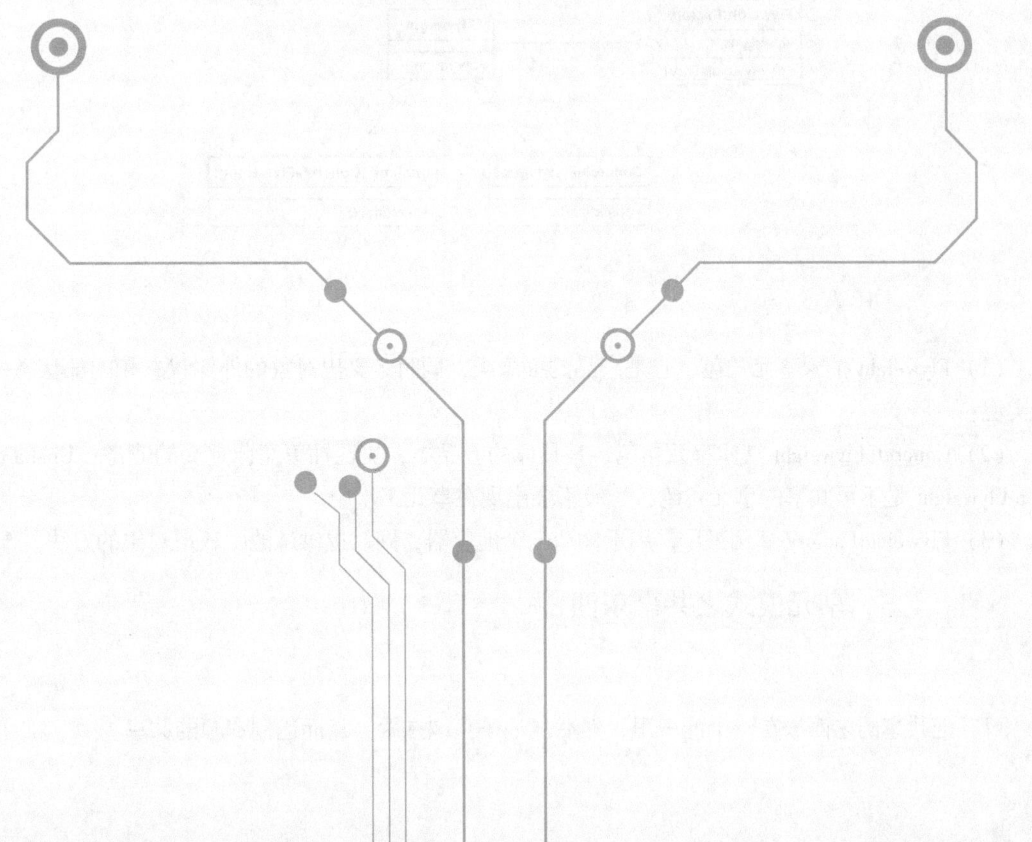

11.1 享元模式

说到享元模式，第一个想到的应该就是池技术了，String 常量池、数据库连接池、缓冲池等都是享元模式的应用，所以说享元模式是池技术的重要实现方式。

比如每次创建字符串对象时，都需要创建一个新的字符串对象，内存占用会很大，所以如果第一次创建了字符串对象" andy"，下次再创建相同的字符串" andy" 时，只是把它的引用指向" andy"，这样就实现了" andy" 字符串在内存中的共享。

11.1.1 享元模式（Flyweight）基本概念

1. 什么是享元模式

下面给出享元模式的定义：

享元模式（Flyweight）：运用共享技术有效地支持大量细粒度的对象。

对享元模式的理解：“享”表示共享，“元”表示对象。

2. 类图和主要角色

看一下享元模式类图，如图 11-1 所示。

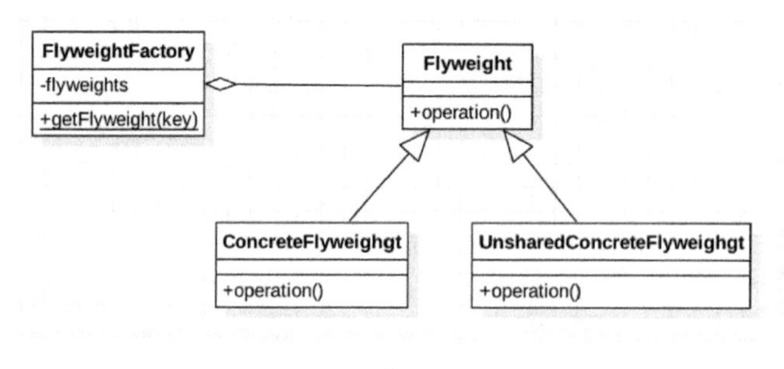

● 图 11-1

（1）Flyweight 抽象享元角色，它是产品的抽象类，同时定义出对象的外部状态和内部状态的接口或实现；

（2）ConcreteFlyweight 具体享元角色，是具体的产品类，实现抽象角色定义的业务；UnsharedConcreteFlyweight 是不可共享的享元角色，一般不会出现在享元工厂中。

（3）FlyweightFactory 享元工厂，用于构造一个池容器，同时提供从池中获得对象的方法。

11.1.2 享元模式之共享东西

1. 分析

可以把共享的东西放在一个池子里，然后从池子获取东西，从而达到资源的共享。

2. 类图

看一下编码之后的类图，如图 11-2 所示。

● 图 11-2

3. 编码

定义一个东西类 GirlFriend，代码如下所示。

```
package com.kfit.flyweight.sharegirlfriend;

/**
 * 女朋友类-封装女朋友的信息
 * @author 悟纤「公众号 SpringBoot」
 * @slogan 大道至简 悟在天成
 */
public class GirlFriend {
    private String name;//女朋友的名字;

    //其他的信息…
    //private String cup;//你懂得…

    public String getName() {
        return name;
    }

    public void setName(String name) {
        this.name = name;
    }

    @Override
    public String toString() {
        return "GirlFriend{" +
                "name='" + name + '\'' +
                '}';
    }
}
```

定义工厂类 GirlFriendFactory，在工厂类中定义一个 Map 容器，用于存放 GirlFriend 对象，代码如下所示。

```
package com.kfit.flyweight.sharegirlfriend;

import java.util.HashMap;
```

```
import java.util.Map;

/**
 *
 *   专门负责生产
 *
 * @author 悟纤「公众号 SpringBoot」
 * @slogan 大道至简 悟在天成
 */
public class GirlFriendFactory {
    /**
     * 存放对象的容器,共享数据之所以可以共享,就是因为存放在了一个容器里。
     */
    private static Map<String,GirlFriend> girlFriendMap = new HashMap<>();

    /**
     * 这里就是享元模式-共享资源
     *
     * 这里假设 name 是唯一的。
     *
     * @return
     */
    public static GirlFriend getGirlFriend(String name){
        /**
         * (1)先从容器中获取,如果获取到则直接返回;
         * (2)如果未获取到则需要创建对象,然后放到容器中。
         * 注意:这里并没有考虑多线程的安全问题,只是为了把享元模式这种设计模式说清楚。
         */
        GirlFriend girlFriend = girlFriendMap .get(name);
        if(girlFriend == null){
            girlFriend = new GirlFriend();
            girlFriend.setName(name);
            girlFriendMap .put(name,girlFriend);
        }
        return girlFriend;
    }
}
```

编写测试代码，代码如下所示。

```
package com.kfit.flyweight.sharegirlfriend;

/**
 *
 * @author 悟纤「公众号 SpringBoot」
 * @slogan 大道至简 悟在天成
 */
public class Me {
```

```
    public static void main(String[] args) {
        //第一次获取的时候会进行资源的创建。
        GirlFriend girlFriend1 = GirlFriendFactory.getGirlFriend("貂蝉");
        GirlFriend girlFriend2 = GirlFriendFactory.getGirlFriend("西施");

        //再次获取时就会从容器中获取,从而达到资源的共享。
        GirlFriend girlFriend11 = GirlFriendFactory.getGirlFriend("貂蝉");
        GirlFriend girlFriend22 = GirlFriendFactory.getGirlFriend("西施");

        System.out.println(girlFriend1 == girlFriend11);//true
        System.out.println(girlFriend2 == girlFriend22);//true

    }
}
```

11.2 享元模式在框架中的应用

1. 享元模式 JDK-Integer 应用源码分析

（1）在创建 Integer 对象时，有两种方式：分别是 valueOf( )和 new 的形式，编写代码测试会发现 valueOf( )创建的实例是相等的，说明使用了享元模式，代码如下所示。

```
/**
 *
 *
 * @author 悟纤「公众号 SpringBoot」
 * @date 2020-11-28
 * @slogan 大道至简 悟在天成
 */
public class TestInteger {
    public static void main(String[] args) {
        Integer x = Integer.valueOf(127); // 得到 x 实例,类型 Integer
        Integer y = new Integer(127); // 得到 y 实例,类型 Integer
        Integer z = Integer.valueOf(127);//..
        Integer w = new Integer(127);

        //我们会发现 valueOf 创建的实例是相等的,说明使用了享元模式。new 每次创建一个新的对象
        System.out.println(x == z ); // true
        System.out.println(w == y ); // false
    }
}
```

（2）进入 valueOf 方法，根据源码分析只有当-128 <= i >= 127 时，会使用享元模式从缓存中获取值，代码如下所示。

```
public static Integer valueOf(int i) {
    if (i >= IntegerCache.low && i <= IntegerCache.high)
```

```
        return IntegerCache.cache[i + (-IntegerCache.low)];
    return new Integer(i);
}
```

（3）进入工厂角色，IntegerCache 则为具体享元角色，代码如下所示。

```
private static class IntegerCache {
    static final int low = -128;
    static final int high;
    static final Integer cache[];

    static {
        // high value may be configured by property
        int h = 127;
        String integerCacheHighPropValue =
sun.misc.VM.getSavedProperty("java.lang.Integer.IntegerCache.high");
        if (integerCacheHighPropValue != null) {
            try {
                int i = parseInt(integerCacheHighPropValue);
                i = Math.max(i, 127);
                // Maximum array size is Integer.MAX_VALUE
                h = Math.min(i, Integer.MAX_VALUE - (-low) -1);
            } catch( NumberFormatException nfe) {
                // If the property cannot be parsed into an int, ignore it.
            }
        }
        high = h;

        cache = new Integer[(high - low) + 1];
        int j = low;
        for(int k = 0; k <cache.length; k++)
            cache[k] = new Integer(j++);

        // range [-128, 127] must be interned (JLS7 5.1.7)
        assert IntegerCache.high >= 127;
    }

    private IntegerCache() {}
}
```

2. 其他

（1）java.util 的货币工具类：Currency。

（2）Java 的 String、Integer、Long。

（3）数据库连接池的管理。

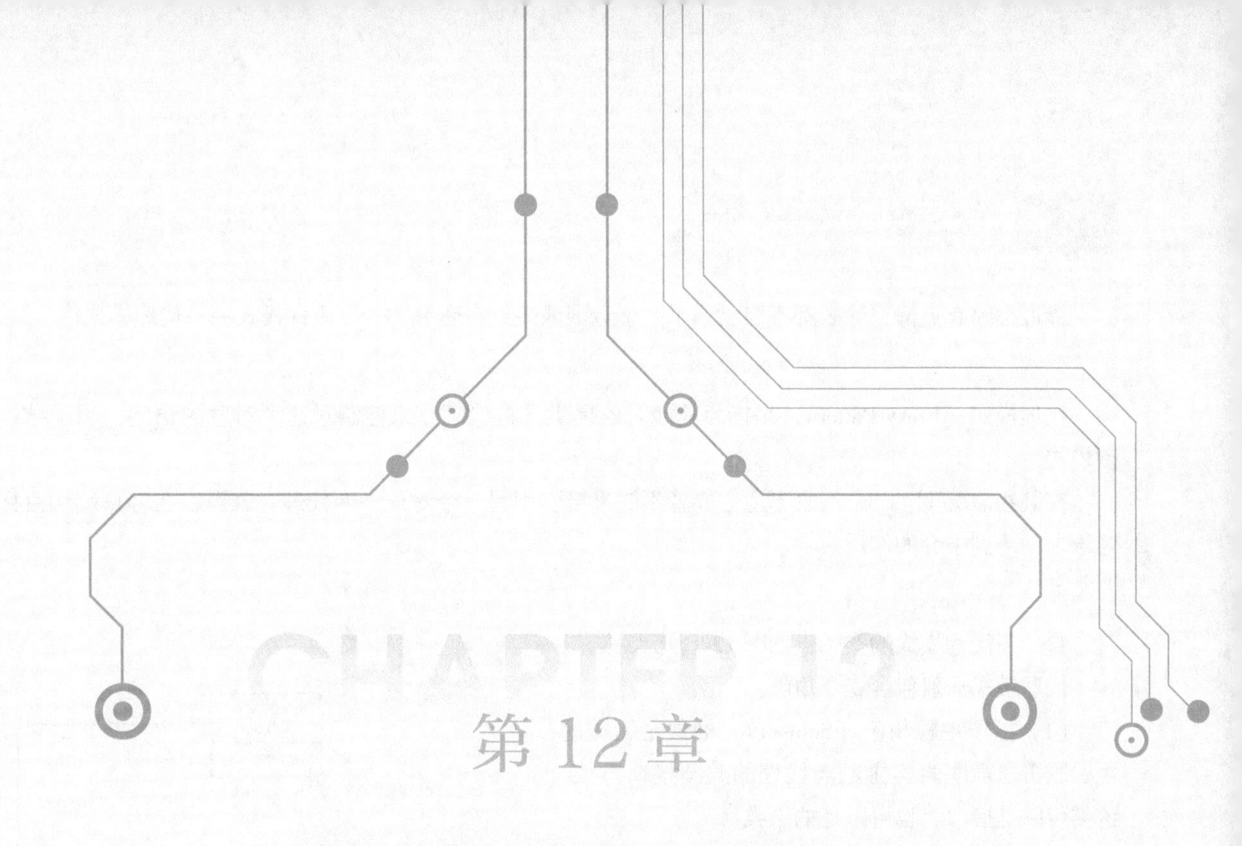

CHAPTER 12

第12章

结构型模式之代理模式

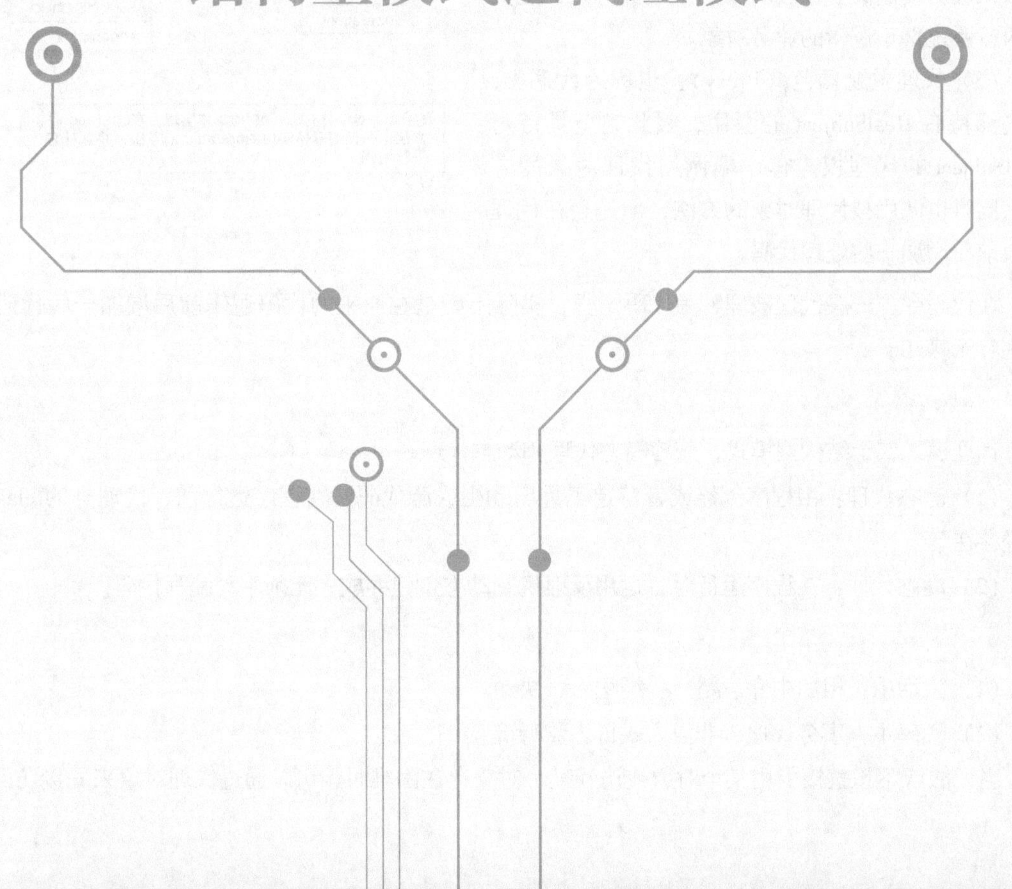

12.1 代理模式概念

最近小璐有点懒，什么都不自己干了。感觉很像最近在研究的一个设计模式——代理模式。

1. 定义

代理模式（Proxy Pattern）是指为其他对象提供一种代理，以控制对这个对象的访问，属于结构型模式。

在某些情况下，一个对象不适合或者不能直接引用另一个对象，而代理对象可以在客户端和目标对象之间起到中介的作用。

2. 类图和主要角色

看一下代理模式的类图，如图 12-1 所示。

代理模式一般包含 3 个角色：

（1）抽象主题角色（Subject）：抽象主题类的主要职责是声明真实主题与代理的共同接口方法，该类可以是接口，也可以是抽象类。

（2）真实主题角色（RealSubject）：该类也称为被代理类，定义了代理所表示的真实对象，是负责执行系统真正逻辑的业务对象。

（3）代理主题角色（Proxy）：也称为代理类，其内部持有 RealSubject 的引用，因此完全具备对 RealSubject 的代理权。客户端调用代理对象的方法，同时也调用被代理对象的方法，但是会在代理对象前后增加一些处理代码。

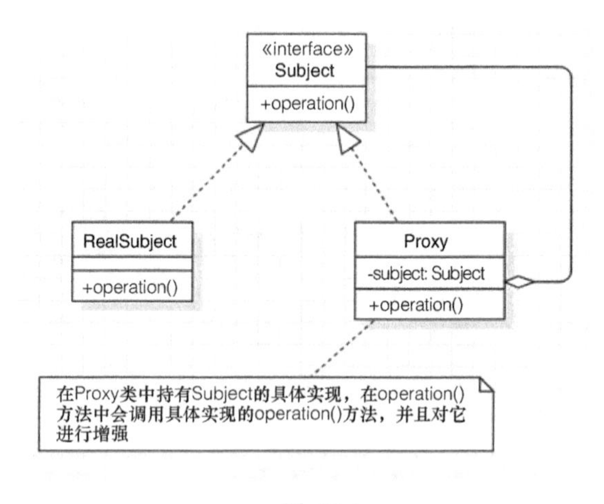

图 12-1

在代码中，一般代理被理解为代码增强，实际上就是在原来的代码逻辑前后增加一些代码逻辑，调用者无感知。

3. 代理模式分类

代理模式属于结构型模式，分为静态代理和动态代理。

（1）静态代理：由程序创建或者特定工具自动生成源代码，在程序运行前，代理类的.class 文件已经存在。

（2）动态代理：在程序运行时，运用反射机制动态创建而成，无须手动编写代码。

4. 代理模式的应用场景

（1）生活中：租房中介、婚介、经纪人、快递。

（2）代码中：事务代理、非侵入式日志监听等。

当无法或不想直接引用某个对象或访问某个对象存在困难时，可以通过代理对象来间接访问。

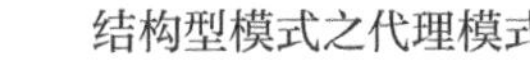

使用代理模式主要有两个目的：一是保护目标对象，二是增强目标对象。

12.2 代理模式之静态代理

接下来使用一个例子来说明静态代理。

12.2.1 静态代理用户服务的实现

这里模拟一个用户服务的例子，关系图如图 12-2 所示。

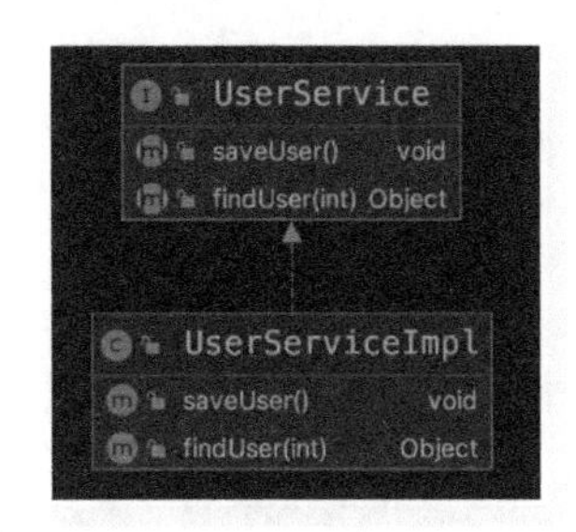

● 图 12-2

定义一个操作用户的服务 UserService，定义保存用户信息 saveUser 和查找用户 findUser 两个方法，代码如下所示。

```
package com.kfit.proxy.user;

/**
 *
 * 操作用户的服务
 *
 * @author 悟纤「公众号 SpringBoot」
 * @slogan 大道至简 悟在天成
 */
public interface UserService {

    /** 保存用户信息 */
    void saveUser();

    /** 查询用户 */
    Object findUser(int uid);
}
```

UserService 是个接口，需要一个具体的实现类 UserServiceImpl。这里简单模拟一下，实际要调用 DAO 层保存和查询数据，代码如下所示。

```java
package com.kfit.proxy.user.impl;

import com.kfit.proxy.user.UserService;

/**
 * 用户 service 的具体实现
 *
 * @author 悟纤「公众号 SpringBoot」
 * @slogan 大道至简 悟在天成
 */
public class UserServiceImpl implements UserService {
    @Override
    public void saveUser() {
        System.out.println("调用 DAO 保存用户信息");
    }

    @Override
    public Object findUser(int uid) {
        System.out.println("调用 DAO 查询用户信息");
        return "user{name:'悟纤'}";
    }
}
```

12.2.2 静态代理方法耗时统计

现在要统计一下各个方法的耗时，那么要怎样实现呢？

1. 方法耗时统计方案一

如果要统计方法的耗时，能想到的最简单的方法就是在每个方法开始时记录起始时间，在方法结束时记录结束时间，然后用结束时间减去起始时间就是方法的耗时了，代码如下所示。

```java
package com.kfit.proxy.user.impl;

import com.kfit.proxy.user.UserService;

/**
 * 用户 service 的具体实现
 *
 * @author 悟纤「公众号 SpringBoot」
 * @slogan 大道至简 悟在天成
 */
public class UserServiceImpl implements UserService {
    @Override
    public void saveUser() {
        long startTime = System.currentTimeMillis();
        System.out.println("调用 DAO 保存用户信息");
        long endTime = System.currentTimeMillis();
        System.out.println("saveUser 方法耗时:"+(endTime-startTime));
```

```
    }

    @Override
    public Object findUser(int uid) {
        long startTime = System.currentTimeMillis ();
        System.out .println("调用 DAO 查询用户信息");
        long endTime = System.currentTimeMillis ();
        System.out .println("findUser 方法耗时:"+(endTime-startTime));
        return "user{name:'悟纤'}";
    }
}
```

这种方法虽然能实现需求，但是要修改原来的代码，对代码的侵入性比较高。

2. 方法耗时统计方案二：静态代理

针对在方法添加日志、耗时这样的需求，可以通过静态代理来实现，类之间的关系如图 12-3 所示。

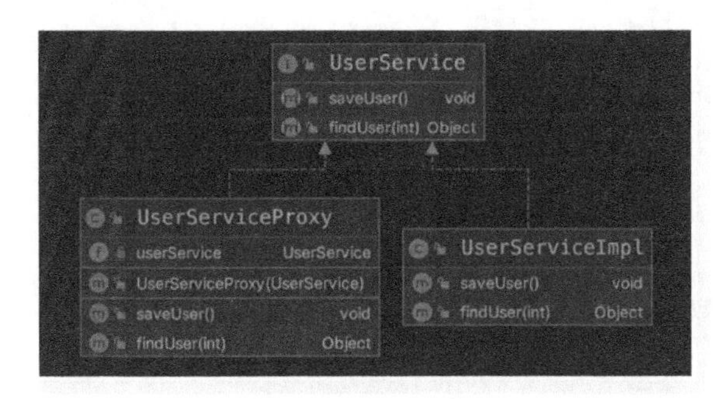

● 图 12-3

添加一个代理类代理 UserService 类，代码如下所示。

```
package com.kfit.proxy.user;

/**
 * 在代理类对方法进行增强。
 *
 * @author 悟纤「公众号 SpringBoot」
 * @slogan 大道至简 悟在天成
 */
public class UserServiceProxy implements UserService{
    private UserService userService;

    public UserServiceProxy(UserService userService) {
        this.userService = userService;
    }

    @Override
```

```
    public void saveUser() {
        long startTime = System.currentTimeMillis ();
        userService.saveUser();
        long endTime = System.currentTimeMillis ();
        System.out .println("saveUser 方法耗时:"+(endTime-startTime));
    }

    @Override
    public Object findUser(int uid) {
        long startTime = System.currentTimeMillis ();
        Object rs = userService.findUser(uid);
        long endTime = System.currentTimeMillis ();
        System.out .println("findUser 方法耗时:"+(endTime-startTime));
        return rs;
    }
}
```

编写测试代码 Test2，使用代理类进行测试，代码如下所示。

```
package com.kfit.proxy.user;

import com.kfit.proxy.user.impl.UserServiceImpl;

/**
 * 测试静态代理
 *
 * @author 悟纤「公众号 SpringBoot」
 * @slogan 大道至简 悟在天成
 */
public class Test2 {
    public static void main(String[] args) {
        UserService userService = new UserServiceProxy(new UserServiceImpl());
        userService.saveUser();
        userService.findUser(1);
    }
}
```

运行代码，查看执行结果，如图 12-4 所示。

现在这种方式比之前好多了，修改代理类并不会影响到原先的实现类，而且在代理类中可以随意对原先的功能进行增强。

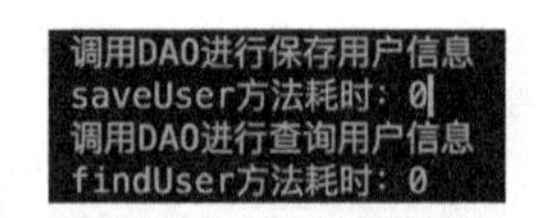

● 图 12-4

但这个代理类也存在问题，目前只能代理 UserService 的接口，并不能代理其他的接口，这就是静态代理，在编译阶段就知道代理的类以及类的方法了。

如果要求能够代理更多的接口，就需要使用动态代理了。

12.3 代理模式之动态代理

动态代理目前比较流行的两种实现方式是 JDK 动态代理和 CGLIIB 动态代理。

接下来通过 JDK 动态代理来优化上面的例子。

12.3.1 JDK 动态代理类

1. JDK 动态代理概念

JDK 动态代理类位于 java.lang.reflect 包下，一般主要涉及以下两个类：

（1）Interface InvocationHandler：该接口中仅定义了一个 invoke 方法，代码如下所示。

```
public Object invoke(Object proxy, Method method, Object[] args)
```

在实际使用时，第一个参数 proxy 一般是指代理类，method 是被代理的方法，args 为该方法的参数数组。

（2）Proxy：该类即为动态代理类，常用的一个方法如下。

```
public static Object newProxyInstance(ClassLoader loader,
        Class<? >[] interfaces,
        InvocationHandler h)
```

返回代理类的一个实例，返回后的代理类可以当作被代理类使用。

所谓 DynamicProxy 是这样一种 class：它是在运行时生成的 class，在生成时必须提供一组 interface，然后该 class 就宣称实现了这些 interface，这样就可以把该 class 的实例当作这些 interface 中的任何一个来用。当然这个 DynamicProxy 其实就是一个 Proxy，它不会替你做实质性的工作，在生成它的实例时，必须提供一个 handler，由它接管实际的工作。

在使用 JDK 动态代理类时，必须实现 InvocationHandler 接口。通过这种方式，被代理的对象（RealSubject）可以在运行时动态改变，需要控制的接口（Subject 接口）可以在运行时改变，控制的方式（DynamicSubject 类）也可以动态改变，从而实现了非常灵活的动态代理关系。

2. JDK 动态代理使用步骤

（1）创建一个实现接口 InvocationHandler 的类，实现 invoke 方法。

（2）创建被代理的类以及接口。

（3）通过 Proxy 的静态方法 newProxyInstance 创建一个代理。

（4）通过代理对象调用方法。

12.3.2 使用 JDK 动态代理类方法耗时统计

最终实现的一个类图，如图 12-5 所示。

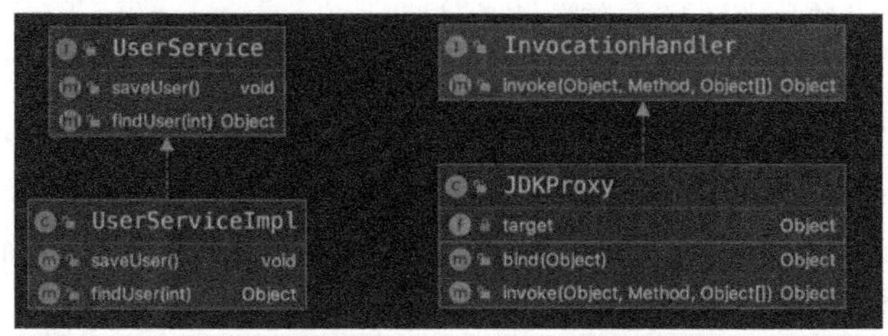

● 图 12-5

对于 UserService、UserServiceImpl 和前面静态代理的编码是一样的，就不重复进行编写了，直接编写和动态代理相关的代码 JDKProxy，代码如下所示。

```
package com.kfit.proxy.user;

import java.lang.reflect.InvocationHandler;
import java.lang.reflect.Method;
import java.lang.reflect.Proxy;

/**
 * JDK 动态代理
 * @author 悟纤「公众号 SpringBoot」
 * @slogan 大道至简 悟在天成
 */
public class JDKProxy implements InvocationHandler {

    private Object target;//要代理的目标对象

    /**
     * 返回代理对象
     * @param target
     * @return
     */
    public Object bind(Object target){
        this.target = target;
        Object proxy = Proxy.newProxyInstance (target.getClass().getClassLoader(), target.get-
Class().getInterfaces(), this);
        return proxy;
    }

    /**
     * 实现 InvocationHandler 的回调方法
     * @param proxy
     * @param method
     * @param args
     * @return
     * @throws Throwable
     */
    public Object invoke(Object proxy, Method method, Object[] args) throws Throwable {
        long startTime = System.currentTimeMillis();
        Object rs = method.invoke(target, args);
        long endTime = System.currentTimeMillis();
        System.out.println("JDK Proxy 耗时:"+(endTime-startTime));
        return rs;
    }
}
```

该类实现了 InvocationHandler 的 invoke 方法，这个方法可以处理被代理类的任何方法，使用 Proxy.newProxyInstance 创建代理对象进行返回。

编写测试类 Test3 进行测试：

```java
package com.kfit.proxy.user;

import com.kfit.proxy.user.impl.UserServiceImpl;

/**
 * 测试静态代理
 *
 * @author 悟纤「公众号 SpringBoot」
 * @date 2020-11-28
 * @slogan 大道至简 悟在天成
 */
public class Test3 {
    public static void main(String[] args) {
        JDKProxy jdkProxy  = new JDKProxy();
        UserService userService = (UserService)jdkProxy.bind(new UserServiceImpl());

        userService.saveUser();
        userService.findUser(1);
    }
}
```

到这里就实现了动态代理，对于动态代理可以代理任何类的任何方法，非常灵活，也非常方便，具有很强的扩展性。

12.3.3 在 Spring 框架的说明

Spring 有一个核心的特性 AOP。

AOP 的底层核心实现技术就是动态代理，通过动态代理对类进行增强。

在实际项目中如果使用了 Spring 框架，且要统计方法耗时，方法日志记录等需求，并不会直接使用最原始的动态代理来实现，而是使用 Spring 提供的 AOP 技术来实现。

AOP 屏蔽了对于动态代理的复杂操作，以一种更人性化的方式进行增强。

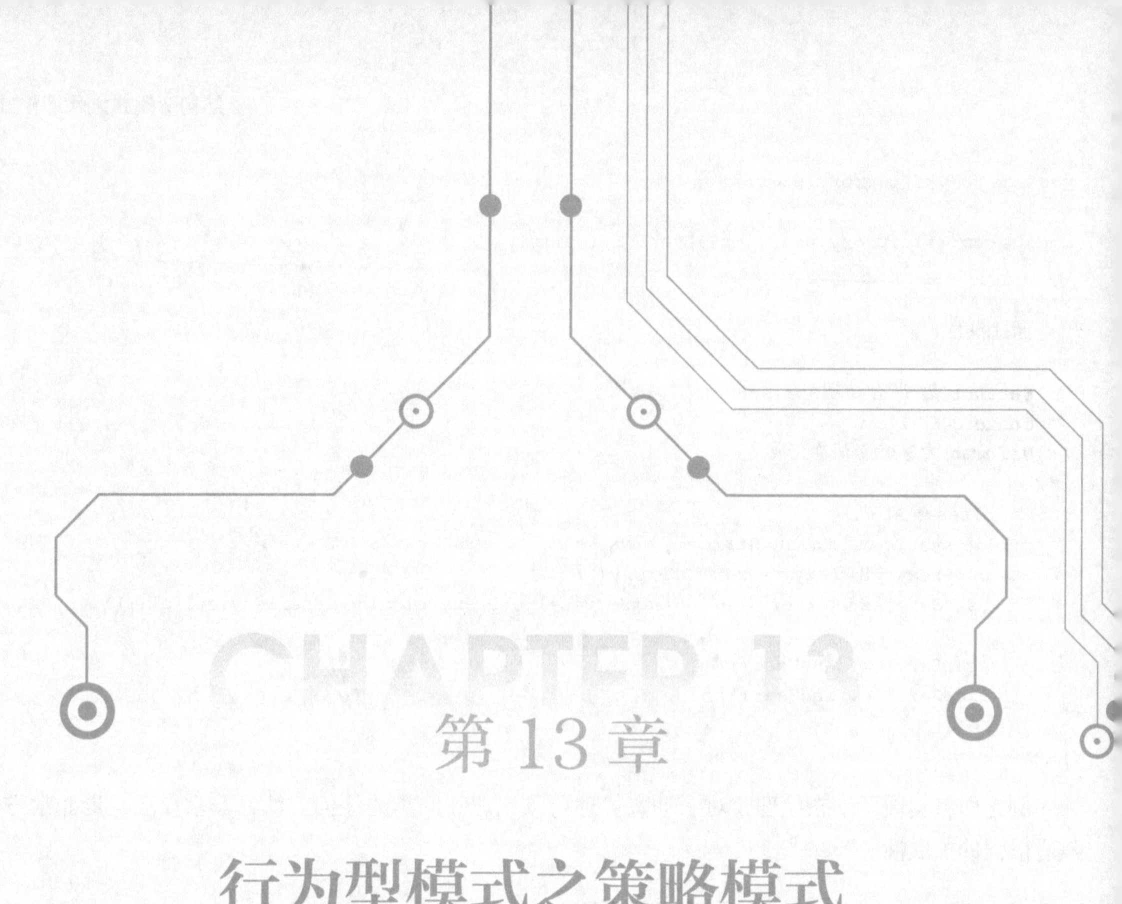

CHAPTER 13

第 13 章

行为型模式之策略模式

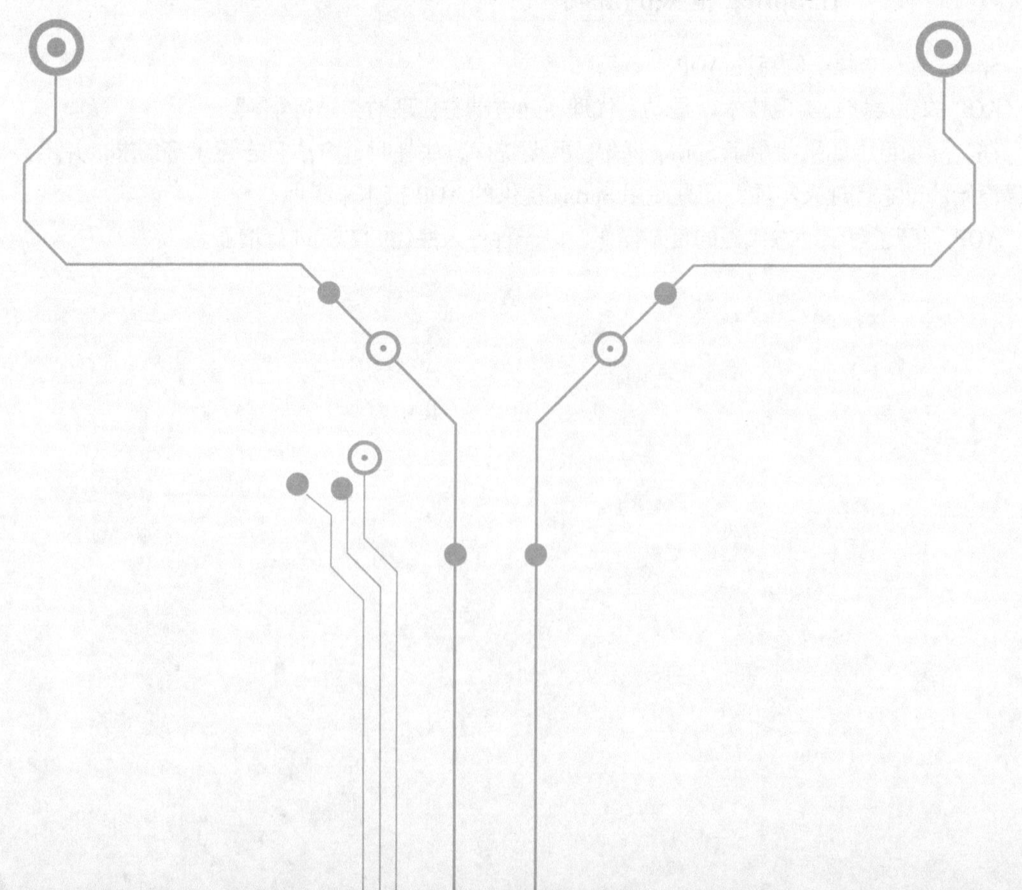

13.1 策略模式概念

每年和小璐都会出去旅游一到两次，要去哪里？怎样去？她都可以搞定，根本不用我操心。

喜欢思考的我，很快就意识到这不就是策略模式吗。

1. 策略理解

策略这个词应该怎样理解？打个比方，出门的时候会选择不同的出行方式，骑自行车、坐公交、坐火车、坐飞机等，每种出行方式都是一个策略。

比如商场正在搞活动，有打折的、有满减的、有返利的，其实不管商场如何进行促销，说到底都是一些算法，这些算法本身只是一种策略，并且这些算法随时可能互相替换，如针对同一件商品，今天打八折，明天满 100 减 30，这些策略之间是可以互换的。

2. 策略模式定义

策略模式（Strategy）：定义了一组算法，将每个算法封装起来，并且使它们之间可以互换。

3. 类图和主要角色

看一下策略模式的类图，如图 13-1 所示。

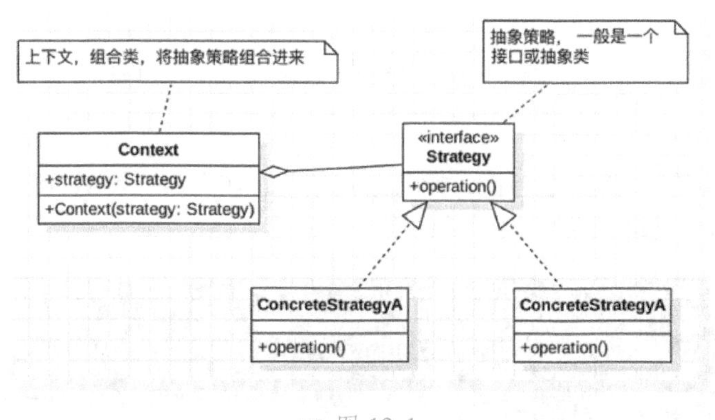

● 图 13-1

策略模式包含 3 个角色，如表 13-1 所示。

表 13-1　策略模式角色说明

角　　色	类　　别	说　　明
Strategy	抽象的策略	是一个接口或抽象类
ConcreteStrategy	具体的策略类	实现了抽象的策略
Context	一个普通的类	上下文环境，持有 Stragegy 的引用

4. 适用场景

在某个业务场景下，需要根据环境选择不同的算法，可以使用策略模式来实现，使用策略模式的场景如下：

（1）系统中某个业务有多种实现，根据场景选择业务。

（2）系统中某个算法有多种实现，根据场景选择算法。

举例说明：

（1）用户登录时，要求验证方式有账号密码验证、手机号 PIN 号验证、微信登录验证等，可以把这 3 种验证方式做成 3 个策略，根据用户选择的登录方式来执行具体的某个策略。

（2）在做数据加签时，有的要求是 MD5 加密，有的要求是 RSA 加密，这时可以把加密算法做成策略，根据系统的不同，选择某个策略。

注意：策略的核心不是如何实现算法，而是如何更优雅地把这些算法组织起来，让客户端调用。虽然策略非常多，可以自由切换，但是同一时间的客户端只能调用一个策略。其实也很好理解，你不可能同时既坐飞机，又坐火车。

另外对于使用者需要知道都有什么策略可以调用，如果想出行，要知道出行的方式有火车、飞机等。

13.2 策略模式之出行旅游

比如要出行，那么出行方式有飞机、汽车、火车、自行车等，这几种方式就是策略。

1. 分析

对于出行方式可以抽象出交通工具 Vehicle 接口，具体的方式有自行车、汽车、飞机。

2. 类图

出行旅游编码最终的类之间的关系图，如图 13-2 所示，在交通工具 Vehicle 中具体的出行方式是汽车 Car、自行车 Bike、飞机 Plane。

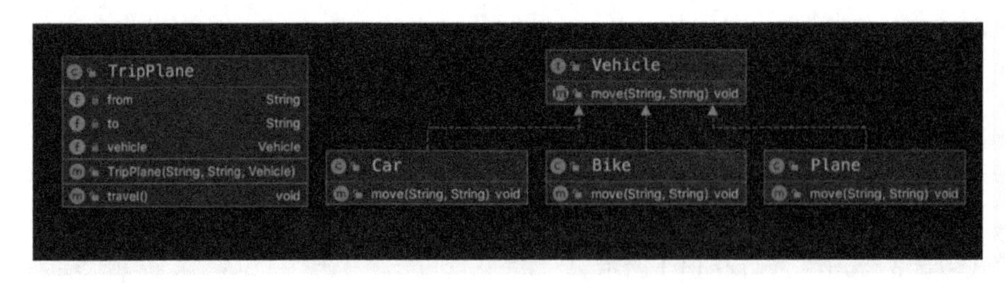

● 图 13-2

3. 抽象的策略 Strategy

抽象的策略 Strategy，在出行时，主要是汽车、自行车、飞机几种交通工具，可以抽象出一个交通工具类 Vehicle，代码如下所示。

```
package com.kfit.strategy.travel;

/**
```

```
 * 交通工具
 *
 * @author 悟纤「公众号 SpringBoot」
 * @slogan 大道至简 悟在天成
 */
public interface Vehicle {
    void move(String from,String to);
}
```

4. 具体的策略 ConcreteStrategy

具体的策略 ConcreteStrategy 在出行时，就是具体的出行方式：汽车、飞机、自行车。

自行车出行方式 Bike 的代码如下所示。

```
package com.kfit.strategy.travel;

/**
  * 自行车的出行方式
  * @author 悟纤「公众号 SpringBoot」
  * @slogan 大道至简 悟在天成
  */
public class Bike implements  Vehicle {

    @Override
    public void move(String from, String to) {
        System.out .println("bike:"+from+","+to);
    }
}
```

汽车出行方式 Car 的代码如下所示。

```
package com.kfit.strategy.travel;


/**
  * 汽车的出行方式
  * @author 悟纤「公众号 SpringBoot」
  * @slogan 大道至简 悟在天成
  */
public class Car implements Vehicle {
    @Override
    public void move(String from, String to) {
        System.out .println("car:"+from+","+to);
    }
}
```

飞机出行方式 Plane 的代码如下所示。

```
package com.kfit.strategy.travel;

/**
```

```
 * 飞机的出行方式
 * @author 悟纤「公众号 SpringBoot」
 * @slogan 大道至简 悟在天成
 */
public class Plane implements Vehicle {
    @Override
    public void move(String from, String to) {
        System.out.println("plane:"+from+","+to);
    }
}
```

现在可以去旅行了。先来做旅行攻略，要到哪里去，采用什么出行方式，都要自己决定，代码如下所示。

```
package com.kfit.strategy.travel;

/**
  *  这个代码看似挺完美,没问题。
  *  代码的设计是能够对代码的扩展性有一定的支持,
  *  现在要统计一下每种出行方式的出行时间。
  * @author 悟纤「公众号 SpringBoot」
  * @slogan 大道至简 悟在天成
 */
public class MeTest {
    public static void main(String[] args) {
        //使用自行车的出行方式
        Vehicle vehicle = new Bike();
        vehicle.move("杭州", "北京");

        //使用汽车的出行方式
        vehicle = new Car();
        vehicle.move("杭州", "北京");

        //使用飞机的出行方式
        vehicle = new Plane();
        vehicle.move("杭州", "北京");
    }
}
```

代码的设计是能够对代码的扩展性有一定的支持，现在要统计一下每种出行方式的出行时间或者在出行的时候需要做一些准备工作，出行者都要自己解决。

5. 上下文环境 Context

上下文环境 Context 在出行旅游例子中，就是一个旅游计划类 TripPlane，代码如下所示。

```
package com.kfit.strategy.travel;

/**
  * 出行计划
  * @author 悟纤「公众号 SpringBoot」
```

```
* @slogan 大道至简 悟在天成
*/
    public class TripPlane {
    private String from;
    private String to;
    private Vehicle vehicle;

    public TripPlane(String from, String to, Vehicle vehicle) {
        this.from = from;
        this.to = to;
        this.vehicle = vehicle;
    }

    /**
     * 在这里可以做很多的扩展。比如
     * (1)算法的耗时时间。
     * (2)一些前置工作的准备,数据的初始化等。
     * (3)一些后置工作的处理,资源的释放等。
     */
    public void travel(){
        //before: do something…
        vehicle.move(from,to);
        //after: do something…
    }

}
```

出行计划 TripPlane 具体的使用代码如下所示。

```
package com.kfit.strategy.travel;

/**
 *
 *
 * @author 悟纤「公众号 SpringBoot」
 * @slogan 大道至简 悟在天成
 */
public class MeTest1 {
    public static void main(String[] args) {
        //使用自行车的出行方式
        TripPlane tripPlane = new TripPlane("杭州", "北京", new Bike());
        tripPlane.travel();

        //使用汽车的出行方式
        tripPlane = new TripPlane("杭州", "北京", new Car());
        tripPlane.travel();

        //使用飞机的出行方式
        tripPlane = new TripPlane("杭州", "北京", new Plane());
```

```
        tripPlane.travel();
    }
}
```

在没有上下文 Context 的时候，直接使用具体的策略（算法）也是可以的，但是如果要进行扩展，那么就需要对每个具体的策略进行扩展。如果引入上下文 Context，可以把和算法不相关的代码交给 Context 进行处理。

13.3 策略模式之锦囊妙计

这一节通过锦囊妙计的例子来对策略模式有一个更深的理解。

1. 故事背景

刘备要到江东娶夫人，走之前诸葛亮给赵云三个锦囊妙计，拆开后能解决棘手问题。

2. 类图

先说说这个场景中的要素：三个妙计、一个锦囊、一个赵云，妙计是诸葛亮给的，妙计放在锦囊里，俗称锦囊妙计，那么赵云就是一个干活的人，从锦囊中取出妙计，执行后获胜。用 Java 程序怎样表现这些呢？如图 13-3 所示。

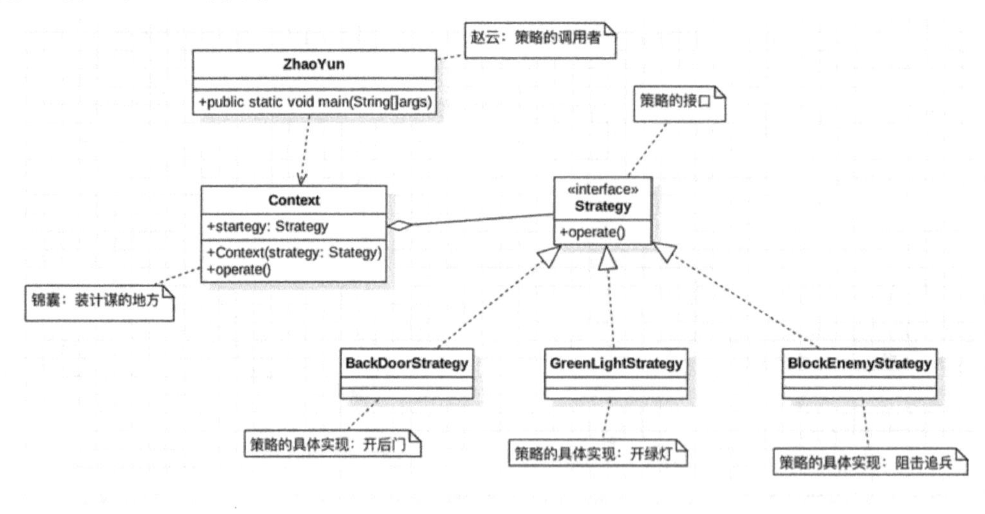

● 图 13-3

3. 抽象的策略 Strategy

抽象的策略 Strategy 在该例子中，就是三个妙计，定义一个接口，代码如下所示。

```
package com.kfit.strategy.sanguo;

/**
```

```
 * 首先定义一个策略接口,这是诸葛亮给赵云的三个锦囊妙计的接口。
 * @author 悟纤「公众号 SpringBoot」
 * @slogan 大道至简 悟在天成
 */
public interface Strategy {
    /** 每个锦囊妙计都是一个可执行的算法.*/
    void operate();
}
```

4. 具体的策略 ConcreteStrategy

3 个妙计就有 3 个实现类，需要编写 3 个实现类。

妙计一：初到吴国，找乔国老帮忙，使孙权不能杀刘备，代码如下所示。

```
package com.kfit.strategy.sanguo;

/**
 * 找乔国老帮忙,使孙权不能杀刘备。
 * @author 悟纤「公众号 SpringBoot」
 * @slogan 大道至简 悟在天成
 */
public class BackDoorStrategy implements Strategy{
    @Override
    public void operate() {
        System.out .println("找乔国老帮忙,让吴国太给孙权施加压力,使孙权不能杀刘备…");
    }
}
```

妙计二：求吴国太开绿灯，放行，代码如下所示。

```
package com.kfit.strategy.sanguo;

/**
 * 求吴国太开绿灯。
 * @author 悟纤「公众号 SpringBoot」
 * @slogan 大道至简 悟在天成
 */
public class GreenLightStrategy implements  Strategy {
    @Override
    public void operate() {

        System.out .println("求吴国太开绿灯,放行!");
    }
}
```

妙计三：孙夫人断后，挡住追兵，代码如下所示。

```
package com.kfit.strategy.sanguo;

/**
```

```
 * 孙夫人断后,挡住追兵。
 * @author 悟纤「公众号 SpringBoot」
 * @slogan 大道至简 悟在天成
 */
public class BlockEnemyStrategy implements Strategy {
    @Override
    public void operate() {
        System.out.println("孙夫人断后,挡住追兵…");
    }
}
```

5. 上下文环境 Context

需要一个地方放妙计，如果放在锦囊里，那么锦囊就是上下文 Context，代码如下所示。

```
package com.kfit.strategy.sanguo;

/**
 * 将妙计放在锦囊里
 */
public class Context {
    private Strategy strategy;

    /**
     * 构造函数,要使用哪个妙计
     * @param strategy
 */
    public Context(Strategy strategy){
        this.strategy = strategy;
    }
    public void operate(){
        this.strategy.operate();
    }
}
```

6. 测试

最后赵云揣着三个锦囊，拉着刘备去入赘了。

```
/**
 * @author 悟纤「公众号 SpringBoot」
 * @slogan 大道至简 悟在天成
 */
public class ZhaoYun {
    public static void main(String[] args) {
        Context context = null;

        //刚到吴国的时候拆开第一个
        System.out.println("----------刚到吴国的时候拆开第一个---------------");
        context = new Context(new BackDoorStrategy());
```

```
        context.operate();//拆开执行
        System.out.println();


        //当刘备乐不思蜀时,拆开第二个
        System.out.println("----------刘备乐不思蜀,拆第二个了---------------");
        context = new Context(new GreenLightStrategy());
        context.operate();//拆开执行
        System.out.println();

        //孙权的追兵到了,拆开第三个锦囊
System.out.println("----------孙权的追兵到了,拆开第三个锦囊---------------");
        context = new Context(new BlockEnemyStrategy());
        context.operate();//拆开执行
    }
}
```

运行代码，查看执行结果，如图 13-4 所示。

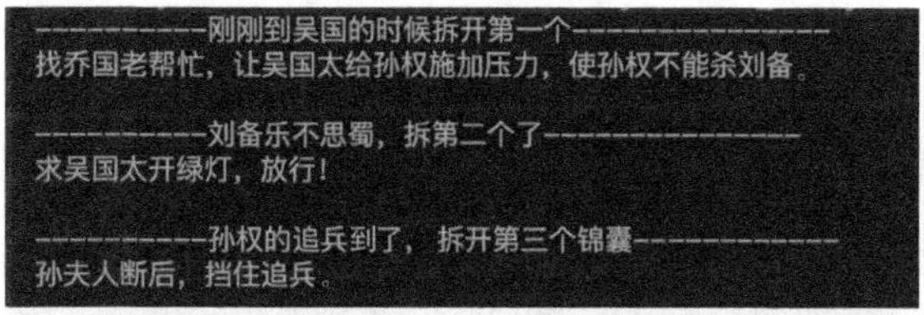

```
-----------刚刚到吴国的时候拆开第一个----------------
找乔国老帮忙，让吴国太给孙权施加压力，使孙权不能杀刘备。

-----------刘备乐不思蜀，拆第二个了-----------------
求吴国太开绿灯，放行！

-----------孙权的追兵到了，拆开第三个锦囊-------------
孙夫人断后，挡住追兵。
```

● 图 13-4

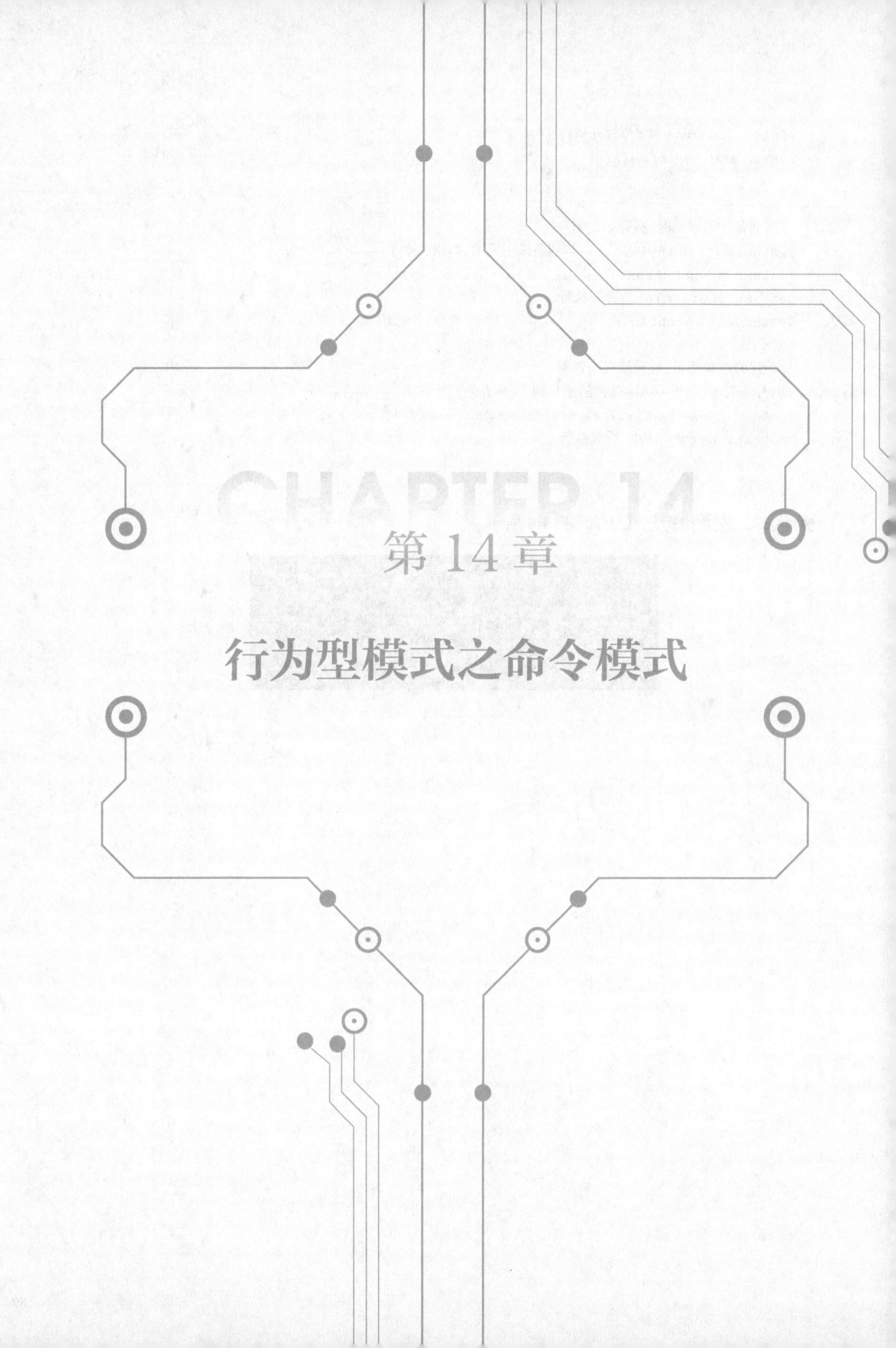

CHAPTER 14

第14章 行为型模式之命令模式

14.1 命令模式之烧烤店

为了让小璐吃烧烤很方便，我想把一楼改成一个小烧烤店，请个厨师做烧烤生意，厨师可以提成。

14.1.1 烧烤店无命令模式

1. 类图

在没有使用命令模式的时候，只有两个角色：厨师和客户，厨师 Barbecuer 会烤羊肉 Mutton 和鸡翅 chickenWing，如图 14-1 所示。

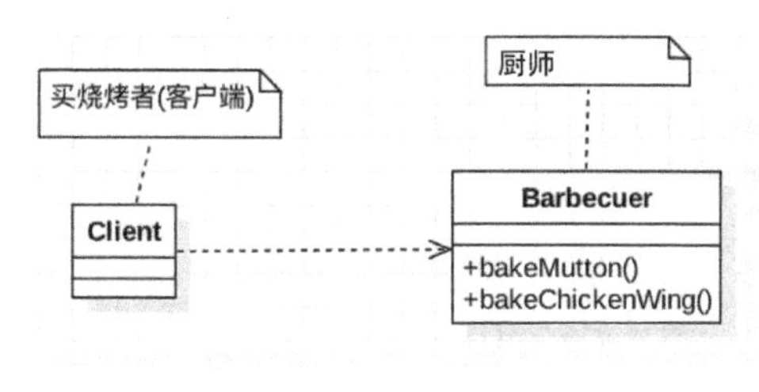

图 14-1

2. 编码

看一下厨师 Barbecuer 的代码，如下所示。

```
package com.kfit.command.v1;

/**
 * 烤串师傅
 * @author 悟纤「公众号 SpringBoot」
 * @slogan 大道至简 悟在天成
 */
public class Barbecuer {

    /**
     * 烤羊肉串
     */
    public void bakeMutton(){
        System.out .println("厨师-烤羊肉串");
    }

    /**
     * 烤鸡翅
     */
```

```
    public void bakeChickenWing(){
        System.out.println("厨师-烤鸡翅");
    }
}
```

买烧烤者想吃烤鸡翅，厨师开始烤鸡翅，代码如下：

```
package com.kfit.command.v1;

/**
 * 客户来进行*
 * @author 悟纤「公众号 SpringBoot」
 * @date 2020-11-30
 * @slogan 大道至简 悟在天成
 */
public class Client {
    public static void main(String[] args) {
        //厨师准备好了,等待客户的请求...
        Barbecuer barbecuer = new Barbecuer();

        //晚上 6:00,来了一位客户... 厨师请烤个鸡翅
        barbecuer.bakeChickenWing();

        //晚上 6:10,来了一位客户... 厨师请烤个羊肉串
        barbecuer.bakeMutton();
    }
}
```

客户多了，厨师有时候就会弄乱客户的订单，有时候也会忘记了某位客户的订单，用户体验很不好。

我想是时候聘请一位服务员了，能减轻厨师的负担。

服务员的职责就是记录客户下单，然后将这些订单交给厨师。

另外需要有一个菜单，菜单上面就是各种指令。

经过梳理，我对烧烤店进行了优化。

14.1.2 烧烤店使用命令模式升级

1. 类图

根据新的设计方式，重新设计了类图，如图 14-2 所示，厨师 Barbecuer、抽象烧烤命令 Command、具体的烧烤命令 BakeChickenWingCommand 和 BakeMuttonCommand、服务员 BeautifulWaiter、客户 Client。

2. 厨师-接收者（Receiver）角色

厨师 Barbecuer 的工作就是烧烤，其他的事情不用管，代码如下所示。

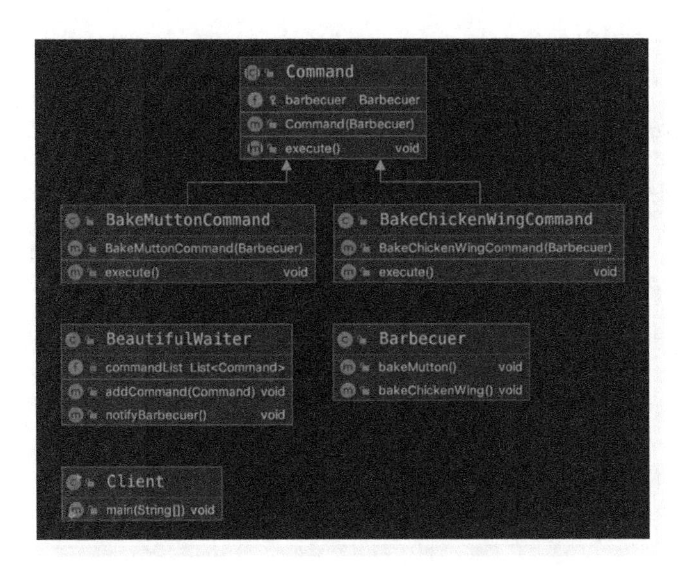

● 图 14-2

```
package com.kfit.command.v2;

/**
 * 烤串师傅
 * @author 悟纤「公众号 SpringBoot」
 * @slogan 大道至简 悟在天成
 */
public class Barbecuer {

    /**
     * 烤羊肉串
     */
    public void bakeMutton(){
        System.out.println("厨师-烤羊肉串");
    }

    /**
     * 烤鸡翅
     */
    public void bakeChickenWing(){
        System.out.println("厨师-烤鸡翅");
    }
}
```

3. 烧烤命令-命令（Command）角色

将每个烧烤命令进行抽象化，命名为 Command，在 Command 中需要传入命令的执行者，这里就是厨师。如果命名执行者只有一个，直接定义在内部也是可以的，代码如下所示。

```
package com.kfit.command.v2;

/**
 * 命令抽象类,通过构造函数可提供具体的烤串师傅
 * @author 悟纤「公众号 SpringBoot」
 * @slogan 大道至简 悟在天成
 */
public abstract class Command {
    protected Barbecuer barbecuer;

    public Command(Barbecuer barbecuer) {
        this.barbecuer = barbecuer;
    }

    /** 命名的执行方法,对具体的命名进行处理*/
    public abstract void execute();
}
```

4. 具体的烧烤命名-具体命令（ConcreteCommand）角色

这里可以烤鸡翅，也可以烤羊肉串，所以有两个命令。

烤鸡翅命令 BakeChickenWingCommand 的代码如下：

```
package com.kfit.command.v2;

/**
 * 烤鸡翅命令
 * @author 悟纤「公众号 SpringBoot」
 * @slogan 大道至简 悟在天成
 */
public class BakeChickenWingCommand extends Command {

    public BakeChickenWingCommand(Barbecuer barbecuer) {
        super(barbecuer);
    }

    @Override
    public void execute() {
        barbecuer.bakeChickenWing();
    }
}
```

烤羊肉串命令 BakeMuttonCommand 的代码如下：

```
package com.kfit.command.v2;

/**
 * 烤羊肉串命令
```

```
 * @author 悟纤「公众号 SpringBoot」
 * @slogan 大道至简 悟在天成
 */
public class BakeMuttonCommand extends Command {

    public BakeMuttonCommand(Barbecuer barbecuer) {
        super(barbecuer);
    }

    @Override
    public void execute() {
        barbecuer.bakeMutton();
    }
}
```

5. 服务员 -请求者（Invoker）角色

服务员 BeautifulWaiter 负责记录客户的下单信息，然后通知厨师开始烧烤，代码如下所示。

```
package com.kfit.command.v2;

import java.util.ArrayList;
import java.util.List;

/**
 * 漂亮的服务员
 * @author 悟纤「公众号 SpringBoot」
 * @slogan 大道至简 悟在天成
 */
public class BeautifulWaiter {
    private List<Command>commandList = new ArrayList<>();

    public void addCommand(Command command){
        commandList.add(command);
    }

    /**
     * 通知厨师开始制作
     */
    public void notifyBarbecuer(){
        for(Command command:commandList){
            command.execute();
        }
    }
}
```

6. 买烧烤者-客户端（Client）角色

买烧烤的人只需要和服务员进行沟通，厨师专心地按照订单烧烤即可，代码如下所示。

```
package com.kfit.command.v2;

/**
```

```
 * 买烧烤者
 * @author 悟纤「公众号 SpringBoot」
 * @date 2020-11-30
 * @slogan 大道至简 悟在天成
 */
public class Client {
    public static void main(String[] args) {
        //上班了,人员准备上班….
        Barbecuer barbecuer = new Barbecuer();
        BeautifulWaiter waiter = new BeautifulWaiter();

        //晚上 6:00,来了一位客户… 烤…再多都不怕,漂亮的服务员只负责记录….
        waiter.addCommand(new BakeChickenWingCommand(barbecuer));
        waiter.addCommand(new BakeMuttonCommand(barbecuer));

        //记录好之后,通知厨师进行烧烤…
        waiter.notifyBarbecuer();
    }
}
```

到这里实现的就是命令模式，在下一节对命令模式的概念进行总结。

14.2 命令模式概念

通过上一节的例子，相信大家对于命令模式有了一定的了解，这一节把命令模式的一些概念梳理一下。

1. 定义

命令（Command）模式：将请求封装成对象，以便使用不同的请求、日志、队列等来参数化其他对象，命令模式也支持撤销操作。

命令模式是对命令的封装，把发出命令的责任和执行命令的责任分割开，委派给不同的对象。

2. 类图和主要角色

看一下命令模式的类图，如图 14-3 所示。

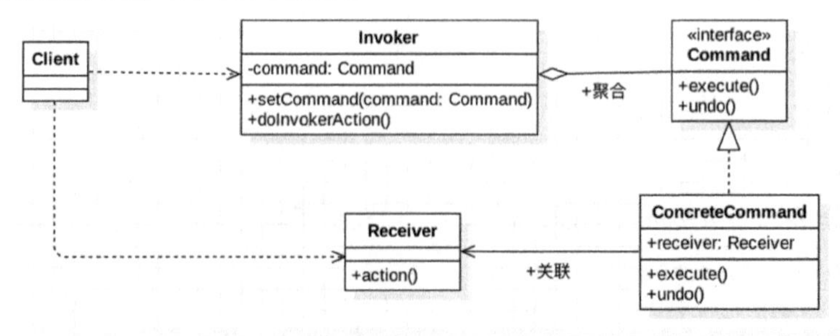

● 图 14-3

命令模式涉及5个角色，分别如下：

（1）客户端（Client）角色：创建一个具体命令（ConcreteCommand）对象并确定其接收者。在上面的例子中就是“买烧烤的人”——Client。

（2）命令（Command）角色：声明了一个给所有具体命令类的抽象接口。在上面的例子中就是“烧烤命令抽象类”——Command。

（3）具体命令（ConcreteCommand）角色：定义一个接收者和行为之间的弱耦合，实现execute( )方法，负责调用接收者的相应操作，execute( )方法通常叫作执行方法。在上面的例子中就是“烤鸡翅命令”和“烤羊肉串命令”。

（4）请求者（Invoker）角色：负责调用命令对象执行请求，相关的方法叫作行动方法。在上面的例子中就是“服务员”——BeautifulWaiter。

（5）接收者（Receiver）角色：负责具体实施和执行一个请求。在上面的例子中就是“厨师”——Barbecuer。

3. 命令模式的优点

命令模式是对命令的封装，把发出命令的责任和执行命令的责任分割开，委派给不同的对象。

每一个命令都是一个操作，请求的一方发出请求要求执行一个操作，接收的一方收到请求，并执行操作。命令模式允许请求的一方和接收的一方独立开来，使得请求的一方不必知道接收请求的一方的接口，更不必知道请求是怎样被接收，以及操作是否被执行、何时被执行、怎样被执行的。

命令允许请求的一方和接收请求的一方能够独立演化，从而具有以下的优点：

（1）在命令模式中，请求者不直接与接收者交互，即请求者不包含接收者的引用，因此彻底消除了彼此之间的耦合。

（2）命令模式满足“开闭”原则。如果增加新的具体命令和该命令的接收者，不必修改调用者的代码，调用者就可以使用新的命令对象；反之，如果增加新的调用者，不必修改现有的具体命令和接收者，新增加的调用者就可以使用自己已有的具体命令。

（3）由于请求者被封装到了具体命令中，那么就可以将具体命令保存到持久化的媒介中，在需要的时候，重新执行这个具体命令，因此使用命令模式可以记录日志。

（4）使用命令模式可以对请求者的“请求”进行排队，每个请求各自对应一个具体命令，因此可以按照一定的顺序执行这些命令。

4. 命令模式的缺点

可能产生大量具体命令类，因为每一个具体操作都需要设计一个具体命令类，这将增加系统的复杂性。

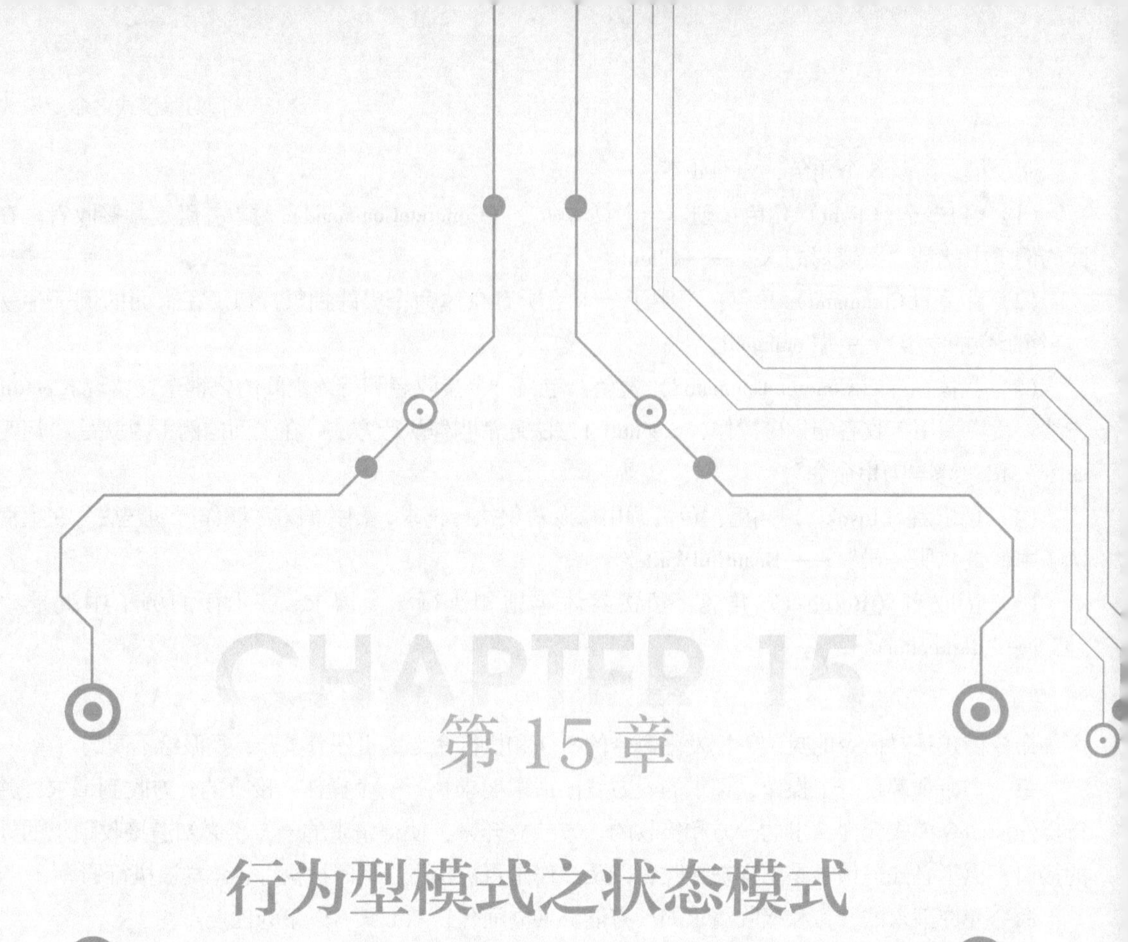

CHAPTER 15

第15章

行为型模式之状态模式

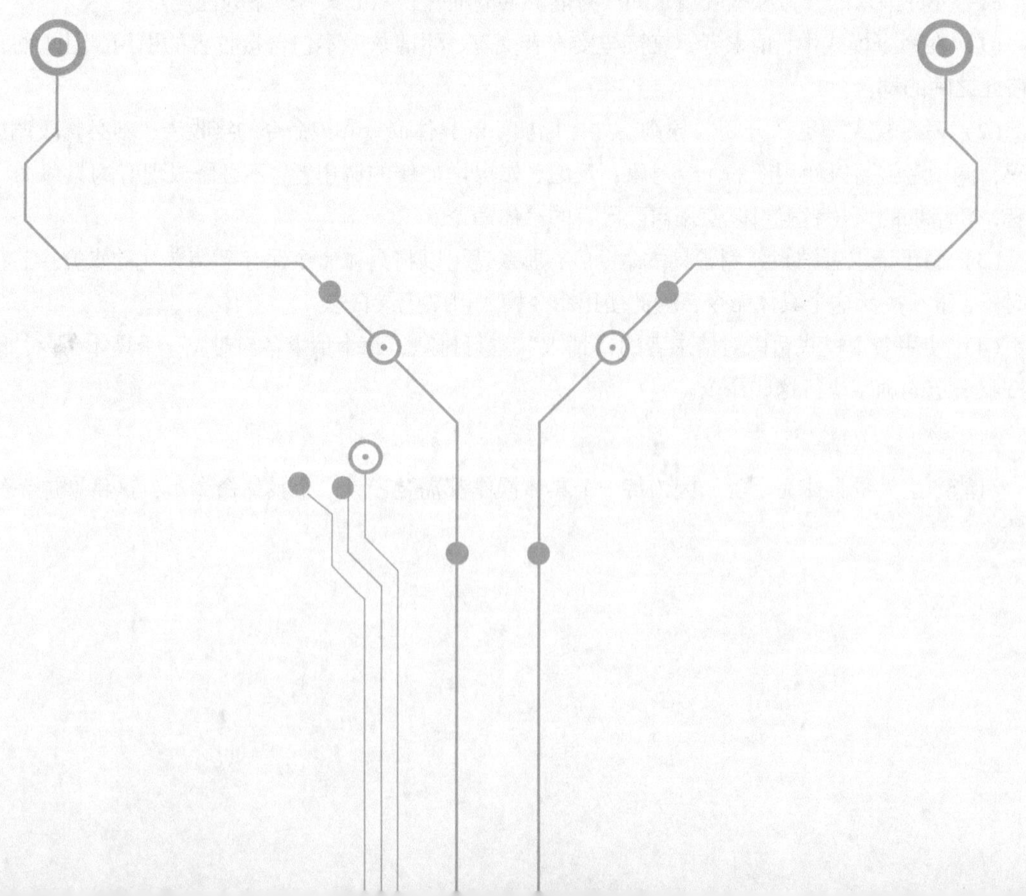

15.1 状态模式基本概念

我们的烧烤店越做越大，已经容不下更多的人了，于是租了一栋楼。楼房创建得差不多了，现在还差电梯系统没完成，安装电梯的人预估需要三个月才能完成。时间太长了，于是准备自己安装。

电梯系统状态之间的切换确实还是比较复杂的，有开门、关门、运行、停止等，状态之间又可以互相切换，这里就要用到状态模式了。

1. 定义

状态模式：当一个对象的内在状态改变时，允许改变其行为，这个对象看起来像是改变了其类。

简单一句话解释状态设计模式：用对象定义具体状态，调用时指向具体状态对象的方法。

更通俗易懂的话就是：一个函数原本有很多判断语句，现在把判断语句中的每一种状态封装成一个类，每一个状态类中均有一个 handle( ) 函数，该函数能对当前状态做出处理，并且能指明不能处理时的下一个状态类。

仔细体会一下定义中的要点：

（1）有一个对象，它是有状态的。

（2）这个对象在状态不同的时候，行为不一样。

（3）这些状态是可以切换的，而非毫无关系。

什么叫作这些状态是可以切换的，而非毫无关系？比如一个人的状态，可以有很多，像生病和健康，这是有关系并且可以转换的两个状态。再比如睡觉、上班、休息，这也算是一组状态，这三个状态也是有关系并且可以互相转换的。

2. 适用场景

业务中免不了不同状态做不同处理的代码，简单情况下只需要用 if-else、switch-case 就可以实现。以下情况请考虑使用状态模式：

（1）if 后面的条件语句长：过长的条件使得代码阅读性差，更糟糕的是过多条件严重妨碍梳理逻辑。

（2）if-else 数量多：与第一条有相似之处，过多的情况对于梳理代码流程是不利的，数量过多之后代码累赘加剧。

（3）if-else 中的操作代码多且复杂：这将使得方法体变得极其庞大，往往使得几个 if-else 之间相隔天涯，对于把握代码全局是不利的。

（4）if，if-else，else if... 逻辑关系复杂：逻辑关系复杂往往捋一遍不够，多捋几遍就会绕进去，写出来的代码也不容易发现隐患，或者往往要调试很久才发现漏掉的情况。

3. 优点

（1）代码结构化，易于维护、扩展。

（2）每个状态只需要关心自己内部的实现，而不会影响到其他部分，耦合降低。

4. 缺点

（1）有多少状态就得有多少类，因此会创建大量的类。

（2）代码结构变得复杂，不再是在单个类中写满逻辑。

5. 类图和主要角色

看一下状态模式的类图，如图 15-1 所示。

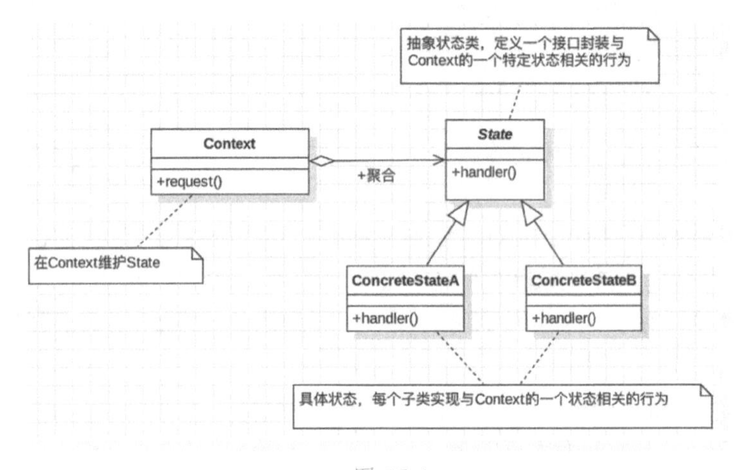

● 图 15-1

状态模式包含 3 个角色，分别如下：

（1）含有状态的对象（Context）：它可以处理一些请求，这些请求最终产生的响应会与状态相关。

（2）状态接口（State）：定义了每一个状态的行为集合，这些行为会在 Context 中得以使用。

（3）具体状态实现类（ConcreteState）：实现相关行为的具体状态类。

如果针对刚才对于人的状态的例子来分析，那么人（Person）就是 Context，状态接口依然是状态接口，而具体的状态类，可以是睡觉、上班、休息一系列状态。

15.2 状态模式之电梯系统

这一节通过电梯系统来深入学习一下状态模式。

15.2.1 电梯系统分析

电梯的状态有停止、运行、开门和关门等，而且每个状态都要有特定的行为，比如在开门的状态下，电梯只能关门，而不能运行；在关门的状态下，电梯可以运行、开门等，用一张表来表示这个关系，如表 15-1 所示。

表 15-1　电梯状态

状态\动作	开　门	关　门	运　行	停　止
开门状态	×	○	×	×
关门状态	○	×	○	○
运行状态	×	×	×	○
停止状态	○	×	○	×

15.2.2　非状态模式的电梯系统

在不使用状态的模式下，常规思路就是有一个电梯类 Lift，在该类中有运行、停止、开门、关门几个方法，另外在电梯类 Lift 中会定义电梯的各种状态，如图 15-2 所示。

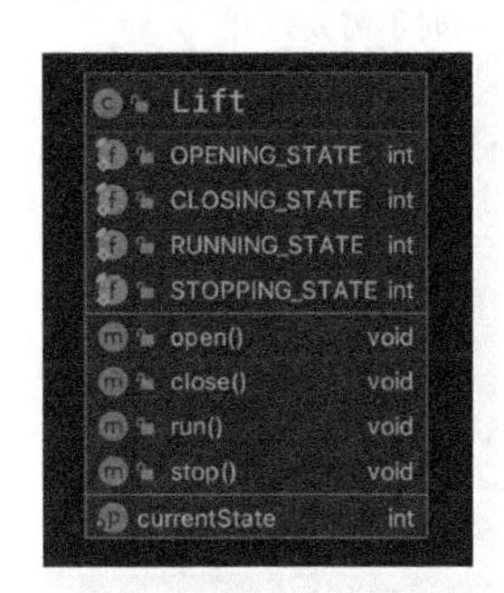

● 图 15-2

在只有一个类的时候，实现起来很简单，只需要有一个电梯类 Lift，代码如下所示。

```
package com.kfit.state.lift.v1;

/**
 * 电梯
 * @author 悟纤「公众号 SpringBoot」
 * @slogan 大道至简 悟在天成
 */
public class Lift {
    /**
     * 电梯的 4 个状态
     */
    //开门状态
    public final static int OPENING_STATE = 1;
    //关门状态
    public final static int CLOSING_STATE = 2;
    //运行状态
    public final static int RUNNING_STATE = 3;
    //停止状态
    public final static int STOPPING_STATE = 4;
```

```
//电梯当前的状态,默认是停止状态
private int currentState = STOPPING_STATE ;

public void setCurrentState(int currentState) {
    this.currentState = currentState;
}

//执行开门动作
public void open(){
    /**
     * 需要判断电梯的状态,不同的状态执行不同
     */
    if(this.currentState == OPENING_STATE ){
        //门已经处于打开状态了,再次调用时不需要打开
    }else if(this.currentState == CLOSING_STATE ){
        //电梯门处于"关闭状态",可以执行"打开":
        System.out .println("电梯门慢慢打开…");
        //设置当前的电梯状态为"打开"
        this.setCurrentState(OPENING_STATE );
    }else if(this.currentState == RUNNING_STATE ){
        //电梯门处于"运行状态",不能执行"打开":
    }else if(this.currentState == STOPPING_STATE ){
        //电梯门处于"停止状态",能执行"打开":
        System.out .println("电梯门慢慢打开…");
        //设置当前的电梯状态为"打开"
        this.setCurrentState(OPENING_STATE );
    }

}

//执行关门动作
public void close(){
    /**
     * 需要判断电梯的状态,不同的状态执行不同
     */
    if(this.currentState == OPENING_STATE ){
        //门已经处于打开状态了,可以进行关闭动作
        System.out .println("电梯门慢慢关闭…");
        this.setCurrentState(CLOSING_STATE );
    }else if(this.currentState == CLOSING_STATE ){
        //电梯门处于"关闭状态",不需要重复关闭了,所以什么都不用执行。
    }else if(this.currentState == RUNNING_STATE ){
        //运行时电梯门本身就是关着的,所以不需要进行任何操作
    }else if(this.currentState == STOPPING_STATE ){
        //停止时电梯也是关着的,不能关门
    }
}
```

```
    //执行运行动作
    public void run(){
        /**
         * 需要判断电梯的状态,不同的状态执行不同
         */
        if(this.currentState == OPENING_STATE){
            //电梯不能开着门运行
        }else if(this.currentState == CLOSING_STATE){
            门关了,可以运行了
            System.out.println("电梯开始运行了");
            this.setCurrentState(RUNNING_STATE);//现在是运行状态
        }else if(this.currentState == RUNNING_STATE){
            //已经是运行状态了
        }else if(this.currentState == STOPPING_STATE){
            //停止时电梯也是关着的,不能关门
            System.out.println("电梯开始运行了");
            this.setCurrentState(RUNNING_STATE);
        }
    }

    //执行停止动作
    public void stop(){
        /**
         * 需要判断电梯的状态,不同的状态执行不同
         */
        if(this.currentState == OPENING_STATE){
            //开门的电梯已经是停止状态了(正常情况下)
        }else if(this.currentState == CLOSING_STATE){
            //关门时才可以停止
            System.out.println("电梯停止了");
            this.setCurrentState(STOPPING_STATE);
        }else if(this.currentState == RUNNING_STATE){
            //运行时当然可以停止了
            System.out.println("电梯停止了");
            this.setCurrentState(STOPPING_STATE);
        }else if(this.currentState == STOPPING_STATE){
            //已经是停止状态了
        }
    }
}
```

电梯系统编写之后，需要电梯体验师来体验一下，代码如下所示。

```
package com.kfit.state.lift.v1;

/**
 * 电梯体验师
 * @author 悟纤「公众号 SpringBoot」
 * @slogan 大道至简 悟在天成
```

```
 */
public class MeClient {
    public static void main(String[] args) {
        Lift lift = new Lift();

        //按了"开门"按钮,我是电梯体验师
        lift.open();

        //非法操作:如果现在没有关门,电梯可以运行吗?
        lift.run();//没有执行关门,电梯是不能运行的,所以不会有任何的打印信息。

        //按了"关门"按钮
        lift.close();

        //关上门就可以运行了
        lift.run();

        //到地方了,电梯停止:
        lift.stop();

        //如此循环……

    }
}
```

运行代码，查看执行结果，如图 15-3 所示。

虽然电梯可以正常运行，但是在 Lift 类中，大量充斥着 if else 的代码，如果后续要升级电梯系统，是不利于维护的，也违反了设计模式的开闭原则。

根据状态模式，可以把这些状态抽取出来，定义为状态类，通过状态来控制电梯的行为。

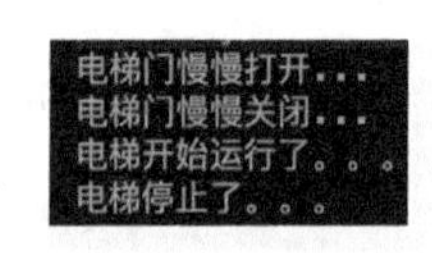

图 15-3

15.2.3 状态模式的电梯系统

1. 分析

要解决问题首先要搞清问题，以上需求主要分为两个：状态和动作。

状态是如何产生的，以及这个状态怎样过渡到其他状态（执行动作）。

2. 类图

看一下最终完成的类图，如图 15-4 所示，包括电梯 Lift、电梯状态 LiftState 抽象类，以及电梯的各种状态 ClosingLiftState、StoppingLiftState、OpeningLiftState、RunningLiftState。

3. 状态接口（State）

状态接口（State）：它定义了每一个状态的行为集合，这些行为会在 Context 中得以使用。在这个例子中就是电梯的状态抽象类 LiftState，在该抽象类中拥有电梯类 Lift 的引用，以及定义了电梯的各种动作，开门 open、关门 stop、运行 run、停止 stop，代码如下所示。

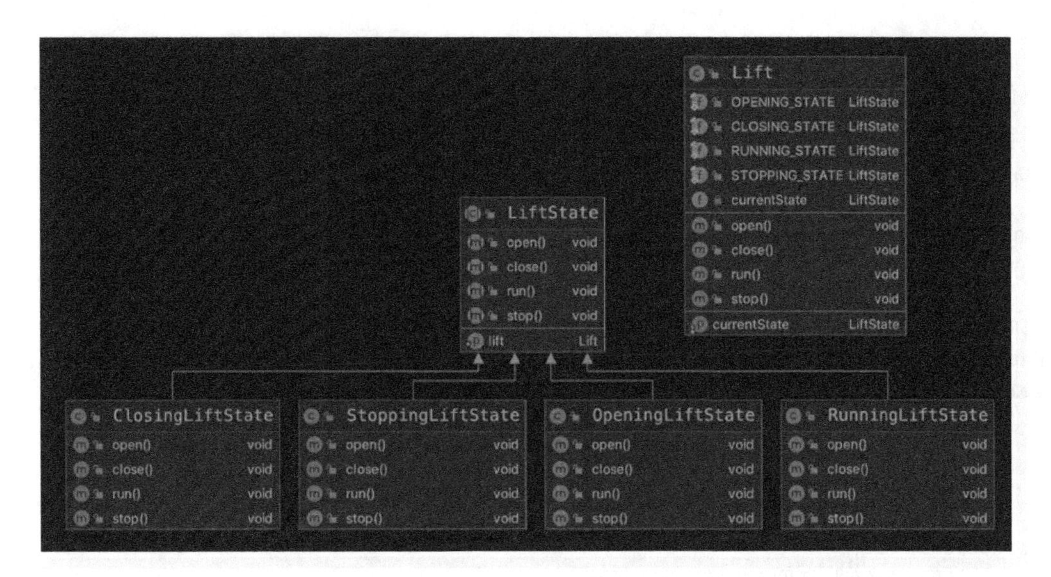

● 图 15-4

```
package com.kfit.state.lift.v2;

/**
 * 电梯状态抽象类
 * @author 悟纤「公众号 SpringBoot」
 * @slogan 大道至简 悟在天成
 */
public abstract  class LiftState {
    //定义一个环境角色,也就是封装状态的变化引起的功能变化
    protected Lift lift;

    public void setLift(Lift lift) {
        this.lift = lift;
    }

    //电梯开门动作
    public abstract void open();

    //电梯关门动作
    public abstract void close();

    //电梯运行动作
    public abstract void run();

    //电梯停止动作
    public abstract void stop();
}
```

4. 具体状态实现类（ConcreteState）

具体状态实现类（ConcreteState）：实现相关行为的具体状态类。在这个例子中主要有 4 个实现类：运行、停止、开门、关门。

开门 OpeningLiftState 的代码如下所示。

```
package com.kfit.state.lift.v2;

/**
 * 电梯打开的状态
 * @author 悟纤「公众号 SpringBoot」
 * @slogan 大道至简 悟在天成
 */
public class OpeningLiftState extends LiftState{

    @Override
    public void open() {
        //[打开门的状态][打开门的动作]是我执行的…
        System.out.println("电梯门慢慢打开…");
    }

    @Override
    public void close() {
        //[打开门的状态][关闭门的动作]可以关门,但这个动作不归我执行
        super.lift.setCurrentState(Lift.CLOSING_STATE);
        //动作委托给 CloseState 来执行,也就是委托给了 ClosingState 子类执行这个动作
        super.lift.getCurrentState().close();
    }

    @Override
    public void run() {
        //[打开门的状态][运行的动作]不能开着电梯门运行,这里什么也不做
    }

    @Override
    public void stop() {
        //[打开门的状态][停止动作]开门状态下,电梯是停止的
    }
}
```

这里需要慢慢品读一下，在代码中有详细的注释。

关门 StoppingLiftState 的代码如下所示。

```
package com.kfit.state.lift.v2;

/**
 * 电梯停止的状态
 * @author 悟纤「公众号 SpringBoot」
 * @slogan 大道至简 悟在天成
```

```
*/
public class StoppingLiftState extends LiftState{
    @Override
    public void open() {
        //[停止的状态][开门动作]停下了要开门
        super.lift.setCurrentState(Lift.OPENING_STATE);
        super.lift.getCurrentState().open();
    }

    @Override
    public void close() {
        //[停止的状态][关门动作]电梯停止的时候,门本来就是关着的。
    }

    @Override
    public void run() {
        //[停止的状态][运行动作]停止后可以再运行
        super.lift.setCurrentState(Lift.RUNNING_STATE);
        super.lift.getCurrentState().run();
    }

    @Override
    public void stop() {
        //[停止的状态][停止动作]
        System.out .println("电梯慢慢停止…");
    }
}
```

运行状态 RunningLiftState 的代码如下所示。

```
package com.kfit.state.lift.v2;

/**
 * 电梯运行的状态
 *
 * @author 悟纤「公众号 SpringBoot」
 * @slogan 大道至简 悟在天成
 */
public class RunningLiftState extends LiftState{
    @Override
    public void open() {
        //[运行的状态][打开的动作]运行的时候不能开门
    }

    @Override
    public void close() {
        //[运行的状态][关门的动作]运行的时候,门已经关闭了,不用处理
    }
```

```
    @Override
    public void run() {
        //[运行的状态][运行动作]
        System.out.println("电梯开始运行…");
    }

    @Override
    public void stop() {
        //[运行的状态][停止的动作]运行后是可以停止的,但是具体的停止不由我负责,转交状态。
        super.lift.setCurrentState(Lift.STOPPING_STATE);
        super.lift.getCurrentState().stop();
    }
}
```

停止状态 ClosingLiftState 的代码如下所示。

```
package com.kfit.state.lift.v2;

/**
 * 电梯关闭的状态
 *
 * @author 悟纤「公众号 SpringBoot」
 * @slogan 大道至简 悟在天成
 */
public class ClosingLiftState extends LiftState{

    @Override
    public void open() {
        //[关门的状态][开门的动作] 关门的状态下是可以开门的,但具体的开门是由其他状态进行管理的。
        super.lift.setCurrentState(Lift.OPENING_STATE);
        super.lift.getCurrentState().open();
    }

    @Override
    public void close() {
        //[关门的状态][关门的动作] 可以关门
        System.out.println("电梯慢慢地关门");
    }

    @Override
    public void run() {
        //[关门的状态][运行动作]可以运行,具体的运行由其他状态处理。
        super.lift.setCurrentState(Lift.RUNNING_STATE);
        super.lift.getCurrentState().run();
    }

    @Override
    public void stop() {
        //[关门的状态][停止动作]可以停止
```

```
        super.lift.setCurrentState(Lift.STOPPING_STATE);
        super.lift.getCurrentState().stop();
    }
}
```

5. 含有状态的对象（Context）

含有状态的对象（Context）：它可以处理一些请求，这些请求最终产生的响应会与状态相关。在这个例子中就是电梯，在这个类中就不会存在很多的 if else 代码了，因为开关电梯这些逻辑已经交给状态类进行处理了，代码如下所示。

```
package com.kfit.state.lift.v2;

/**
 * 电梯
 *
 * @author 悟纤「公众号 SpringBoot」
 * @slogan 大道至简 悟在天成
 */
public class Lift {
    /**
     * 电梯的 4 个状态
     */
    //开门状态
    public final static LiftState OPENING_STATE = new OpeningLiftState();
    //关门状态
    public final static LiftState CLOSING_STATE = new ClosingLiftState();
    //运行状态
    public final static LiftState RUNNING_STATE = new RunningLiftState();
    //停止状态
    public final static LiftState STOPPING_STATE = new StoppingLiftState();

    //电梯当前的状态,默认是停止状态的。
    private LiftState currentState;

    public LiftState getCurrentState() {
        return currentState;
    }

    public void setCurrentState(LiftState currentState) {
        this.currentState = currentState;
        //把当前的环境通知到各个实现类中
        this.currentState.setLift(this);
    }

    //执行开门动作
    public void open(){
        this.currentState.open();
    }
```

```
    //执行关门动作
    public void close(){
        this.currentState.close();
    }

    //执行运行动作
    public void run(){
        this.currentState.run();
    }

    //执行停止动作
    public void stop(){
        this.currentState.stop();
    }
}
```

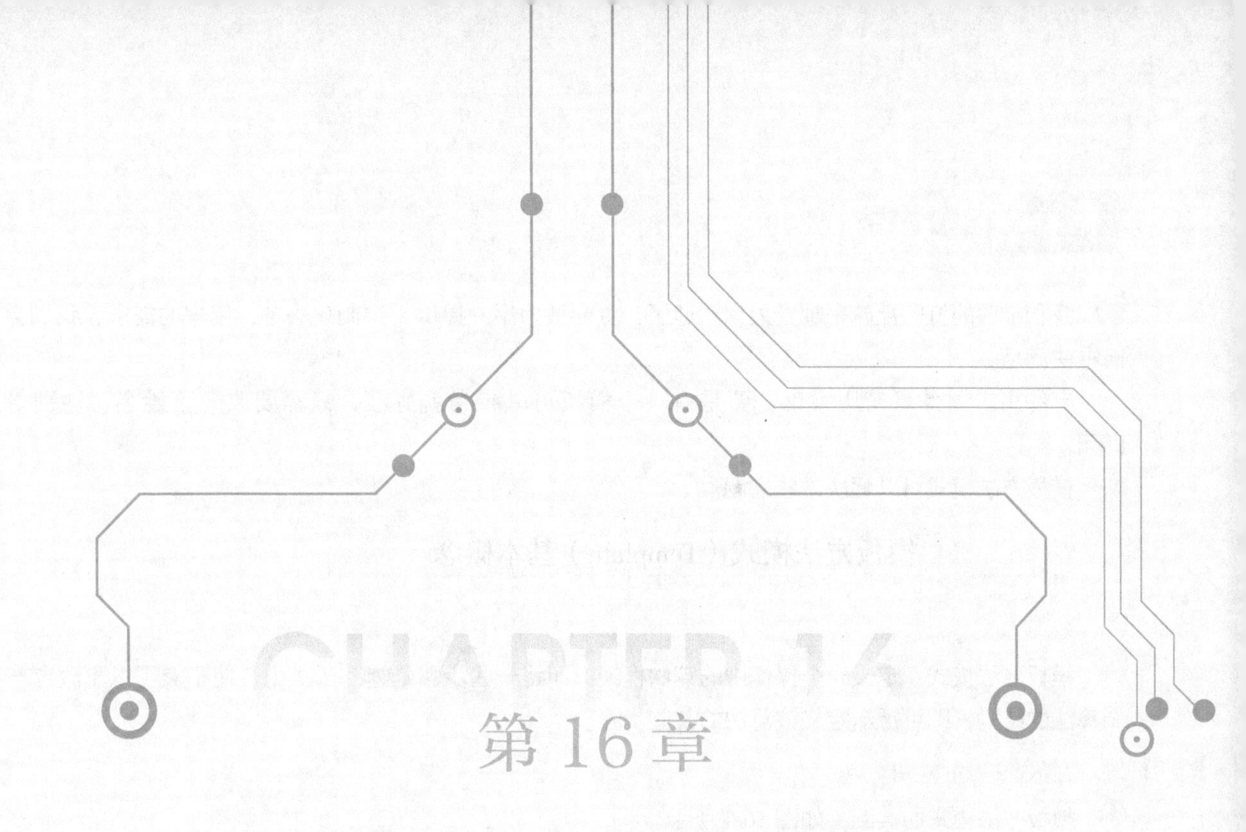

第16章

行为型模式之模板方法模式

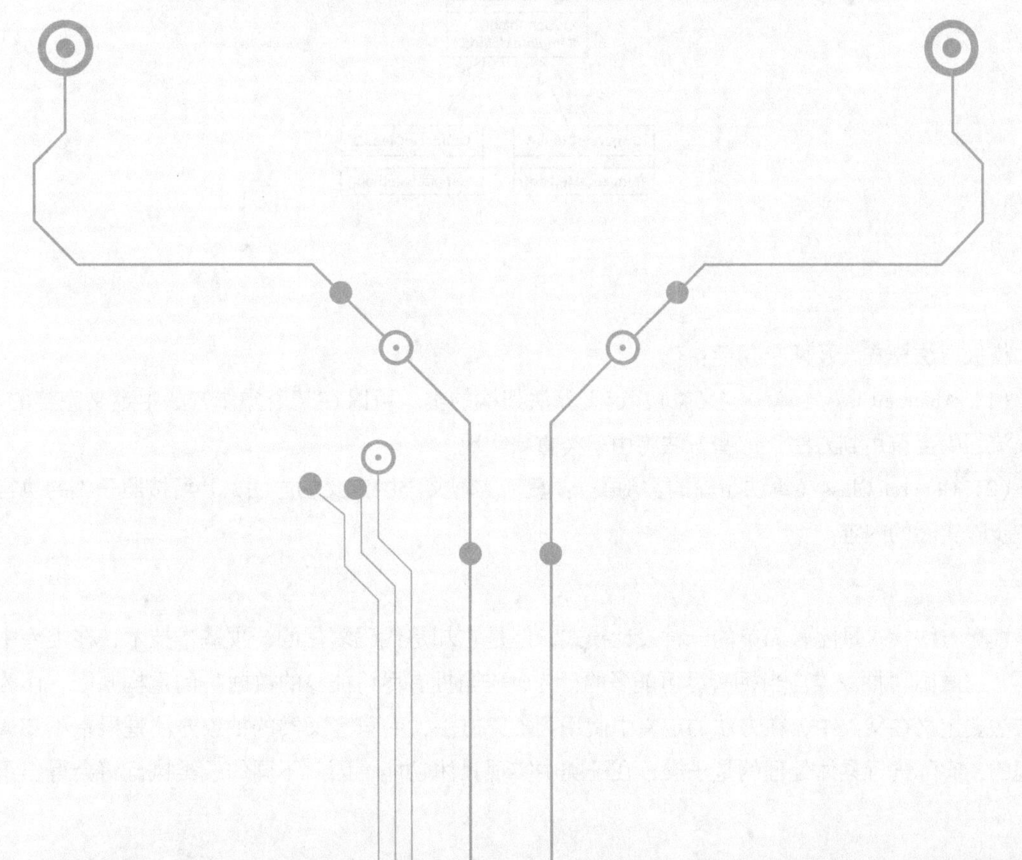

16.1 模板方法模式

我和小璐的打印社越来越受大家欢迎了，主要是为用户提供了定制化服务，用户的需求，我们会想办法满足。

有些用户觉得写简历太难，要是有一个模板可以参考就好了，只需要改一下姓名、性别等即可。

模板方法模式可以解决这些问题。

16.1.1 模板方法模式（Template）基本概念

1. 定义

模板方法模式：定义一个操作中的算法框架，而将一些步骤延迟到子类中，使子类可以不改变一个算法的结构，即可重新定义该算法的某些步骤。

2. 类图和主要角色

模板方法模式的类图，如图 16-1 所示。

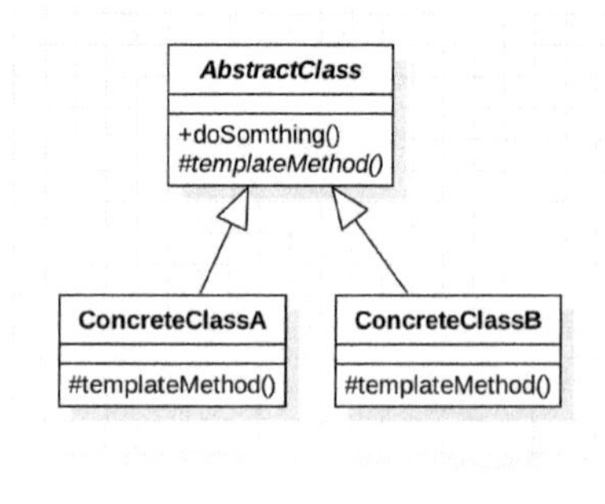

● 图 16-1

模板方法模式涉及两个角色：

（1）AbstractClass（算法定义类）：定义算法架构的类，可以在某个操作方法中定义完整的流程，定义流程中会调用到方法，这些方法将由子类重新实现。

（2）ConcreteClass（算法步骤的实现类）：重新实现父类中定义的方法，并可按照子类的执行情况反应步骤实际的内容。

3. 为什么要使用模板方法模式

模板方法模式是比较简单的一种设计模式，但是它却是代码复用的一项基本技术，在类库中尤其重要，它遵循“抽象类应当拥有尽可能多的行为，应当拥有尽可能少的数据”的重构原则。作为模板的方法要定义在父类中，在方法的定义中使用到抽象方法，而只看父类的抽象方法是根本不知道怎样处理的，实际进行具体处理的是子类，在子类中实现具体功能，因此不同的子类执行将会得出不同的

实现结果，但是处理流程还是按照父类定制的方式。这就是模板方法的意义所在，制定算法骨架，让子类具体实现。

16.1.2 模板方法模式之简历模板

看一下最终的编码类图，如图 16-2 所示。

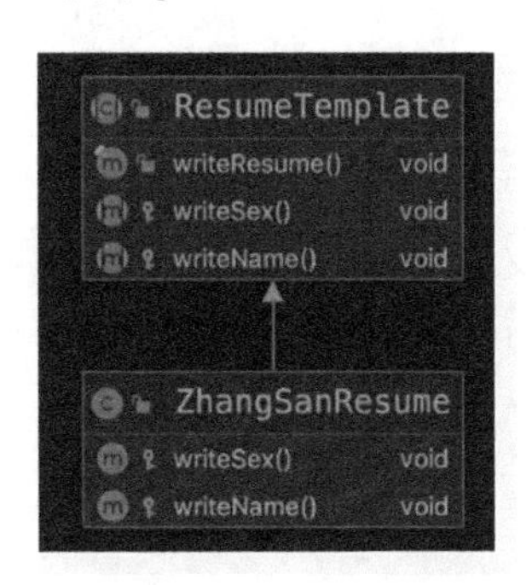

● 图 16-2

1. AbstractClass（算法定义类）-模板类

AbstractClass 类的核心是定义子类通用的部分写到一个方法中，有变化的部分定义为抽象方法，让具体的子类进行实现。在简历模板的例子中，ResumeTemplate 是算法定义类，代码如下所示。

```
package com.kfit.template;

/**
 * 简历的抽象类
 * @author 悟纤「公众号 SpringBoot」
 * @slogan 大道至简 悟在天成
 */
public abstract class ResumeTemplate {

    /**
     * 写简历
     * 方法定义为 final:这个是方法,不允许子类进行修改
     */
    public final void writeResume(){
        //写上姓名
        this.writeName();
        //写上性别
        this.writeSex();

        //其他是共同的部分…
        System.out .println("简历其他都是通用的部分,在模板就直接都写好了…");
```

```
    }

    protected abstract void writeSex();

    protected abstract void writeName();

}
```

2. ConcreteClass（算法步骤的实现类）

在算法抽象类 ResumeTemplate 定义了一些抽象的方法 writeSex 和 writeName，这些方法的实现就由子类根据具体的情况进行实现，代码如下所示。

```
package com.kfit.template;

/**
 * 张三的简历
 * @author 悟纤「公众号 SpringBoot」
 * @slogan 大道至简 悟在天成
 */
public class ZhangSanResume extends ResumeTemplate {
    @Override
    protected void writeSex() {
        System.out.println("在简历上写上名字:张三");
    }

    @Override
    protected void writeName() {
        System.out.println("在简历上写上性别:男");
    }
}
```

到这里就实现了模板方法模式。总结一下：模板方法核心就是将子类的共同部分抽象出来放到父类的方法中，然后变化的部分使用抽象方法让子类自己进行实现。

16.2 模板方法在 Spring 框架和 JDK 中的应用

这一节来看一下模板方法模式在 Spring 框架和 JDK 中的应用。

16.2.1 在 Spring 中的应用

模板方法模式在 Spring IOC 容器初始化时有所应用，下面看一下 AbstractApplicationContext 中的 refresh 方法，它就是一个模板方法，在该方法里调用了一系列方法，有已实现的具体方法，有未实现的抽象方法，也有空的钩子方法，代码如下所示。

```
public void refresh() throws BeansException, IllegalStateException {
    synchronized (this.startupShutdownMonitor) {
      StartupStep contextRefresh = this.applicationStartup.start("spring.context.refresh");

      // Prepare this context for refreshing.
      prepareRefresh();

      // Tell the subclass to refresh the internal bean factory.
      ConfigurableListableBeanFactory beanFactory = obtainFreshBeanFactory();

      // Prepare the bean factory for use in this context.
      prepareBeanFactory(beanFactory);

      try {
          // Allows post-processing of the bean factory in context subclasses.
          postProcessBeanFactory(beanFactory);

            StartupStep beanPostProcess = this.applicationStartup.start("spring.context.beans.
post-process");
          // Invoke factory processors registered as beans in the context.
          invokeBeanFactoryPostProcessors(beanFactory);

          // Register bean processors that intercept bean creation.
          registerBeanPostProcessors(beanFactory);
          beanPostProcess.end();

          // Initialize message source for this context.
          initMessageSource();

          // Initialize event multicaster for this context.
          initApplicationEventMulticaster();

          // Initialize other special beans in specific context subclasses.
          onRefresh();

          // Check for listener beans and register them.
          registerListeners();

          // Instantiate all remaining (non-lazy-init) singletons.
          finishBeanFactoryInitialization(beanFactory);

          // Last step: publish corresponding event.
          finishRefresh();
      }
```

部分结构类如图16-3所示。

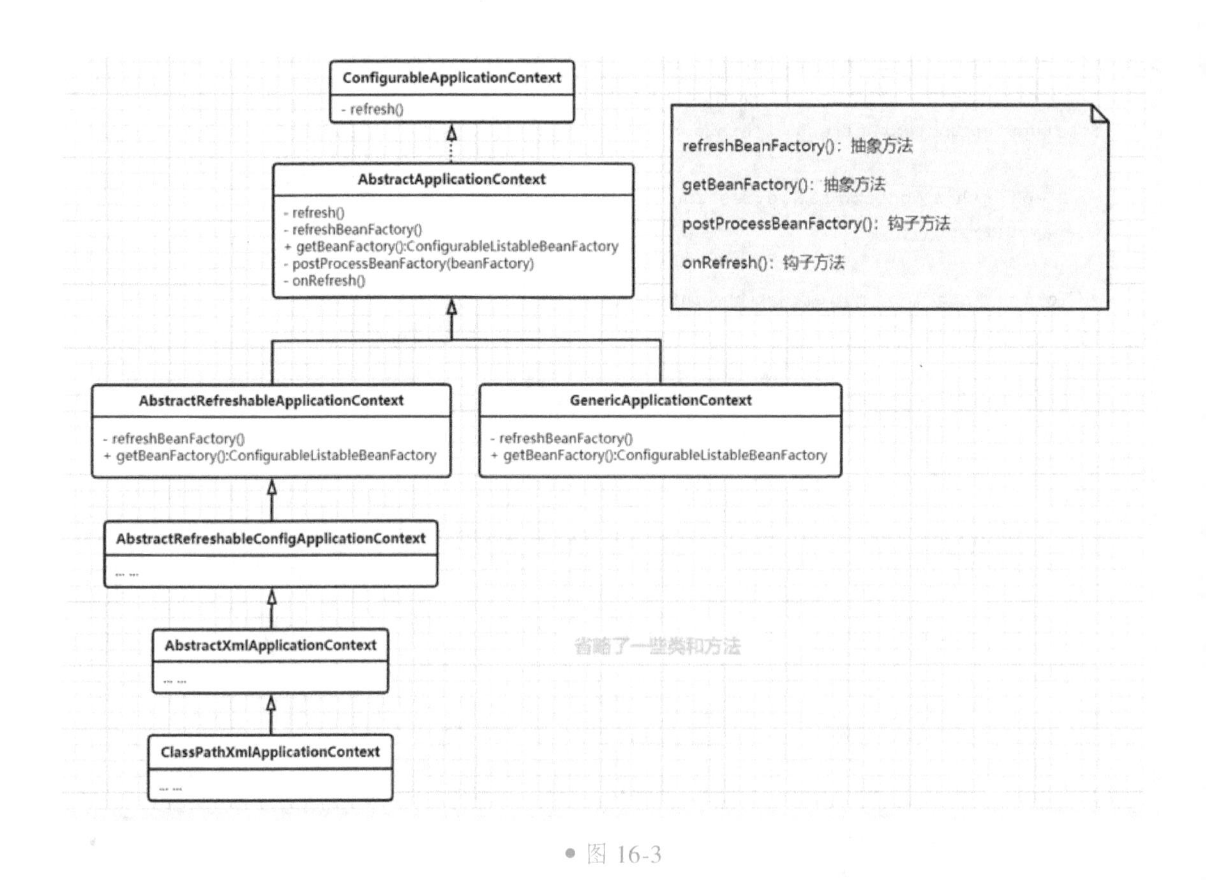

● 图 16-3

16.2.2 在 JDK 中的应用

HttpServlet 的 service 方法，在继承之后可以重写 deGet 和 doPost 方法，也相当于 service 提供了代码模板，代码如下所示。

```
protected void service(HttpServletRequest req, HttpServletResponse resp) throws ServletException,
IOException {
    String method = req.getMethod();
    long lastModified;
    if (method.equals("GET")) {
        lastModified = this.getLastModified(req);
        if (lastModified == -1L) {
            this.doGet(req, resp);
        } else {
            long ifModifiedSince;
            try {
                ifModifiedSince = req.getDateHeader("If-Modified-Since");
} catch (IllegalArgumentException var9) {
                ifModifiedSince = -1L;
```

```
    }

    if (ifModifiedSince < lastModified / 1000L * 1000L) {
        this.maybeSetLastModified(resp, lastModified);
        this.doGet(req, resp);
    } else {
        resp.setStatus(304);
    }
}
```

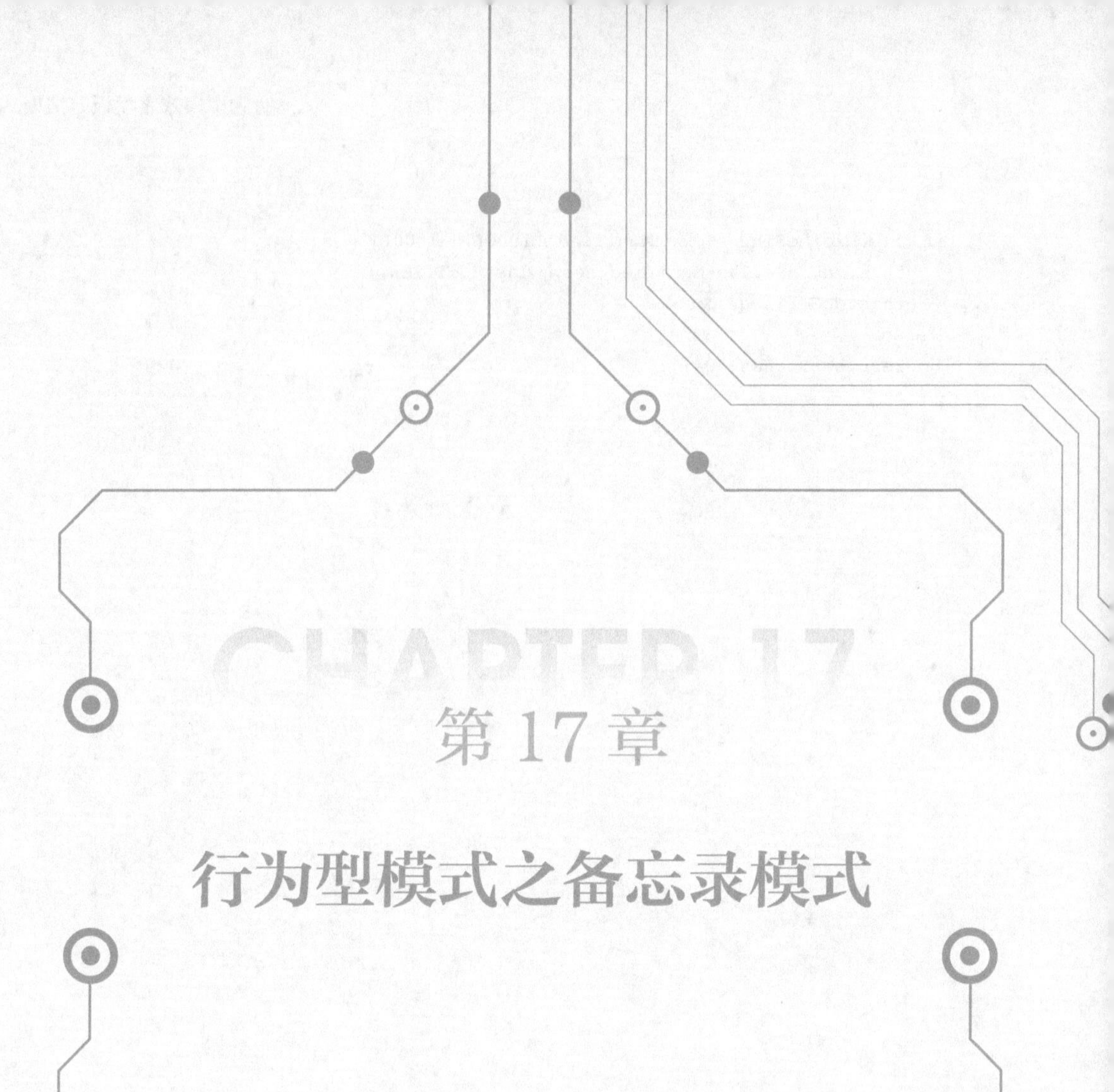

CHAPTER 17

第17章

行为型模式之备忘录模式

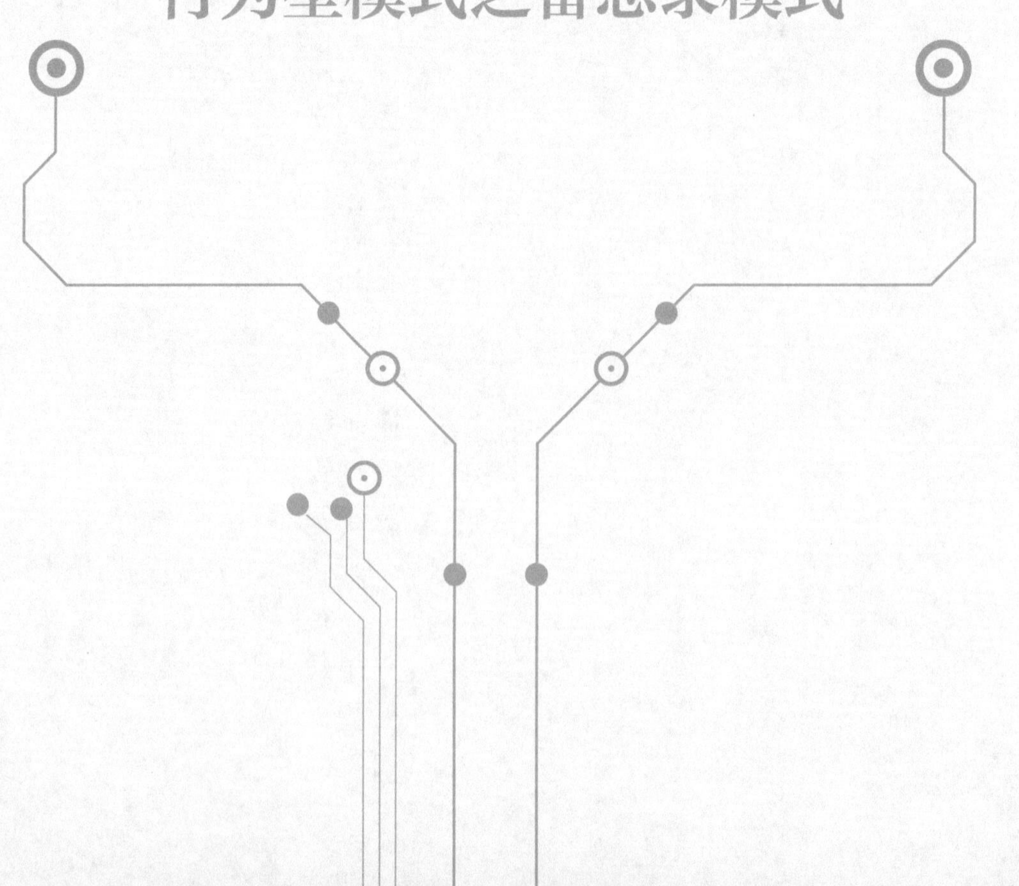

17.1 备忘录模式基本概念

1. 定义

在不破坏封闭的前提下，捕获一个对象的内部状态，并在该对象之外保存这个状态，这样以后就可将该对象恢复到原先保存的状态。

备忘录模式属于行为模式，该模式用于保存对象当前状态，并且在之后可以再次恢复到此状态，这有点像“后悔药”。备忘录模式实现的方式需要保证被保存的对象状态不能被对象外部访问，目的是为了保护好被保存的这些对象状态的完整性，以及内部实现不向外暴露。

2. 使用场景

（1）需要保存一个对象在某一时刻的状态或部分状态。

（2）如果用一个接口来让其他对象得到这些状态，将会暴露对象的实现细节并破坏对象的封装性，一个对象不希望外界直接访问其内部状态，通过中间对象可以间接访问其内部状态。

3. 类图和主要角色

备忘录模式类如图 17-1 所示。

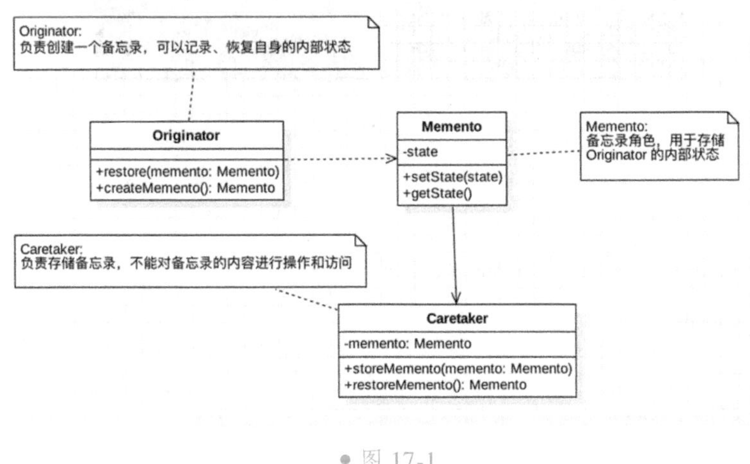

● 图 17-1

备忘录模式涉及 3 个角色：

（1）Originator：负责创建一个备忘录，可以记录、恢复自身的内部状态，同时 Originator 还可以根据需要决定 Memento 存储自身的哪些内部状态。

（2）Memento：备忘录角色，用于存储 Originator 的内部状态，并且可以防止 Originator 以外的对象访问 Memento。

（3）Caretaker：负责存储备忘录，不能对备忘录的内容进行操作和访问，只能够将备忘录传递给其他对象。

4. 备忘录模式可以实现的功能

（1）undo 撤销。

（2）redo 重做。

（3）history 历史记录。

（4）snapshot 快照。

17.2 备忘录方法之记事本

为了不忘记重要的日子，我设计了一个记事本，可以记录重要的日子。

记事本涉及的类，如图 17-2 所示。

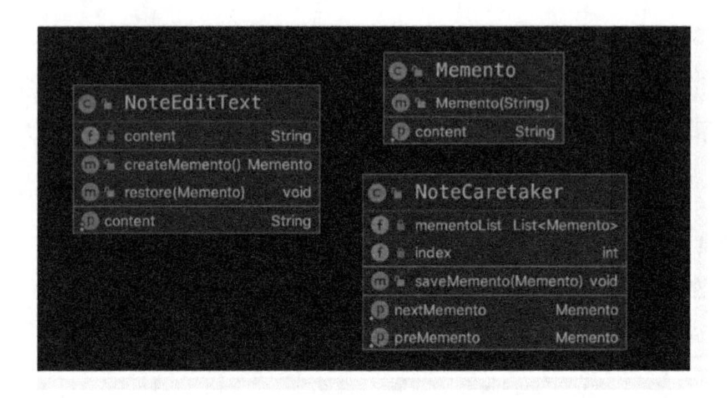

● 图 17-2

1. Memento：备忘录角色

创建一个备忘录角色——备忘录 Memento，代码如下所示。

```
package com.kfit.memento;

/**
 * 创建一个备忘录角色——备忘录
 *
 * @author 悟纤「公众号 SpringBoot」
 * @slogan 大道至简 悟在天成
 */
public class Memento {

    private String content;

    public Memento(String content) {
        this.content = content;
    }
```

```
    public String getContent() {
        return content;
    }
}
```

2. Caretaker：负责存储备忘录

Caretaker：负责存储备忘录，不能对备忘录的内容进行操作和访问，只能够将备忘录传递给其他对象。这里将文本的备份存储即可，代码如下所示。

```
package com.kfit.memento;

import java.util.ArrayList;
import java.util.List;

/**
 * @author 悟纤「公众号 SpringBoot」
 * @slogan 大道至简 悟在天成
 */
public class NoteCaretaker {
    /**
     * 备忘录集合,可以多次进行回退。
     */
    private List<Memento>mementoList = new ArrayList<>();

    /**
     * 存档位置
     */
    private int index = 0;

    /**
     * 保存备忘录到记录列表中
     */
    public void saveMemento(Memento memento){
        mementoList.add(memento);
        index = mementoList.size() -1;
    }

    /**
     * 获取上一个备忘录
     */
    public Memento getPreMemento(){
        index = index>0? --index:index;
        Memento memento = mementoList.get(index);
        return memento;
    }

    /**
```

```
     * 获取下一个备忘录
     */
    public Memento getNextMemento(){
        index = index > (mementoList.size()-1)? index: mementoList.size()-1;
        Memento memento = mementoList.get(index);
        return memento;
    }
}
```

3. Originator：负责创建一个备忘录

Originator：负责创建一个备忘录，可以记录、恢复自身的内部状态。同时 Originator 还可以根据需要，决定 Memento 存储自身的哪些内部状态。这里由具体的编辑器负责该动作 NoteEditText，代码如下所示。

```
package com.kfit.memento;

/**
 * @author 悟纤「公众号 SpringBoot」
 * @slogan 大道至简 悟在天成
 */
public class NoteEditText {
    private String content;

    public String getContent() {
        return content;
    }

    public void setContent(String content) {
        this.content = content;
        System.out.println("写入的内容是:"+content);
    }

    /**
     * 创建一个备忘录,这里对外部使用者是不可见的,用户并不知道存储了什么数据。
     * @return
     */
    public Memento createMemento(){
        Memento memento = new Memento(content);
        return memento;
    }

    /**
     * 还原数据
     * @param memento
     */
    public void restore(Memento memento ){
```

```
        this.setContent(memento.getContent());
    }

}
```

4. Client：测试类

到这里就可以进行测试了，代码如下所示。

```
package com.kfit.memento;

/**
 *
 * @author 悟纤「公众号 SpringBoot」
 * @slogan 大道至简 悟在天成
 */
public class Client {
    public static void main(String[] args) {
        //定义记事本
        NoteEditText noteEditText = new NoteEditText();

        //负责管理记事本的对象
        NoteCaretaker noteCaretaker = new NoteCaretaker();

        //写记事本
        noteEditText.setContent("3月10日,第一次相识的日子");
        //保存状态
        noteCaretaker.saveMemento(noteEditText.createMemento());

        //继续写…
        noteEditText.setContent("6月10日,我们在一起的日子");
        //保存状态
        noteCaretaker.saveMemento(noteEditText.createMemento());

        //写错了要撤销一下
        noteEditText.restore(noteCaretaker.getPreMemento());
    }
}
```

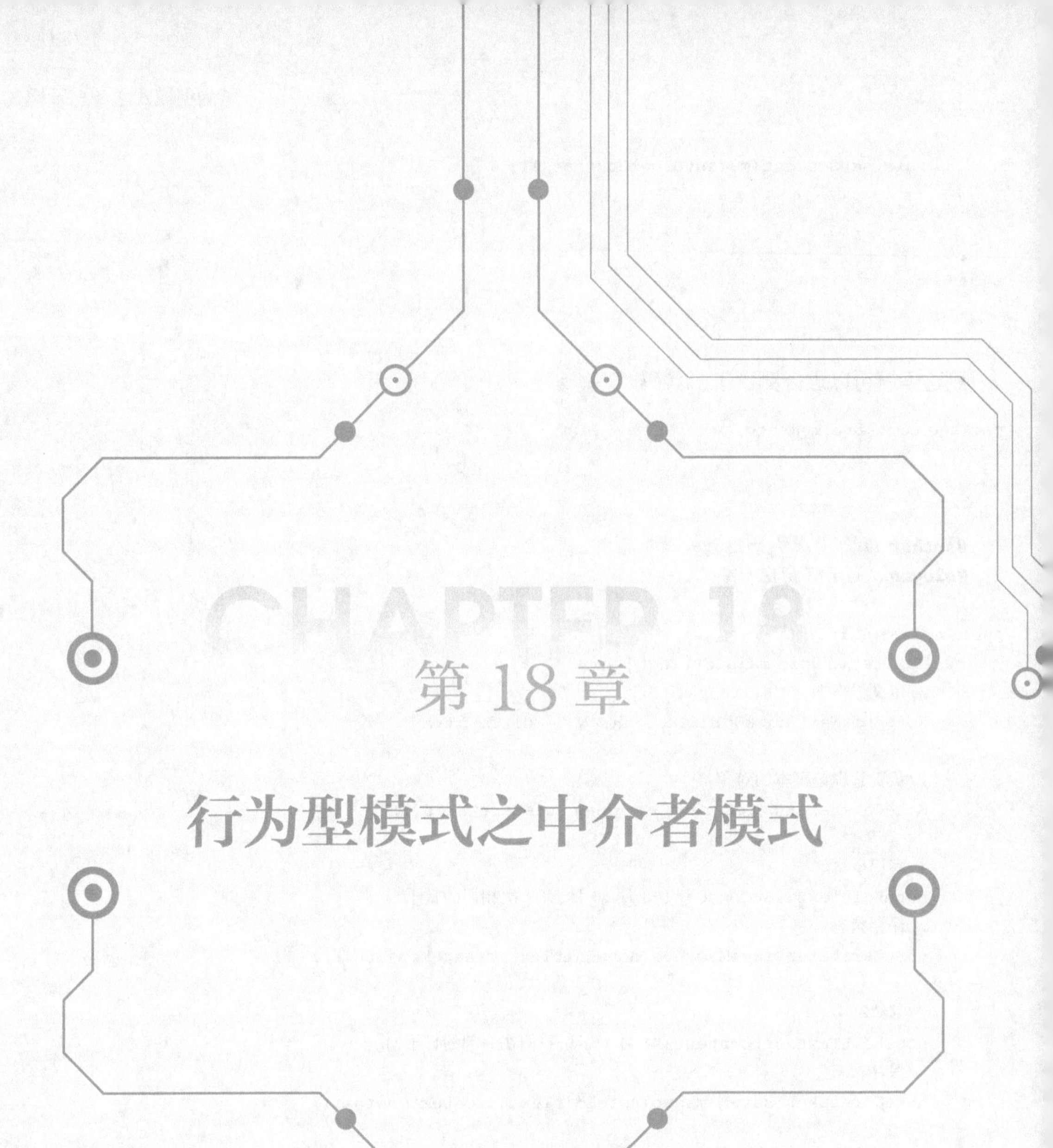

CHAPTER 18

第 18 章

行为型模式之中介者模式

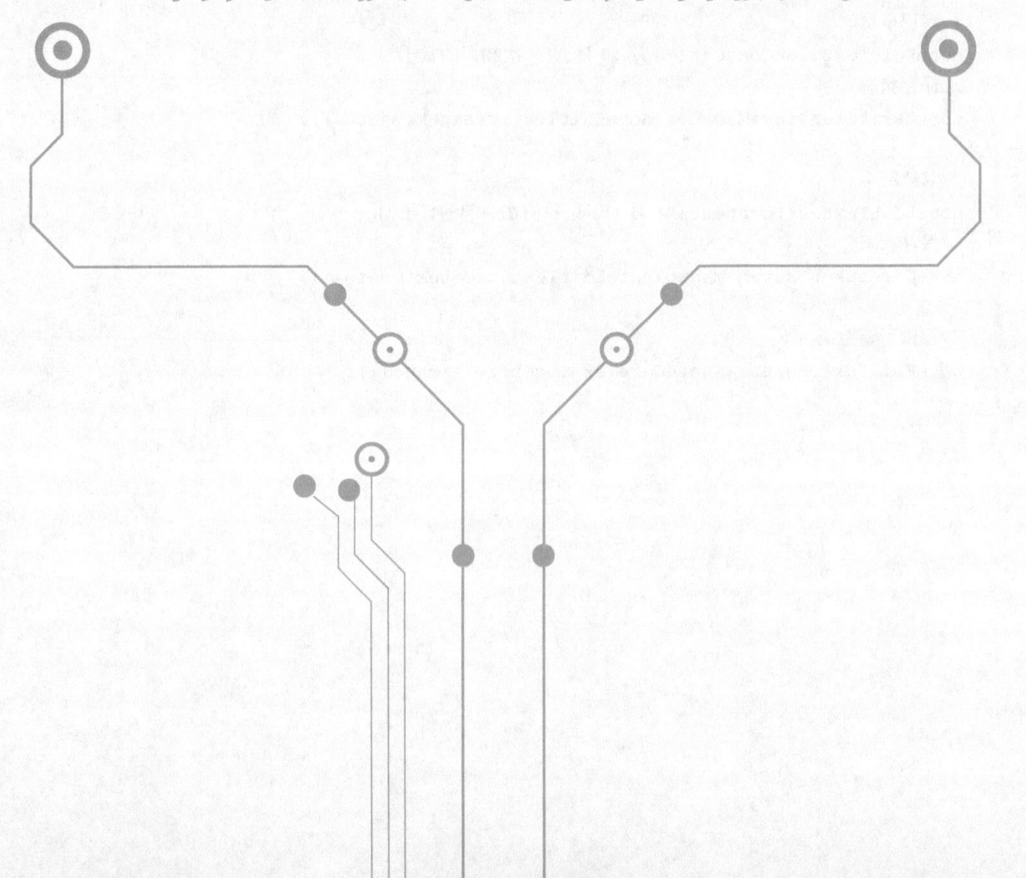

18.1 中介者模式基本概念

大家都知道租房需要找中介，中介者模式和租房的中介是否有关系呢？可以说有点关系，中介者模式是用来降低多个对象和类之间的通信复杂性。这种模式提供了一个中介类，这个类用来处理不同类之间的通信。租房中介也是这个道理，负责与各个房东和租户之间的通信，将多对多简化成了一对多的关系。

1. 定义

中介者模式（Mediator），也叫作调停者模式，用一个中介对象来封装一系列的对象交互。中介者模式使各对象不需要显式的相互引用，从而使其耦合松散，而且可以独立地改变它们之间的交互。

2. 中介者模式解决的问题

实际开发过程中可能存在许多对象多对多的关系，如果对象直接持有其依赖对象的引用，会造成关系混乱且难以维护，如图 18-1 所示。

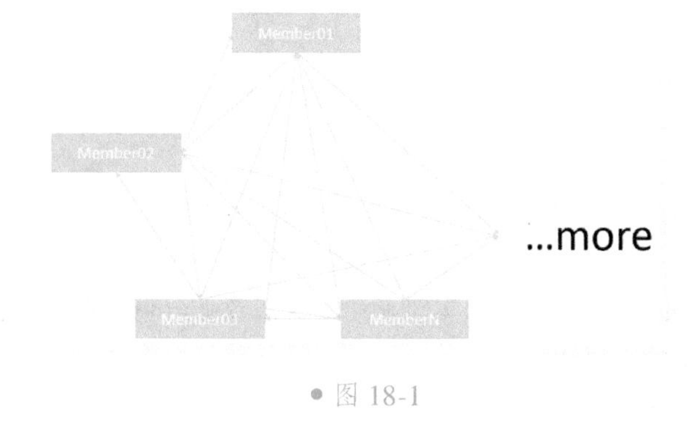

● 图 18-1

中介者模式把这种复杂的关联关系抽离出来，使用一个中介者统一管理，网状结构转换为星形结构，如图 18-2 所示。

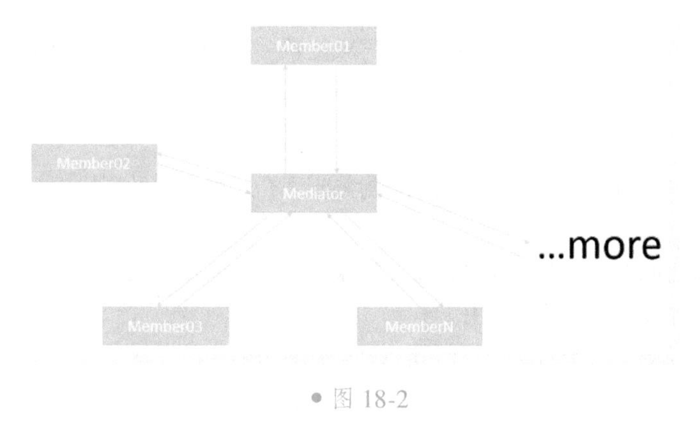

● 图 18-2

3. 类图和主要角色

中介者模式类，如图 18-3 所示。

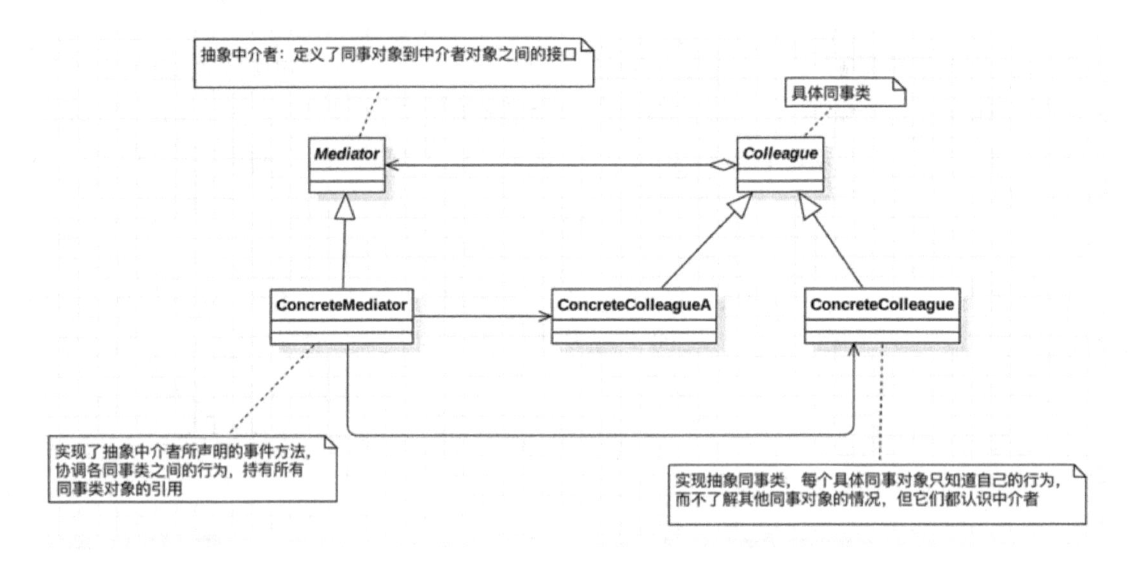

● 图 18-3

中介者模式涉及 4 个角色：

（1）抽象中介者（Mediator）：抽象中介者角色定义统一的接口，以及一个或者多个事件方法，用于各同事角色之间的通信。

（2）具体中介者（ConcreteMediator）：实现了抽象中介者所声明的事件方法，协调各同事类之间的行为，持有所有同事类对象的引用。

（3）抽象同事类（Colleague）：定义了抽象同事类，持有抽象中介者对象的引用。

（4）具体同事类（ConcreteColleague）：继承抽象同事类，实现自己的业务通过中介者跟其他同事类进行通信。

4. 使用场景

（1）系统中的对象间存在较为复杂的引用，导致依赖关系和结构混乱而无法复用的情况。

（2）想通过一个中间类来封装多个类的行为，但是又不想要太多的子类。

5. 优点

（1）松散耦合将多个对象之间的联系紧耦合封装到中介对象中，做到松耦合，不会导致牵一发而动全身。

（2）将多个对象之间的交互联系集中在中介对象中，发生变化时仅需修改中介对象即可，提供系统的灵活性，使同事对象独立而易于复用。

（3）符合迪米特原则，一个对象应当对其他对象有尽可能少的了解。

6. 缺点

当各个同事间的交互非常多并且非常复杂时，如果都交给中介者处理，会导致中介者变得十分复杂，不易维护和管理。

18.2 中介者模式之邮局传情

20世纪90年代想给对方传递信息，还是通过写信的方式。邮局专门收发邮件，发邮件的人需要将邮件投递到邮局的邮件箱，邮递员会将邮件箱的邮件转到要邮寄的城市，然后转给收件人。

1. 分析

在这例子中，邮局就相当于一个中介者。A将信件给邮局，邮递员将信件送给B，B要给A回信息也同样需要经过邮局。接下来看一下这个业务场景通过代码怎样体现。

2. 类图

看一下最终实现的类图，如图18-4所示，包括邮局接口PostOffice、邮局实现类PostOfficeImpl、人抽象类People、人实现类Me和You。

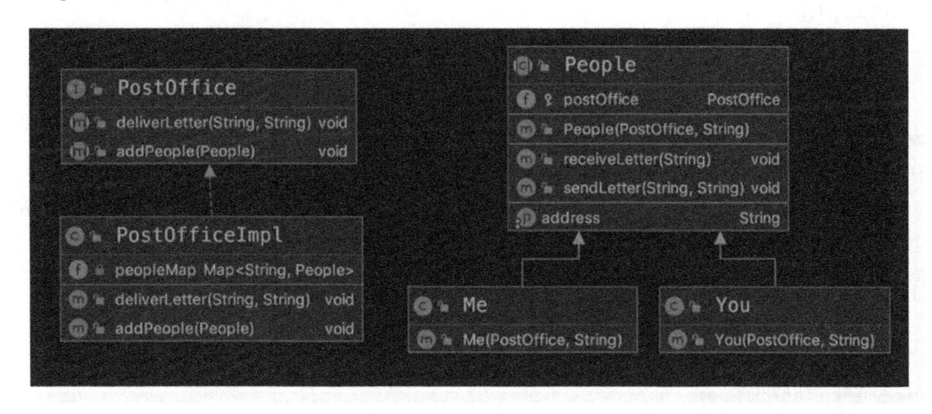

● 图18-4

3. 抽象中介者（Mediator）

抽象中介者（Mediator）：抽象中介者角色定义统一的接口，以及一个或者多个事件方法，用于各同事角色之间的通信。在这个例子中，充当中介的就是邮局PostOffice，代码如下所示。

```
package com.kfit.mediator;

/**
 * 邮寄抽象类
 * @author 悟纤「公众号 SpringBoot」
 * @slogan 大道至简 悟在天成
 */
public interface PostOffice {
    /**
     * 送信
     * @param letter：信的内容
```

```
     * @param receiver: 接收者
     */
    void deliverLetter(String letter, String receiver);

    void addPeople(People people);
}
```

4. 具体中介者（ConcreteMediator）

具体中介者（ConcreteMediator）：实现了抽象中介者所声明的事件方法，协调各同事类之间的行为，持有所有同事类对象的引用。在这个例子中，具体的实现就是怎样收发邮件 PostOfficeImpl，代码如下所示。

```
package com.kfit.mediator;

import java.util.HashMap;
import java.util.Map;

/**
 *
 * @author 悟纤「公众号 SpringBoot」
 * @slogan 大道至简 悟在天成
 */
public class PostOfficeImpl implements  PostOffice {

    private Map<String,People>peopleMap = new HashMap<>();

    /**
     * 送信,要送给相应的人
     * @param letter: 信的内容
     * @param receiver: 接收者
     */
    @Override
    public void deliverLetter(String letter, String receiver) {
        System.out.println("=>收信:邮局收到要寄的信");
        People people = peopleMap.get(receiver);
        System.out.println("=>送信:拿出地址本查询收信人地址是:" + people.getAddress() + ",送信");
        System.out.println("=>收信人看信:");
        people.receiveLetter(letter);
    }

    @Override
    public void addPeople(People people) {
        peopleMap.put(people.getClass().getSimpleName(), people);
    }
}
```

5. 抽象同事类（Colleague）

抽象同事类（Colleague）：定义了抽象同事类，持有抽象中介者对象的引用。在这个例子中的我和你属于人抽象类，代码如下所示。

```
package com.kfit.mediator;

/**
 * @author 悟纤「公众号 SpringBoot」
 * @slogan 大道至简 悟在天成
 */
public abstract class People {
    protected PostOffice postOffice;

    public String getAddress() {
        return address;
    }

    /**
     * 收到信
     * @param letter
     */
    public void receiveLetter(String letter) {
        System.out .println(letter);
    }

    /**
     * 发送信
     * @param letter
     * @param receiver
     */
    public void sendLetter(String letter, String receiver) {
        postOffice.deliverLetter(letter, receiver);
    }

    public void setAddress(String address) {
        this.address = address;
    }

    private String address;

    public People(PostOffice postOffice, String address) {
        this.postOffice = postOffice;
        this.address = address;
    }


}
```

6. 具体同事类（ConcreteColleague）

具体同事类（ConcreteColleague）：继承抽象同事类，实现自己的业务，通过中介者跟其他同事类进行通信。在这个例子中我和你就是具体的实现，这里由抽象类统一实现，没有特殊部分。

我（Me）的代码如下所示。

```
package com.kfit.mediator;

/**
 * @author 悟纤「公众号 SpringBoot」
 * @slogan 大道至简 悟在天成
 */
public class Me extends People{
    public Me(PostOffice postOffice, String address) {
        super(postOffice, address);
    }
}
```

你（You）的代码如下所示。

```
package com.kfit.mediator;

/**
 * @author 悟纤「公众号 SpringBoot」
 * @slogan 大道至简 悟在天成
 */
public class You extends People{
    public You(PostOffice postOffice, String address) {
        super(postOffice, address);
    }
}
```

7. 测试

编写一个测试类 Client，代码如下所示。

```
package com.kfit.mediator;

/**
 * @author 悟纤「公众号 SpringBoot」
 * @slogan 大道至简 悟在天成
 */
public class Client {
    public static void main(String[] args) {
        //创建邮局
        PostOffice postOffice = new PostOfficeImpl();

        //创建我和你
        People me = new Me(postOffice,"在地球南边");
```

```
        People you = new You(postOffice,"在地球北边");

        //添加到邮局-人和邮局建立联系
        postOffice.addPeople(me);
        postOffice.addPeople(you);


        //可以发情书了:
        me.sendLetter("窈窕淑女,君子好逑", "You");

        //回信
        System.out.println();
        you.sendLetter("我喜欢你因为你喜欢我", "You");

        //太激动了
        System.out.println();
        me.sendLetter("你是我的唯一,我想守护你一辈子", "You");

    }
}
```

运行代码，查看执行结果，如图 18-5 所示。

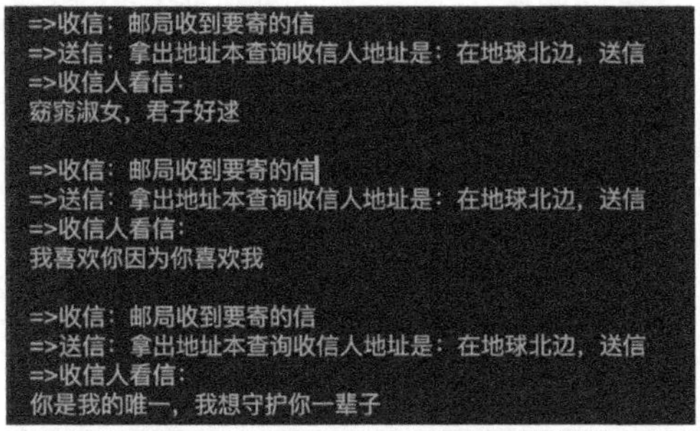

```
=>收信：邮局收到要寄的信
=>送信：拿出地址本查询收信人地址是：在地球北边，送信
=>收信人看信：
窈窕淑女，君子好逑

=>收信：邮局收到要寄的信
=>送信：拿出地址本查询收信人地址是：在地球北边，送信
=>收信人看信：
我喜欢你因为你喜欢我

=>收信：邮局收到要寄的信
=>送信：拿出地址本查询收信人地址是：在地球北边，送信
=>收信人看信：
你是我的唯一，我想守护你一辈子
```

● 图 18-5

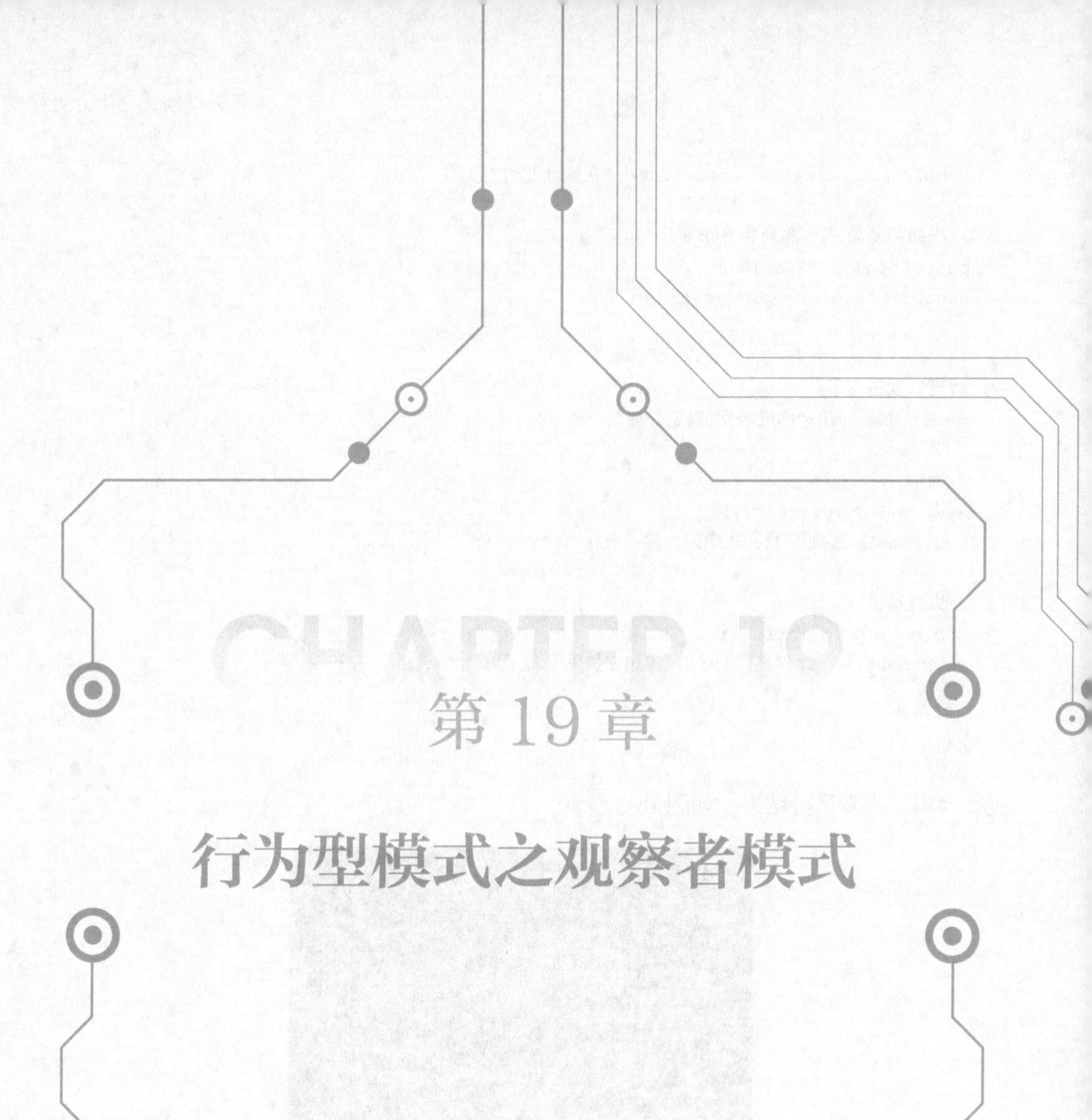

CHAPTER 19

第19章

行为型模式之观察者模式

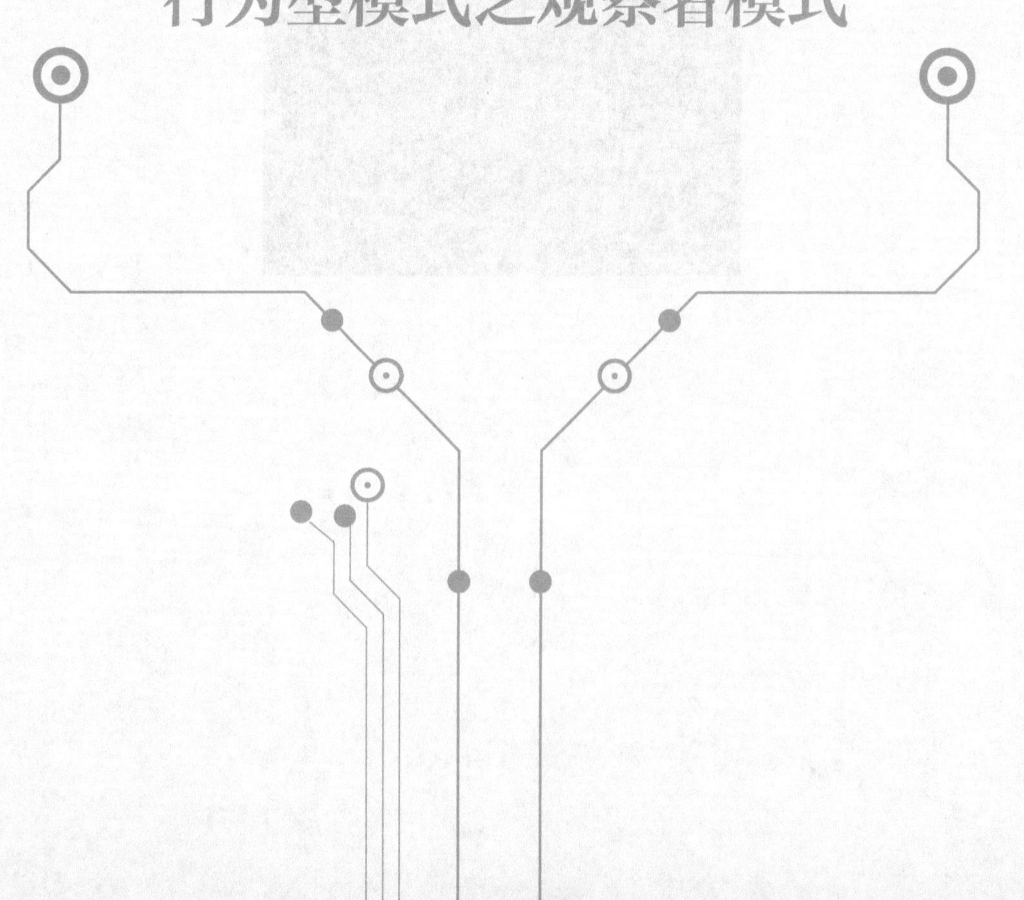

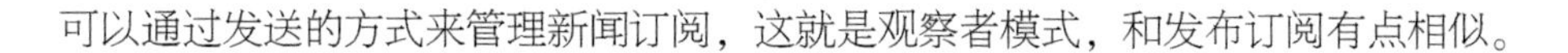

可以通过发送的方式来管理新闻订阅，这就是观察者模式，和发布订阅有点相似。

19.1 观察者模式（Observer）基本概念

观察者模式就像一个聊天室，当需要收到聊天室的消息时，就注册成为聊天室的成员，当聊天室有信息更新时，就会传给你。当不需要接收聊天室的信息时，可以注销掉，退出聊天室。

例如天气观测站和气象报告板的关系。气象报告板要获取观测站的数据，可以加入到观测站的观察者列表中，当观测站的数据更新时，自动传给气象报告板。

1. 定义

观察者模式（Observer Pattern）定义了一种一对多的依赖关系，让多个观察者对象同时监听某一个主题对象，这个主题对象在状态发生变化时，会通知所有观察者对象，使它们能够自动更新自己。

2. 类图和主要角色

观察者模式类图，如图 19-1 所示。

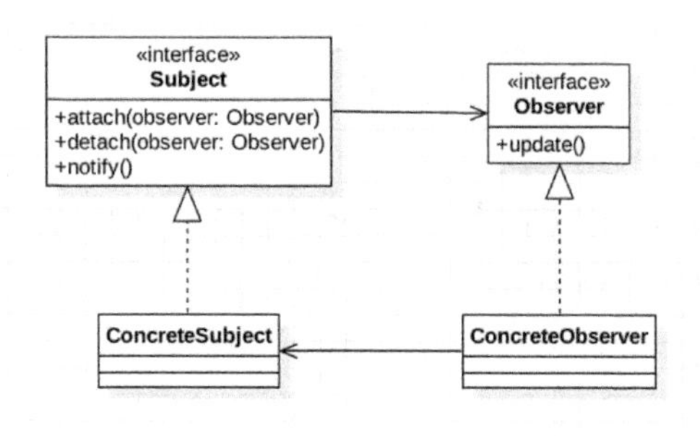

● 图 19-1

观察者模式涉及 4 个角色：

（1）抽象观察者角色（Observer）：为所有的具体观察者定义一个接口，在得到主题通知时更新自己。

（2）具体观察者角色（ConcreteObserver）：实现抽象观察者角色所需要的更新接口，以便使本身的状态与主题的状态相协调。

（3）抽象被观察者角色（Subject）：也就是一个抽象主题，把所有对观察者对象的引用保存在一个集合中，每个主题可以有任意数量的观察者。抽象主题提供一个接口，可以增加和删除观察者角色，一般用一个抽象类和接口来实现。

（4）具体被观察者角色（ConcreteSubject）：也就是一个具体主题，在具体主题的内部状态改变时，向所有登记过的观察者发出通知。

19.2 观察者模式之订阅新闻

1. 类图

订阅新闻的类图，如图 19-2 所示，包括新闻观察者 NewsObserver 接口、新闻观察者具体实现 Sister 和 GirlFriend、被观察者角色 NewsSubect 接口、具体被观察者角色 Me。

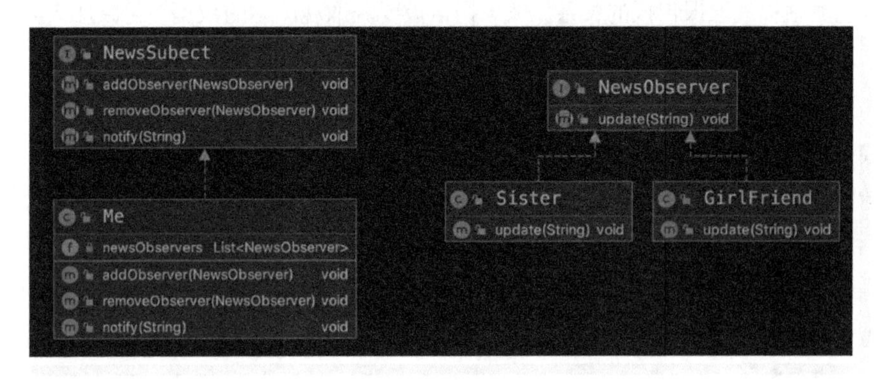

● 图 19-2

2. 抽象观察者角色（Observer）

抽象观察者角色（Observer）：为所有的具体观察者定义一个接口，在得到主题通知时更新自己。在这个例子中就是新闻观察者 NewsObserver，代码如下所示。

```
package com.kfit.observer.news;

/**
 * 新闻观察者
 *
 * @author 悟纤「公众号 SpringBoot」
 * @slogan 大道至简 悟在天成
 */
public interface NewsObserver {
    void update(String msg);
}
```

3. 具体观察者角色（ConcreteObserver）

具体观察者角色（ConcreteObserver）：实现抽象观察者角色所需要的更新接口，以便使本身的状态与制图的状态相协调。在这个例子中就是 GirlFriend 和 Sister。

具体观察者角色 GirlFriend 的代码如下：

```
package com.kfit.observer.news;

/**
```

```
 * 具体观察者角色
 * @author 悟纤「公众号 SpringBoot」
 * @date 2020-12-03
 * @slogan 大道至简 悟在天成
 */
public class GirlFriend implements NewsObserver {
    @Override
    public void update(String msg) {
        System.out.println("女朋友接收到信息:"+msg);
    }
}
```

具体观察者角色 Sister 的代码如下：

```
package com.kfit.observer.news;

/**
 * 具体观察者角色
 * @author 悟纤「公众号 SpringBoot」
 * @date 2020-12-03
 * @slogan 大道至简 悟在天成
 */
public class Sister implements NewsObserver {
    @Override
    public void update(String msg) {
        System.out.println("妹妹接收到信息:"+msg);
    }
}
```

4. 抽象被观察者角色（Subject）

抽象被观察者角色（Subject）：也就是一个抽象主题，它把所有对观察者对象的引用保存在一个集合中，每个主题可以有任意数量的观察者。抽象主题提供一个接口，可以增加和删除观察者角色，一般用一个抽象类和接口来实现。在这个例子中就是新闻主题 NewsSubject 接口，代码如下所示。

```
package com.kfit.observer.news;

import java.util.Observer;

/**
 * 新闻主题抽象
 *
 * @author 悟纤「公众号 SpringBoot」
 * @slogan 大道至简 悟在天成
 */
public interface NewsSubject {
    void addObserver(NewsObserver newsObserver);
```

```
    void removeObserver(NewsObserver newsObserver);
    void notify(String msg);
}
```

5. 具体被观察者角色（ConcreteSubject）

具体被观察者角色（ConcreteSubject）：也就是一个具体主题，在具体主题的内部状态改变时，所有登记过的观察者发出通知。这个例子就是收集消息后，将信息通知到各个观察者，代码如下所示。

```
package com.kfit.observer.news;

import java.util.ArrayList;
import java.util.List;

/**
 * @author 悟纤「公众号 SpringBoot」
 * @slogan 大道至简 悟在天成
 */
public class Me implements NewsSubject {
    private  List<NewsObserver>newsObservers = new ArrayList<>();

    @Override
    public void addObserver(NewsObserver newsObserver) {
        newsObservers.add(newsObserver);
    }

    @Override
    public void removeObserver(NewsObserver newsObserver) {
        newsObservers.remove(newsObserver);
    }


    @Override
    public void notify(String msg) {
        for(NewsObserver newsObserver:newsObservers){
            newsObserver.update(msg);
        }
    }
}
```

6. 测试

编写测试代码 Client，代码如下所示。

```
package com.kfit.observer.news;

/**
 * 测试观察者模式
```

```
 * @author 悟纤「公众号 SpringBoot」
 * @slogan 大道至简 悟在天成
 */
public class Client {
    public static void main(String[ ] args) {
        //我准备一下
        NewsSubject me = new Me();

        //女朋友、妹妹
        NewsObserver girlFriend = new GirlFriend();
        NewsObserver sister = new Sister();

        //添加到观察者列表中
        me.addObserver(girlFriend);
        me.addObserver(sister);

        //我找到了一条新闻…
        me.notify("今年北京大学校花出炉,很像某位明星");

        //妹妹说,最近事情很多,没时间看了,就不要发给我了
        me.removeObserver(sister);

        //我找到了一条新闻
        System.out .println();
        me.notify("老奶奶过马路到底要不要扶");
    }
}
```

运行代码，查看执行结果，如图 19-3 所示。

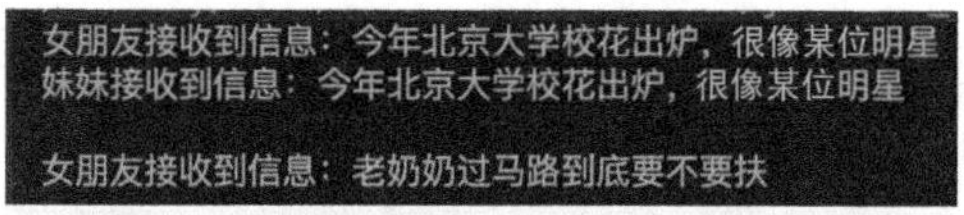

```
女朋友接收到信息：今年北京大学校花出炉，很像某位明星
妹妹接收到信息：今年北京大学校花出炉，很像某位明星

女朋友接收到信息：老奶奶过马路到底要不要扶
```

● 图 19-3

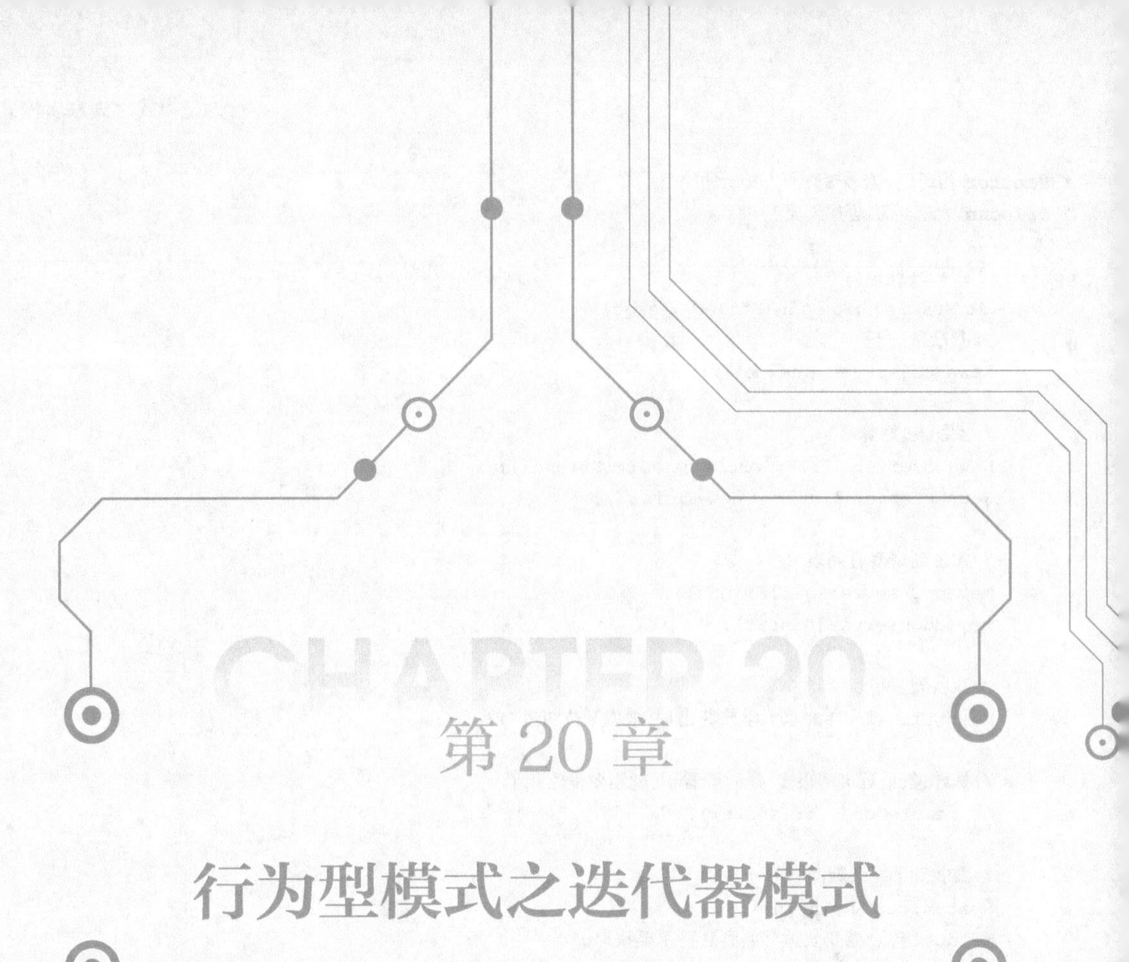

CHAPTER 20

第 20 章

行为型模式之迭代器模式

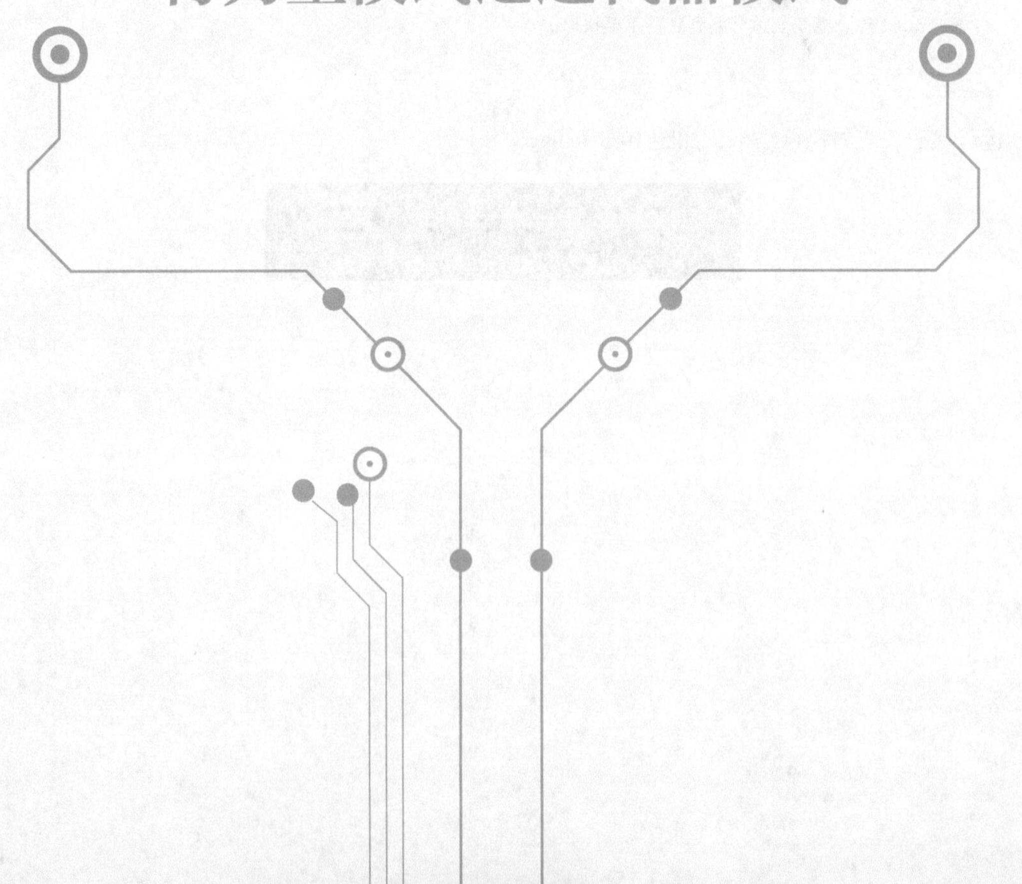

20.1 迭代器模式

如果要问 Java 中使用最多的一种模式，答案不是单例模式，也不是工厂模式，更不是策略模式，而是迭代器模式，来看一段代码：

```
import java.util.ArrayList;
import java.util.Iterator;
import java.util.List;

/**
 * 测试 Iterator
 *
 * @author 悟纤「公众号 SpringBoot」
 * @slogan 大道至简 悟在天成
 */
public class Test {
    public static void main(String[] args) {
        List<String> list = new ArrayList<>();
        list.add("张三");
        list.add("李四");
        list.add("王五");

        //获取迭代器
        Iterator<String> iterator = list.iterator();
        while(iterator.hasNext()){
            String str = iterator.next();
            System.out .println(str);
        }
    }
}
```

这个方法的作用是循环打印一个字符串集合，里面就用到了迭代器模式，Java 语言已经完整地实现了迭代器模式，Iterator 翻译成中文就是迭代器的意思。

迭代器与集合相关，集合也叫作聚集、容器等，可以将集合看成是一个可以包容对象的容器，例如 List、Set、Map，甚至数组都可以叫作集合，而迭代器的作用就是把容器中的对象一个个遍历出来。

20.2 迭代器模式基本概念

1. 定义

迭代器模式（Iterator）提供一种方法顺序访问一个聚合对象中的各个元素，而不是暴露其内部的表示。

2. 类图和主要角色

迭代器模式的类图，如图 20-1 所示。

迭代器涉及 4 个角色：

（1）抽象迭代器（Iterator）：定义了访问和遍历元素的接口，然后在其子类中实现这些方法。

（2）具体迭代器（ConcreteIterator）：实现抽象迭代器接口，完成对集合对象的遍历。同时对遍历时的位置进行跟踪。

（3）抽象聚合类（Aggregate）：用于存储对象，创建相应的迭代器对象的接口。它带有一个 iterator( ) 方法，用于创建迭代器对象。

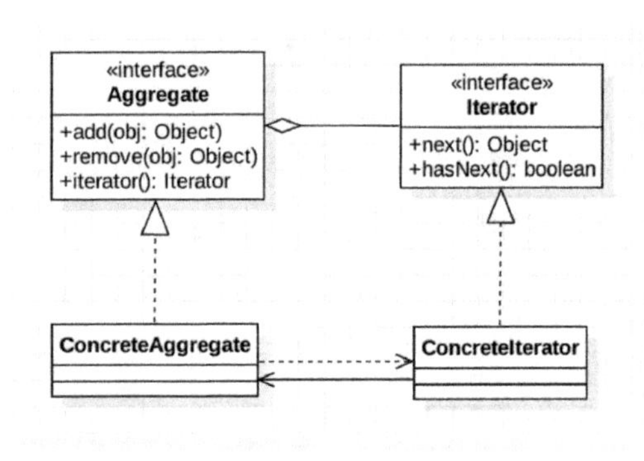

● 图 20-1

（4）具体聚合类（ConcreteAggregate）：用于实现创建相应的迭代器对象的接口，以及 iterator( ) 方法，并且返回与该具体聚合相对应的具体迭代器 ConcreteIterator 实例。

20.3 为什么需要迭代器

1. 定义一个容器接口

定义一个容器接口 MyContainer，代码如下所示。

```
package com.kfit.iterator.v1;

/**
 * 定义一个容器:容器的基本操作
 *
 * @author 悟纤「公众号 SpringBoot」
 * @slogan 大道至简 悟在天成
 */
public interface MyContainer {
    void add(Object obj);
    void remove(Object obj);
}
```

2. 具体的容器实现

在这里使用底层的 List 来编写一个容器 ListContainer，代码如下所示。

```
package com.kfit.iterator.v1;

import java.util.ArrayList;
import java.util.List;

/**
```

```
 * list 列表操作的容器
 * @author 悟纤「公众号 SpringBoot」
 * @slogan 大道至简 悟在天成
 */
public class ListContainer implements  MyContainer{
    private List<Object>list = new ArrayList<>();
    @Override
    public void add(Object obj) {
        list.add(obj);
    }

    @Override
    public void remove(Object obj) {
        list.remove(obj);
    }

}
```

编写个客户端来看一下基本的操作，代码如下所示。

```
package com.kfit.iterator.v1;


/**
 * @author 悟纤「公众号 SpringBoot」
 * @date 2020-12-03
 * @slogan 大道至简 悟在天成
 */
public class Client {
    public static void main(String[] args) {
        ListContainer listContainer = new ListContainer();
        listContainer.add("张三");
        listContainer.add("李四");

        /**
         * (1)对数据进行遍历,需要暴露 List 才能进行遍历或者 Set 集合
         * (2)即使暴露了,使用者也需要了解 List 和 Set 不同数据结构的遍历方式(假设 jdk 没有实现迭代器模式)
         */
    }
}
```

此时如果要遍历容器中的数据，最简单的方式就是提供一个 getList 的方法，让客户对 List 进行遍历，这个方式的缺点就是暴露了底层数据的表示。

另外在 Java 中，对于数据的存储有 List、Set、Map 等，如果每个使用者需要了解这个数据结构，那么使用起来就没有标准了。

所以对于数据的遍历就是使用迭代器模式，对于批量数据的遍历能够进行标准化。

20.4 迭代器模式之数据迭代标准化

1. 类图

如图 20-2 所示，迭代器模式实现的最终类图包括：容器接口 MyContainer、容器的具体实现类 ListContainer、迭代器接口 MyIterator、迭代器实现类 MyIteratorImpl。

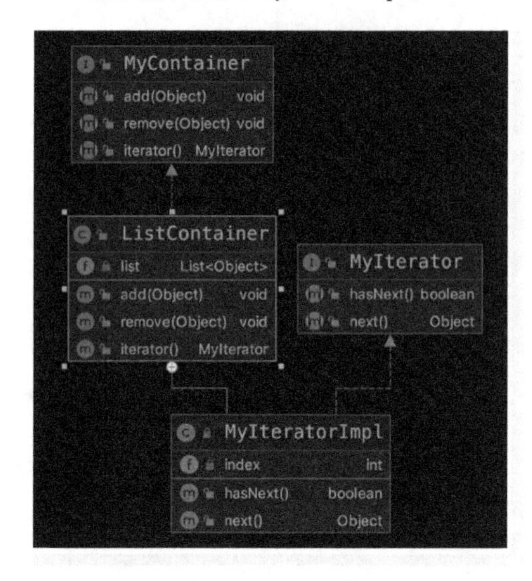

● 图 20-2

2. 抽象迭代器（Iterator）

抽象迭代器（Iterator）：定义了访问和遍历元素的接口，然后在其子类中实现这些方法，代码如下所示。

```
package com.kfit.iterator.v2;

/**
 * 迭代器接口
 * @author 悟纤「公众号 SpringBoot」
 * @slogan 大道至简 悟在天成
 */
public interface MyIterator {
    boolean hasNext();
    Object next();
}
```

3. 抽象聚合类（Aggregate）

抽象聚合类（Aggregate）：主要用于存储对象，创建相应的迭代器对象的接口。它带有一个

iterator( )方法，用于创建迭代器对象，代码如下所示。

```
/**
 * 定义一个容器:容器的基本操作
 * @author 悟纤「公众号 SpringBoot」
 * @slogan 大道至简 悟在天成
 */
public interface MyContainer {
    void add(Object obj);
    void remove(Object obj);
    MyIterator iterator();
}
```

4. 具体聚合类（ConcreteAggregate）和具体迭代器（ConcreteIterator）

（1）具体聚合类（ConcreteAggregate）：实现创建相应的迭代器对象的接口，实现 iterator( )方法，并且返回与该具体聚合相对应的具体迭代器 ConcreteIterator 实例。

（2）具体迭代器（ConcreteIterator）：实现抽象迭代器接口，完成对集合对象的遍历。同时对遍历时的位置进行跟踪。

这里使用内部类的方式进行实现，代码如下所示。

```
import javax.swing.* ;
import java.util.ArrayList;
import java.util.Iterator;
import java.util.List;

/**
 * list 列表操作的容器
 * @author 悟纤「公众号 SpringBoot」
 * @slogan 大道至简 悟在天成
 */
public class ListContainer implements MyContainer{
    private List<Object>list = new ArrayList<>();
    @Override
    public void add(Object obj) {
        list.add(obj);
    }

    @Override
    public void remove(Object obj) {
        list.remove(obj);
    }

    @Override
```

```java
    public MyIterator iterator() {
        return new MyIteratorImpl();
    }

    private class MyIteratorImpl implements MyIterator{
        private int index = 0;
        @Override
        public boolean hasNext() {
            return index>=list.size()? false:true;
        }

        @Override
        public Object next() {
            Object obj = list.get(index);
            index++;
            return obj;
        }
    }

}
```

编写测试类 Client 对代码进行测试，代码如下所示。

```java
package com.kfit.iterator.v2;

/**
 * @author 悟纤「公众号 SpringBoot」
 * @slogan 大道至简 悟在天成
 */
public class Client {
    public static void main(String[] args) {
        ListContainer listContainer = new ListContainer();
        listContainer.add("张三");
        listContainer.add("李四");


        MyIterator iterator = listContainer.iterator();
        while (iterator.hasNext()){
            System.out .println(iterator.next());
        }
    }
}
```

20.5 JDK 中的迭代器

在 JDK 源码中，集合类基本使用了迭代器模式进行数据的遍历。

迭代器 Iterator，如图 20-3 所示。

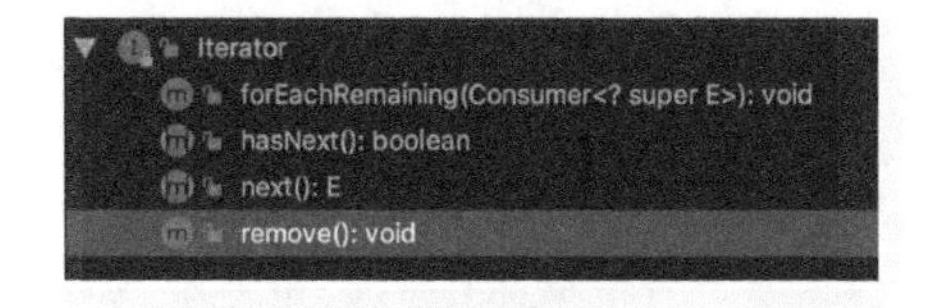

● 图 20-3

在 ArrayList 中对数据的迭代，代码如下所示。

```
public Iterator<E>iterator() {
    return new Itr();
}

/**
 * An optimized version of AbstractList.Itr
 */
private class Itr implements Iterator<E> {
    int cursor;       // index of next element to return
    int lastRet = -1; // index of last element returned; -1 if no such
    int expectedModCount = modCount;

    Itr() {}

    public boolean hasNext() {
        return cursor != size;
    }
```

在 HashSet 中对数据的迭代，代码如下所示。

```
public Iterator<E>iterator() {
    return map.keySet().iterator();
    }
```

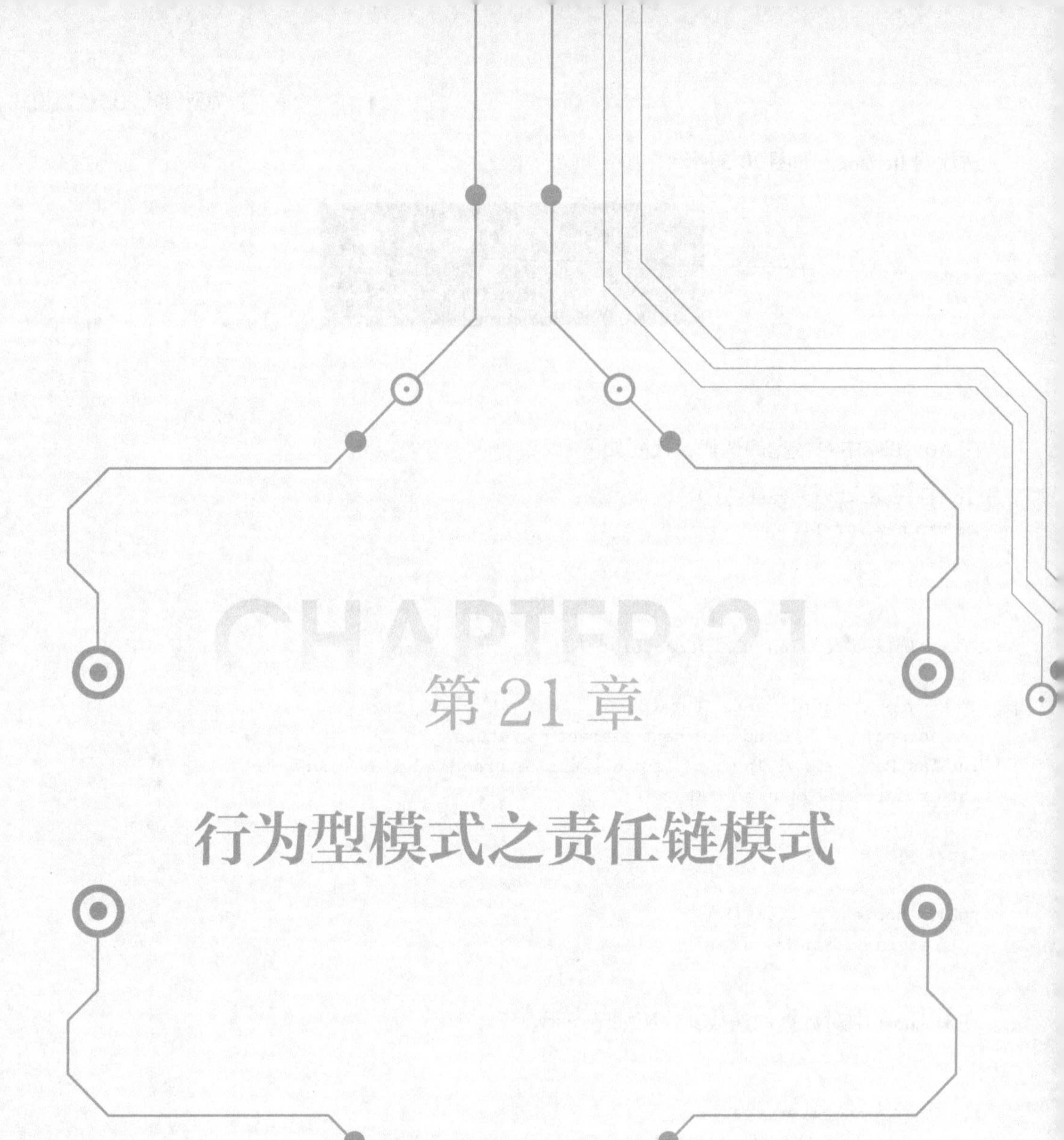

CHAPTER 21

第 21 章

行为型模式之责任链模式

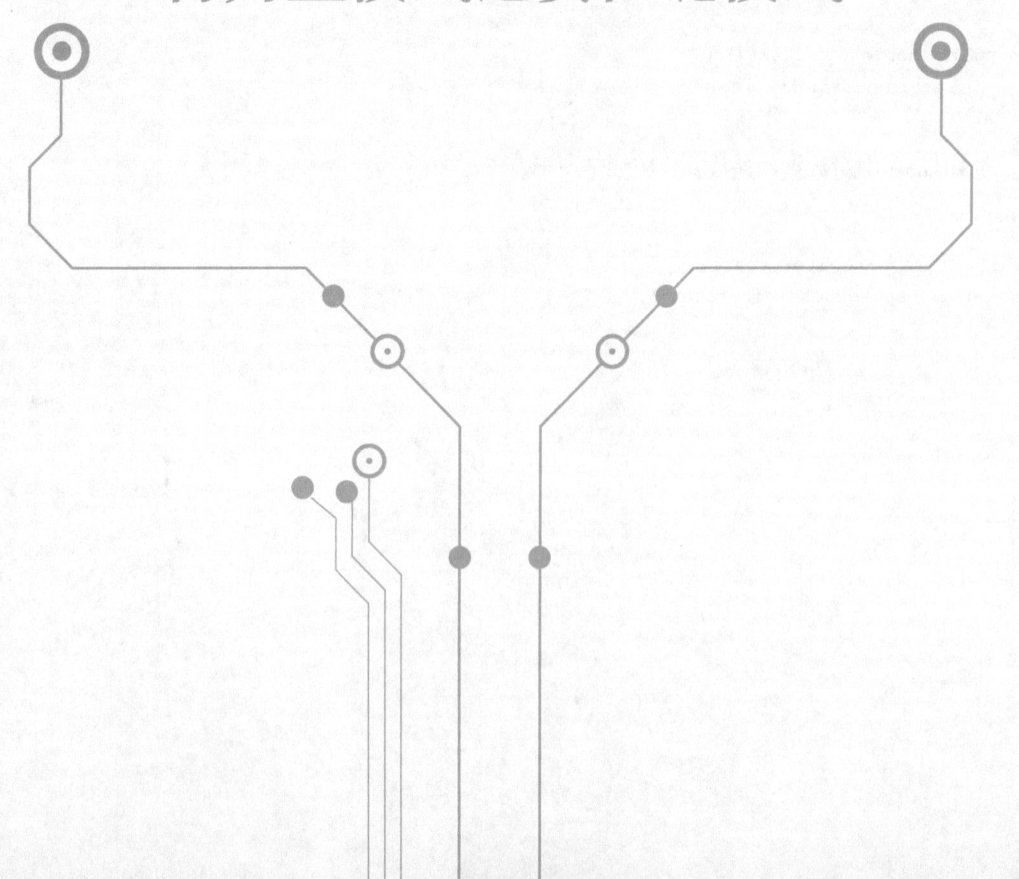

21.1 责任链模式概念

为了能够快速收集到新闻，使用网络爬虫爬取了各大新闻网站的信息。

但有些网站有很敏感的数据，需要对采集到的数据进行处理，责任链模式就派上用场了。

1. 定义

责任链模式（Chain Of Responsibilities）：责任链模式将处理请求的对象连成一条链，沿着这条链传递该请求，直到有一个对象处理请求为止，这使得多个对象有机会处理请求，从而避免请求的发送者和接收者之间的耦合关系，如图 21-1 所示。

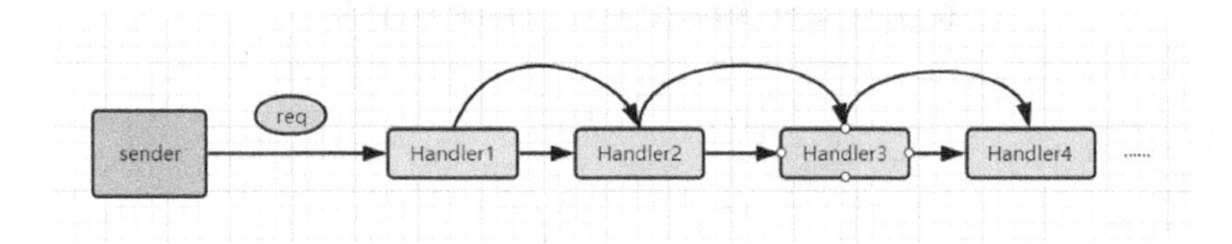

● 图 21-1

2. 责任链模式的特点

标准的责任链模式有如下几个特点：

（1）链上的每个对象都有机会处理请求。

（2）链上的每个对象都持有下一个要处理对象的引用。

（3）链上的某个对象无法处理当前请求，那么它会把相同的请求传给下一个对象。

3. 类图和主要角色

责任链模式的类图，如图 21-2 所示。

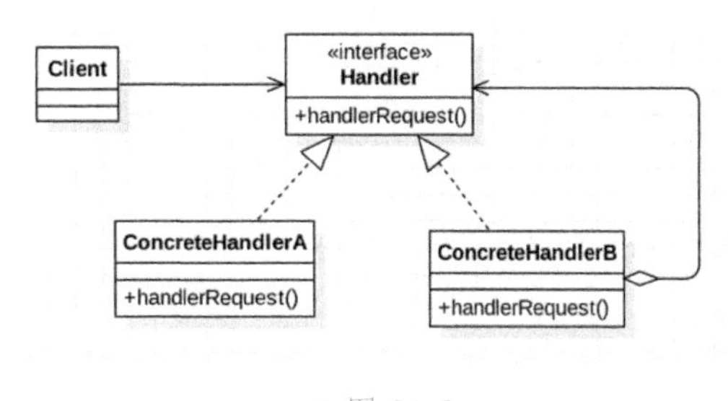

● 图 21-2

责任链模式涉及两个角色：

（1）抽象处理者（Handler）：定义一个处理请求的接口。

（2）具体处理者（ConcreteHandler）：实现处理请求的接口，可以选择自己处理或者传递给下一个接收者，包含对下一个接收处理者的引用。

21.2 责任链模式之敏感信息过滤

为了解决新闻中的敏感信息，我绞尽脑汁后发现，责任链模式可以解决敏感信息的过滤问题。

21.2.1 未使用责任链模式过滤敏感信息

1. 分析

信息从 Request 传递过来，所以需要一个 Request 对象，然后消息直接通过 MsgProcessor 类进行处理。

2. 类图

在没有使用过滤器实现的情况下，只涉及两个类 Request 和 MsgProcessor，如图 21-3 所示。

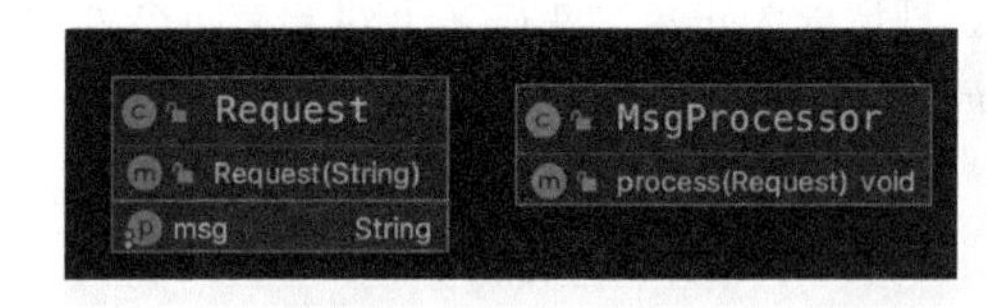

● 图 21-3

3. 编码

信息请求类封装 Request，代码如下所示。

```
package com.kfit.chainofresponsibility.news.v1;

/**
 * 请求类
 * @author 悟纤「公众号 SpringBoot」
 * @slogan 大道至简 悟在天成
 */
public class Request {
    private String msg; //请求中的信息

    public Request(String msg) {
        this.msg = msg;
    }

    public String getMsg() {
        return msg;
    }

    public void setMsg(String msg) {
        this.msg = msg;
    }
}
```

信息处理类 MsgProcessor，代码如下所示。

```
package com.kfit.chainofresponsibility.news.v1;

/**
```

```
 * 信息处理类
 * @author 悟纤「公众号 SpringBoot」
 * @slogan 大道至简 悟在天成
 */
public class MsgProcessor {
    /**
     * 处理信息
     * @return
     */
    public void process(Request request){
        String msg = request.getMsg();
        //过滤非法标签,避免被攻击
        msg = msg.replaceAll("<","[");
        msg = msg.replaceAll(">","]");

        //过滤敏感信息
        msg = msg.replaceAll("hit","* ");

        request.setMsg(msg);
    }
}
```

编写测试例子 Client，代码如下所示。

```
package com.kfit.chainofresponsibility.news.v1;

/**
 * 测试
 * @author 悟纤「公众号 SpringBoot」
 * @slogan 大道至简 悟在天成
 */
public class Client {
    public static void main(String[] args) {
        Request request = new Request("我是黑客,来攻击你了
<script>alert(1);</script>;hit you,给钱给钱;:)");
        MsgProcessor msgProcessor = new MsgProcessor();

        msgProcessor.process(request);
        String newMsg = request.getMsg();
        System.out .println(newMsg);
    }
}
```

21.2.2 使用责任链模式过滤敏感信息

使用上面的实现方式很不灵活，存在以下问题：

（1）不能自己组装过滤规则。

（2）新加一个规则，需要修改处理器的代码，违反了开闭原则。

接下来看看如何使用责任链模式进行优化。

1. 分析

在这里可以把过滤规则单独写成一个类进行处理，比如有 HTML 的过滤处理，也有敏感信息的过滤处理，那么如何把这些过滤组合到一起呢？简单的方式是使用 List 管理过滤器，当多个过滤器一起配合执行的时候，就是过滤链。

每个过滤器都有它自己的责任，所以称该模式为责任链模式。

2. 类图

如图 21-4 所示，使用责任链模式优化之后的类图包括：过滤器接口 Filter；过滤器具体的实现 HtmlFilter、FaceFilter 和 SensitiveFilter，数据请求类 Request；信息处理类 MsgProcessor。

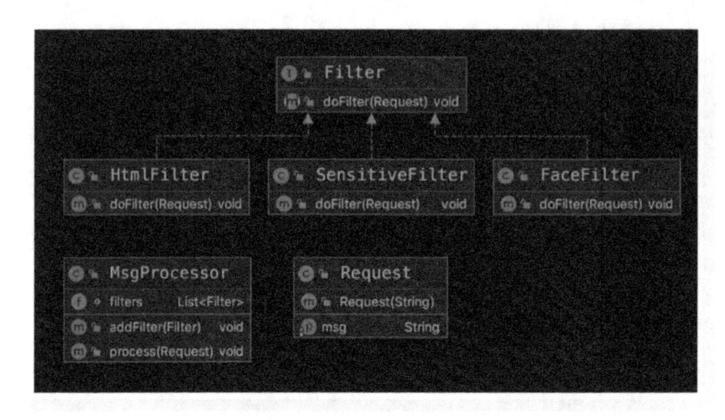

● 图 21-4

3. 抽象处理者（Handler）

抽象处理者（Handler）：定义一个处理请求的接口。在这个例子中就是 Filter，在 doFilter( ) 方法中处理敏感信息，代码如下所示。

```
/**
 * 过滤器抽象类
 * @author 悟纤「公众号 SpringBoot」
 * @slogan 大道至简 悟在天成
 */
public interface Filter {
    void doFilter(Request request);
}
```

4. 具体处理者（ConcreteHandler）

具体处理者（ConcreteHandler）：实现处理请求的接口，可以选择自己处理或者传递给下一个接收者，包含对下一个接收处理者的引用。在这个例子中，这里有两个过滤器 HtmlFilter、SensitiveFilter。

HtmlFilter 的代码如下所示。

```
package com.kfit.chainofresponsibility.news.v2;

/**
 * 过滤网页标签的过滤器
 * @author 悟纤「公众号 SpringBoot」
 * @date 2020-12-03
 * @slogan 大道至简 悟在天成
 */
public class HtmlFilter implements  Filter {
   @Override
   public void doFilter(Request request) {
      //过滤非法标签,避免被攻击
      String msg = request.getMsg();
      msg = msg.replaceAll("<","[");
      msg = msg.replaceAll(">","]");         request.setMsg(msg);
   }
}
```

SensitiveFilter 的代码如下所示。

```
package com.kfit.chainofresponsibility.news.v2;

/**
 * 过滤敏感信息的过滤器
 * @author 悟纤「公众号 SpringBoot」
 * @date 2020-12-03
 * @slogan 大道至简 悟在天成
 */
public class SensitiveFilter implements Filter{

   @Override
   public void doFilter(Request request) {
      //过滤非法标签,避免被攻击
      String msg = request.getMsg();
      msg = msg.replaceAll("hit","* ");
      request.setMsg(msg);
   }
}
```

5. 过滤链处理

目前存在多个过滤器，但它们之间并没有关系，需要在 MsgProcessor 中使用一个集合把它们放在一起，然后通过遍历执行链条，代码如下所示。

```
package com.kfit.chainofresponsibility.news.v2;

import java.util.ArrayList;
import java.util.List;
```

```
/**
 * 信息处理类
 * @author 悟纤「公众号 SpringBoot」
 * @slogan 大道至简 悟在天成
 */
public class MsgProcessor {
    List<Filter>filters = new ArrayList<>();

    /**
     * 添加需要的过滤器
     * @param filter
     */
    public void addFilter(Filter filter){
        filters.add(filter);
    }

    /**
     * 处理信息
     * @return
     */
    public void process(Request request){
        //遍历所有的过滤器
        for(Filter filter:filters){
            filter.doFilter(request);
        }
    }
}
```

6. 测试

编写测试类 Client，代码如下所示。

```
package com.kfit.chainofresponsibility.news.v2;

/**
 * @author 悟纤「公众号 SpringBoot」
 * @slogan 大道至简 悟在天成
 */
public class Client {
    public static void main(String[] args) {
        Request request = new Request("我是黑客,来攻击你了
<script>alert(1);</script>;hit you,给钱给钱;:)");
        MsgProcessor msgProcessor = new MsgProcessor();

        //可以自行添加过滤器-多个过滤器就形成一个过滤器链
        msgProcessor.addFilter(new HtmlFilter());
        msgProcessor.addFilter(new SensitiveFilter());
        msgProcessor.addFilter(new FaceFilter());
```

```
        msgProcessor.process(request);
        String newMsg = request.getMsg();
        System.out .println(newMsg);
    }
}
```

在这里可以自己添加需要的过滤器，使用起来很自由。当多个过滤器在一起的时候，就形成过滤器链。这时候如果要加一个表情过滤器就很简单，代码如下所示。

```
package com.kfit.chainofresponsibility.news.v2;

/**
 * 表情过滤器
 * @author 悟纤「公众号 SpringBoot」
 * @slogan 大道至简 悟在天成
 */
public class FaceFilter implements  Filter {
    @Override
    public void doFilter(Request request) {
        String msg = request.getMsg();
        msg = msg.replaceAll(":\\)","^_^");
        request.setMsg(msg);
    }
}
```

然后通过 addFilter 添加到过滤器链中，就能够生效，测试结果如图 21-5 所示。

```
我是黑客，来攻击你了[script]alert(1);[/script];* you,给钱给钱; ^_^
```

● 图 21-5

21.3 责任链模式之敏感信息过滤升级版本

前面已经算是一个责任链的例子了。在实际项目中，可能有这样的需求：

存在两个过滤器链，希望两个过滤器链可以一起工作，那么应该怎样实现呢？

1. 分析

既然有两个链条，那么应该设计一个类，管理这些链条，而不应该定义一个 List<Filter>来进行处理。

2. 过滤器链

之前的过滤器链是在 MsgProcessor 中的，这里单独定义类进行管理（FilterChain），代码如下所示。

```
package com.kfit.chainofresponsibility.news.v3;

import java.util.ArrayList;
import java.util.List;

/**
 * 过滤器链管理
 * @author 悟纤「公众号 SpringBoot」
 * @slogan 大道至简 悟在天成
 */
public class FilterChain{
    List<Filter>filters = new ArrayList<>();


    /**
     * 添加需要的过滤器
     * @param filter
     */
    public void addFilter(Filter filter){
        filters.add(filter);
    }

    @Override
    public void doFilter(Request request){
        //遍历所有的过滤器
        for(Filter filter:filters){
            filter.doFilter(request);
        }
    }

}
```

3. 调整 MsgProcessor

这时候 MsgProcessor 类只要持有 FilterChain，即可进行信息的过滤，代码如下所示。

```
package com.kfit.chainofresponsibility.news.v3;

import javax.servlet.FilterChain;

/**
 * 信息处理类
 * @author 悟纤「公众号 SpringBoot」
 * @slogan 大道至简 悟在天成
 */
public class MsgProcessor {

    private FilterChain filterChain;
```

```java
    public void setFilterChain(FilterChain filterChain) {
        this.filterChain = filterChain;
    }

    /**
     * 处理信息
     * @return
     */
    public void process(Request request){
        filterChain.doFilter(request);
    }
}
```

4. 测试

测试代码需要声明一个FilterChain，传递给MsgProcessor，代码如下所示。

```java
package com.kfit.chainofresponsibility.news.v3;

import javax.servlet.FilterChain;

/**
 * TODO
 *
 * @author 悟纤「公众号SpringBoot」
 * @date 2020-12-03
 * @slogan 大道至简 悟在天成
 */
public class Client {
    public static void main(String[] args) {
        Request request = new Request("我是黑客,来攻击你了
<script>alert(1);</script>;hit you,给钱给钱;:)");
        MsgProcessor msgProcessor = new MsgProcessor();

        //可以自行添加过滤器-多个过滤器就形成一个过滤器链
        FilterChain filterChain = new FilterChain();
        filterChain.addFilter(new HtmlFilter());
        filterChain.addFilter(new SensitiveFilter());

        //过滤器链2
        FilterChain filterChain2 = new FilterChain();
        filterChain2.addFilter(new FaceFilter());

        //filterChain.addFilterChain(filterChain2);
        filterChain.addFilter(filterChain2);

        msgProcessor.setFilterChain(filterChain);
```

```
        msgProcessor.process(request);
        String newMsg = request.getMsg();
        System.out .println(newMsg);
    }
}
```

5. 支持添加过滤器链

此时声明另外一个过滤器链：

```
//过滤器链 2
FilterChain filterChain2 = new FilterChain();
filterChain2.addFilter(new FaceFilter());
```

上面的代码支持过滤器的添加，但不支持过滤器链的添加。

目前 filterChain 并不能将 filterChain2 整个链条添加进去。对于这样的问题，如何解决呢？

思路一：在类 FilterChain 编写一个 addFilterChain 方法，允许接收一个 FilterChain，代码如下所示。

```
/**
 *   过滤器链添加过滤器链的方法
 * @param filterChain
*/
public void addFilterChain(FilterChain filterChain){
        filters.addAll(filterChain.filters);
}
```

在客户端调用的时候，可以这样使用，代码如下所示。

```
filterChain.addFilterChain(filterChain2);
```

思路二：如果现在的要求是希望直接调用 addFilter( ) 方法，是否可以呢？答案是可以的，只需要 FilterChain 实现接口 Filter，就可以轻松实现，代码如下所示。

```
package com.kfit.chainofresponsibility.news.v3;

import java.util.ArrayList;
import java.util.List;

/**
 * 过滤器链管理
 * @author 悟纤「公众号 SpringBoot」
 * @slogan 大道至简 悟在天成
 */
public class FilterChain implements Filter{
    List<Filter>filters = new ArrayList<>();


    /**
     *   添加过滤器链的方法
     * @param filterChain
     */
```

```
//    public void addFilterChain(FilterChain filterChain){
//        filters.addAll(filterChain.filters);
//    }

/**
 * 添加需要的过滤器
 * @param filter
 */
    public void addFilter(Filter filter){
        filters.add(filter);
    }

    @Override
    public void doFilter(Request request){
        //遍历所有的过滤器
        for(Filter filter:filters){
            filter.doFilter(request);
        }
    }

}
```

这里的不同之处如下：

```
public class FilterChain implements Filter
```

客户端调用的代码如下所示。

```
//可以自行添加过滤器-多个过滤器就形成一个过滤器链
FilterChain filterChain = new FilterChain();
filterChain.addFilter(new HtmlFilter());
filterChain.addFilter(new SensitiveFilter());

//过滤器链 2
FilterChain filterChain2 = new FilterChain();
filterChain2.addFilter(new FaceFilter());

//filterChain.addFilterChain(filterChain2);
filterChain.addFilter(filterChain);
```

6. 过滤器链思路二分析

思路二实现很巧妙，看一下类之间的关系图，如图 21-6 所示。

FilterChain 之前是一个普通的类，在类中有一个 List<Filter>管理所有的过滤器，另外有一个方法 doFilter( )，此方法遍历所有的过滤器进行信息的处理。

FilterChain 实现了过滤器的接口 Filter，这就使得 FilterChain 有了双重身份：既是过滤器，又是过滤器链。

既然 FilterChain 是过滤器，那么 addFilter 添加一个带有“过滤器链”的过滤器就可以实现了。

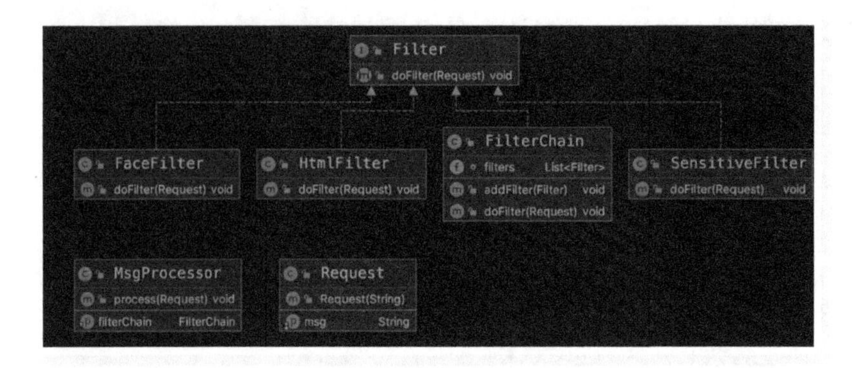

● 图 21-6

执行如下代码的 doFilter。

```
@Override
public void doFilter(Request request){
    //遍历所有的过滤器
    for(Filter filter:filters){
        filter.doFilter(request);
    }
}
```

因为第一个取出来的是 HtmlFilter，所以先执行过滤器 HtmlFilter 的 doFilter( ) 方法。

紧接着执行第二个过滤器 SensitiveFilter 的 doFilter。

当执行到第三个的时候，会比较特殊，它是一个过滤器链 FilterChain，执行 FilterChain 的 doFilter( )，这里进行 for 循环过滤器链的操作，以此类推。

7. 一个小优化：去掉 MsgProocessor

看一下测试代码，会发现 MsgProcessor 有点多余，此时可以删除 MsgProcessor 类，然后直接使用 FilterChain 的 doFilter 过滤信息，代码如下所示。

```
package com.kfit.chainofresponsibility.news.v3;

import javax.servlet.FilterChain;

/**
 * @author 悟纤「公众号 SpringBoot」
 * @slogan 大道至简 悟在天成
 */
public class Client2 {
    public static void main(String[] args) {
        Request request = new Request("我是黑客,来攻击你了
<script>alert(1);</script>;hit you,给钱给钱;:)");
        //MsgProcessor msgProcessor = new MsgProcessor();

        //可以自行添加过滤器-多个过滤器就形成一个过滤器链
```

```
        FilterChain filterChain = new FilterChain();
        filterChain.addFilter(new HtmlFilter());
        filterChain.addFilter(new SensitiveFilter());

        //过滤器链 2
        FilterChain filterChain2 = new FilterChain();
        filterChain2.addFilter(new FaceFilter());

        //filterChain.addFilterChain(filterChain2);
        filterChain.addFilter(filterChain2);

        //msgProcessor.setFilterChain(filterChain);


        filterChain.doFilter(request);
        String newMsg = request.getMsg();
        System.out .println(newMsg);
    }
}
```

21.4 责任链模式之信息双向过滤

在前面实现的责任链中，处理还是单向的，在实际的项目中可能需要双向的，比如 Servelt 中的 FilterChain 就是双向的，既可以处理接收到的信息，又可以处理返回去的信息，对于这样的需求，应该怎样做呢?

1. 分析

对于这样的双向过滤需求，能够想到的最简单的方式，就是定义两个大的过滤器，一个处理接收的请求，一个处理响应的请求。

稍微修改一下现在的过滤器，就能够支持这样的需求，实现完美的双向过滤器链。

2. 新增 Response

既然要对响应进行处理，那么需要添加一个类，代码如下所示。

```
package com.kfit.chainofresponsibility.news.v4;

/**
 * 响应类
 * @author 悟纤「公众号 SpringBoot」
 * @slogan 大道至简 悟在天成
 */
public class Response {
    private String msg;//响应中的信息

    public Response(String msg) {
        this.msg = msg;
```

```
    }

    public String getMsg() {
        return msg;
    }

    public void setMsg(String msg) {
        this.msg = msg;
    }
}
```

3. 将 Reponse 添加到 addFilter 中

要在同一个 doFilter 方法中处理 Response，那么需要在 Filter 的 doFilter( ) 加上 responose 参数，代码如下所示。

```
public interface Filter {
    void doFilter(Request request,Response response);
}
```

接口添加了，具体的实现也是要添加 Response 参数的，举个例子，代码如下所示。

```
public class SensitiveFilter implements Filter {
    @Override
    public void doFilter(Request request,Response response) {
        //过滤敏感信息
        String msg = request.getMsg();
        msg = msg.replaceAll("hit","* ");
        request.setMsg(msg);


        //过滤..response
        response.setMsg(response.getMsg()+"-SensitiveFilter");
    }
}
```

其他类的实现也是这样处理，这里对于 response 的 msg 只是把当前的过滤器名称追加上去，是为了方便引出一个问题。

对于 FilterChain 只需要修改 doFilter，传递 response 参数即可，代码如下所示。

```
@Override
public void doFilter(Request request,Response response){
    //遍历所有的过滤器
    for(Filter filter:filters){
        filter.doFilter(request,response);
    }
}
```

4. 测试

编写测试代码 Client2，如下所示：

```
import javax.servlet.FilterChain;

/**
 * 测试
 *
 * @author 悟纤「公众号 SpringBoot」
 * @date 2020-12-03
 * @slogan 大道至简 悟在天成
 */
public class Client2 {
    public static void main(String[] args) {
        Request request = new Request("我是黑客,来攻击你了<script>alert(1);
</script>;hit you,给钱给钱;:)");
        Response response = new Response("I love you");

        //可以自行添加过滤器-多个过滤器就形成一个过滤器链
        FilterChain filterChain = new FilterChain();
        filterChain.addFilter(new HtmlFilter());
        filterChain.addFilter(new SensitiveFilter());

        //过滤器链 2
        FilterChain filterChain2 = new FilterChain();
        filterChain2.addFilter(new FaceFilter());

        //filterChain.addFilterChain(filterChain2);
        filterChain.addFilter(filterChain2);

        filterChain.doFilter(request,response);
        String newMsg = request.getMsg();
        System.out .println(newMsg);

        System.out .println(response.getMsg());
    }
}
```

运行代码，观察控制台的打印信息，如图 21-7 所示。

```
我是黑客，来攻击你了[script]alert(1);[/script];* you,给钱给钱; ^_^
I love you-HtmlFilter-SensitiveFilter-FaceFilter
```

● 图 21-7

通过上面的运行结果，发现现在的过滤器链是这样的：

request：HtmlFilter ->SensitiveFilter ->FaceFilter

response：HtmlFilter ->SensitiveFilter ->FaceFilter

上面的例子中，response 是正序处理的，但对于 response 期望是倒过来处理：

response：FaceFilter ->SensitiveFilter ->HtmlFilter。

实际项目中有这样奇怪的需求吗？而 tomcat 的 Filter 就是这样设计的。

5. 分析

要在同一个 doFilter 处理 request 和 response 的信息，并且 request 是正序，response 是倒序，如果现在什么都不处理，肯定是不能实现的，那么核心的思路在哪里呢？

思考一下，既然 response 要倒序，那么在执行 response 相关的代码前面，是不是要做点事情，才能让 response 不那么快进行呢？

如果在 doFilter 执行 request 之后，能够执行下一个过滤器的 doFilter，是不是就可以拦截掉 response 立刻执行了。

此时这样设计，response 在执行完最后一个过滤器时，就不能找到下一个过滤器了，执行完最后一个过滤器的代码后，就会执行最后一个过滤器的 response。执行完成后，程序就会到倒数第二个过滤器执行还未完成的 response 代码。

既然要在当前的过滤器调用过滤器链的下一个过滤器，那么需要将 FilterChain 作为一个参数进行传递，到这里是不是很像 tomcat 的 Filter 了，如图 21-8 所示。

Filter
init(FilterConfig) : void
doFilter(ServletRequest, ServletResponse, FilterChain) : void
destroy() : void

图 21-8

6. doFilter 添加参数 FilterChain

根据前面的分析，首先需要在 Filter 接口中的 doFilter 添加一个 FilterChain 作为参数，在这个链条进行传递，代码如下所示。

```
public interface Filter {
    void doFilter(Request request, Response response, FilterChain filterChain);
}
```

7. 修改 Filter 的实现类

接下来修改 Filter 的实现类，把参数添加上，代码如下所示。

```
public void doFilter(Request request, Response response,FilterChain filterChain) {
    String msg = request.getMsg();
    msg = msg.replaceAll("<","[");
    msg = msg.replaceAll(">","]");
    request.setMsg(msg);

    //过滤..response
    response.setMsg(response.getMsg()+"-HtmlFilter");
}
```

8. Response 处理倒序

到这里虽然能够正常执行，但并没有满足需求，接下来需要在每个 doFilter 中调用 FilterChain 的

doFilter方法，代码如下所示。

```
@Override
public void doFilter(Request request, Response response,FilterChain filterChain) {
    String msg = request.getMsg();
    msg = msg.replaceAll("<","[");
    msg = msg.replaceAll(">","]");
    request.setMsg(msg);

    //这句代码就是让 response 倒过来处理的核心
    filterChain.doFilter(request,response,filterChain);

    //过滤..response
    response.setMsg(response.getMsg()+"-HtmlFilter");
}
```

SensitiveFilter、SensitiveFilter、FaceFilter三个过滤器都需要添加这句代码，代码如下所示。

```
//这句代码就是让 response 倒过来处理的核心
filterChain.doFilter(request,response,filterChain);
```

对于filterChain的doFilter也需要进行修改，现在就不能是for循环了，它的职责是获取到下一个过滤器，然后进行调用，所以需要一个index来记录当前执行到哪个过滤器了，FilterChain的doFilter代码如下所示。

```
package com.kfit.chainofresponsibility.news.v5;

import java.util.ArrayList;
import java.util.List;

/**
 * 过滤器链管理
 * @author 悟纤「公众号 SpringBoot」
 * @slogan 大道至简 悟在天成
 */
public class FilterChain implements Filter {
    List<Filter>filters = new ArrayList<>();
    private int index = 0;

/**
 * 添加需要的过滤器
 * @param filter
 */
    public void addFilter(Filter filter){
        filters.add(filter);
    }

    @Override
    public void doFilter(Request request, Response response,FilterChain filterChain){
        //获取到下一个过滤器并执行
```

```
        if(index == filters.size()) return;

        Filter filter = filters.get(index);
        index++;
        filter.doFilter(request,response,filterChain);
    }

}
```

到这里已经是想要的结果了。大家可以反复阅读，厘清思路。

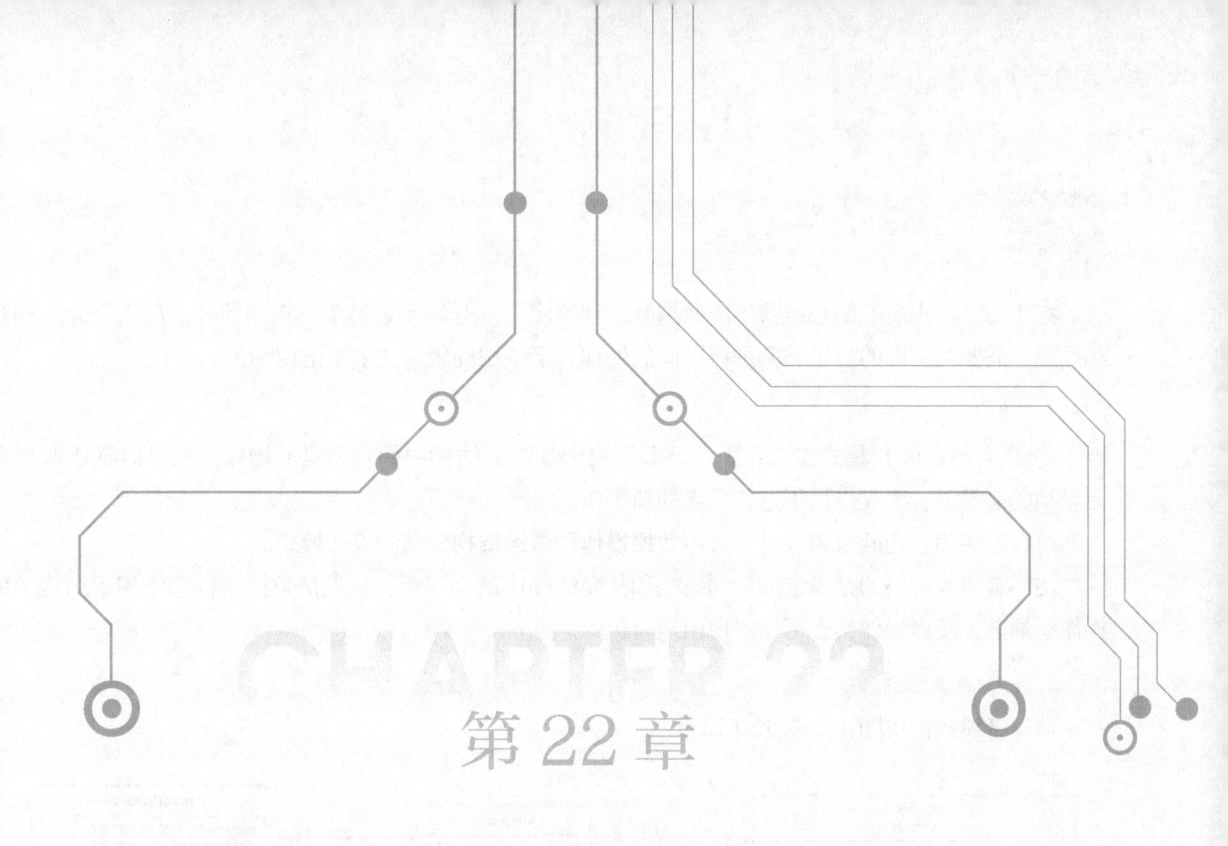

第 22 章

行为型模式之访问者模式

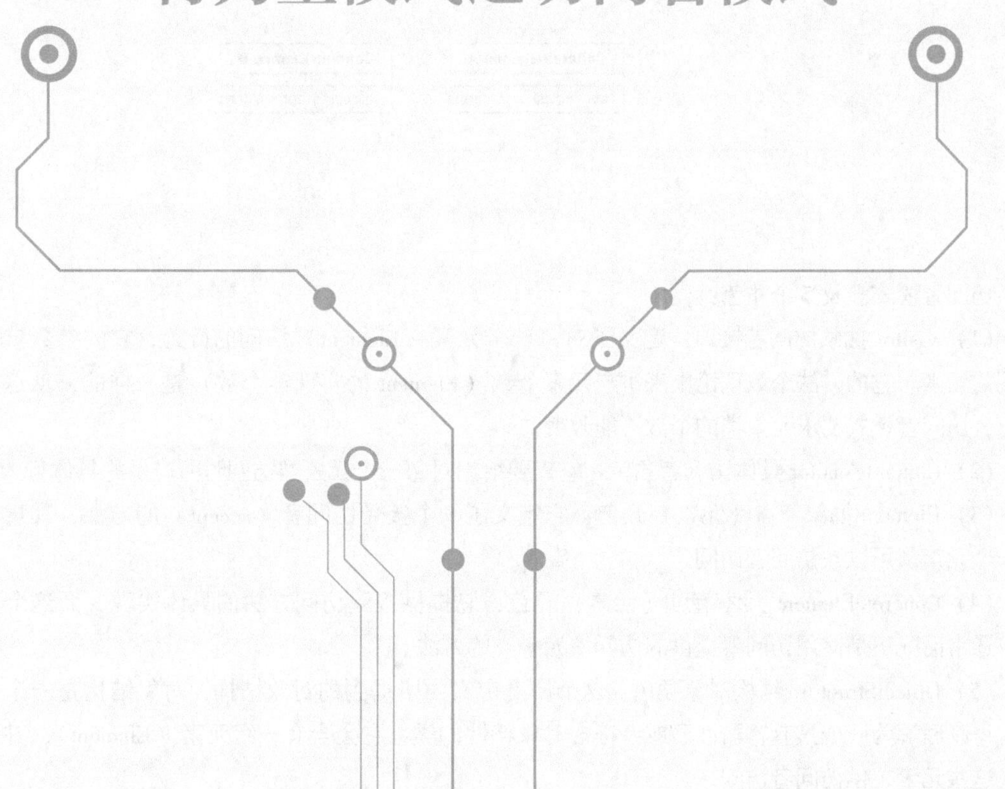

22.1 访问者模式概念

打印公司在小璐的细心经营下越做越好。到年底了，开始评定员工一年的绩效，员工分为工程师和经理。需要对不同的员工类型进行不同的处理，于是访问者模式就派上用场了。

1. 定义

访问者（visitor）模式定义：表示一个作用于其对象结构中的各元素的操作，它可以在不改变各元素类的前提下，定义作用于这些元素的新操作。

可以理解为：访问者模式是一种将**数据操作**和**数据结构**分离的设计模式。

访问者模式解决的是稳定的数据结构和易变的操作耦合问题，就是把数据结构和作用于结构上的操作解耦合，使得操作集合可相对自由地演化。

2. 类图和主要角色

访问者模式的类图，如图 22-1 所示。

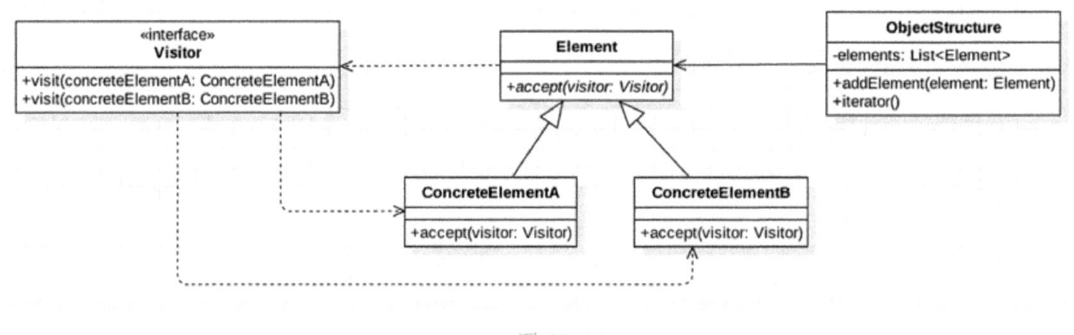

图 22-1

访问者模式涉及 5 个角色：

（1）Visitor 抽象访问者接口：定义了对每一个元素（Element）访问的行为，它的参数就是可以访问的元素。它的方法个数理论上来讲与元素个数（Element 的实现类个数）是一样的，从这点不难看出，访问者模式要求元素类的个数不能改变。

（2）ConcreteVisitor 具体访问者角色：它需要给出对每一个元素类访问时所产生的具体行为。

（3）Element 抽象节点（元素）角色：它定义了一个接受访问者（accept）的方法，其意义是指每一个元素都可以被访问者访问。

（4）ConcreteElement 具体节点（元素）角色：它提供接受访问方法的具体实现，而这个具体实现，通常情况下是使用访问者提供的访问该元素类的方法。

（5）ObjectStructure 结构对象角色：这个便是定义中所提到的对象结构，对象结构是一个抽象表述，可以理解为一个具有容器性质或者符合对象特性的类，它会含有一组元素（Element），并且可以迭代这些元素，供访问者访问。

3. 设计本质

访问者模式设计的本质是预留通路，回调实现。它的实现主要就是通过预先定义好调用的通路，在被访问的对象上定义 accept 方法，在访问者的对象上定义 visit 方法，然后在调用真正发生的时候，通过两次分发的技术，利用预先定义好的通路，回调到访问者具体的实现上。

4. 使用场景

（1）对象结构比较稳定，但经常需要在此对象结构上定义新的操作。

（2）需要对一个对象结构中的对象进行很多不同的且不相关的操作，而需要避免这些操作“污染”对象的类，也不希望在增加新操作时修改这些类。

5. 优点

（1）访问者模式使得易于增加新的操作：访问者使得增加依赖于复杂对象结构的构件的操作变得容易，仅需增加一个新的访问者，即可在一个对象结构上定义一个新的操作。相反，如果每个功能都分散在多个类之上，定义新的操作时必须修改每一类。

（2）访问者集中相关的操作而分离无关的操作：相关的行为不是分布在定义该对象结构的各个类上，而是集中在一个访问者中，无关行为却被分别放在它们各自的访问者子类中，这既简化了这些元素的类，也简化了在这些访问者中定义的算法，所有与它的算法相关的数据结构都可以被隐藏在访问者中。

6. 缺点

（1）增加新的 ConcreteElement 类很困难：Visitor 模式使得难以增加新的 Element 的子类。每添加一个新的 ConcreteElement 都要在 Visitor 中添加一个新的抽象操作，并在每一个 ConcreteVisitor 类中实现相应的操作。有时可以在 Visitor 中提供一个缺省的实现，这一实现可以被大多数的 ConcreteVisitor 继承。

（2）破坏封装：访问者方法假定 ConcreteElement 接口的功能足够强，足以让访问者进行工作，该模式常常迫使提供访问元素内部状态的公共操作，这可能会破坏它的封装性。

22.2 无访问者模式之绩效报表

首席技术官（CTO）关注的是工程师的代码量、经理的新产品数量；首席执行官（CEO）关注的是工程师和经理的 KPI，以及新产品数量。

先来看一下，在没有使用访问者模式的情况下常规的设计思路。

1. 分析

首先工程师（Engineer）和经理（Manager）可以抽象出来一个员工类（Employee），另外员工信息和报表的展示可以用一个类（BusinessReport）来进行管理。

2. 类图

在没有使用访问者模式的情况下，绩效报表最终的类图如图 22-2 所示。

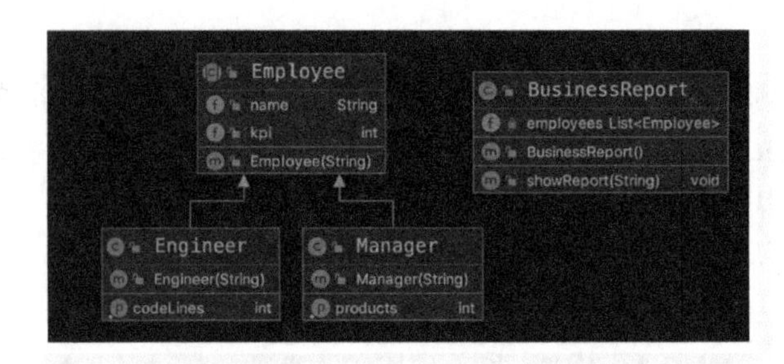

● 图 22-2

3. 员工抽象类

员工抽象类 Employ 的代码如下所示。

```
package com.kfit.visitor.report.v1;

import java.util.Random;

/**
 * Element 抽象节点(元素)角色
 * @author 悟纤「公众号 SpringBoot」
 * @slogan 大道至简 悟在天成
 */
public abstract class Employee {
    public String name;//员工姓名
    public int kpi;// 员工 KPI,1-10 打分

    public Employee(String name) {
        this.name = name;
        this.kpi = new Random().nextInt(10);
    }

}
```

4. 具体员工

工程师（Engineer）的代码如下所示。

```
package com.kfit.visitor.report.v1;

import java.util.Random;

/**
 * 工程师(Engineer)和经理(Manager)都是 ConcreteElement
 * @author 悟纤「公众号 SpringBoot」
 * @slogan 大道至简 悟在天成
 */
```

```
public class Engineer extends Employee {
    public Engineer(String name) {
        super(name);
    }

    /**
     * 工程师一年的代码数量
     * @return
     */
    public int getCodeLines(){
        return new Random().nextInt(10000);
    }

}
```

经理（Manager）的代码如下所示。

```
package com.kfit.visitor.report.v1;

import java.util.Random;

/**
 * 工程师(Engineer)和经理(Manager)都是 ConcreteElement
 * @author 悟纤「公众号 SpringBoot」
 * @slogan 大道至简 悟在天成
 */
public class Manager extends Employee {
    public Manager(String name) {
        super(name);
    }

/**
 * 经理的总产品数量
 * @return
 */
    public int getProducts() {
        return new Random().nextInt(10);
    }
}
```

这两个类编码很简单，需要注意的一个地方就是它们是子类，但有自己特有的方法。

5. 员工管理和报表展示

在 BusinessReport 中的构造方法初始化了员工的信息，也可以通过对外暴露一个 addEmployee( ) 的方法进行添加，showReport（type）方法用于向不同的角色展示不同的报表信息。代码如下所示。

```
package com.kfit.visitor.report.v1;

import org.apache.catalina.Manager;

import java.util.ArrayList;
import java.util.List;

/**
 * 员工业务报表类
 *
 * @author 悟纤「公众号 SpringBoot」
 * @date 2020-12-04
 * @slogan 大道至简 悟在天成
 */
public class BusinessReport {
    private List<Employee>employees = new ArrayList<>();

    public BusinessReport() {
        employees.add(new Manager("经理-A"));
        employees.add(new Engineer("工程师-A"));
        employees.add(new Engineer("工程师-B"));
        employees.add(new Engineer("工程师-C"));
        employees.add(new Manager("经理-B"));
    }

    /**
     * 为访问者展示报表
     * @param type: CEO | CTO
     */
    public void showReport(String type) {
        for (Employee employee: employees) {
            if("CEO".equals(type)){
                if(employee instanceof Engineer){
                    Engineer engineer = (Engineer)employee;
                    System.out .println("工程师: " + engineer.name + ", KPI: " + engineer.kpi);
                }else if(employee instanceof Manager){
                    Manager manager = (Manager)employee;
                    System.out .println("经理: " + manager.name + ", KPI: " + manager.kpi + ", 新产品数
量: " + manager.getProducts());
                }
            }else if("CTO".equals(type)){
                if(employee instanceof Engineer){
                    Engineer engineer = (Engineer)employee;
                    System.out .println("工程师: " + engineer.name + ", 代码行数: " + engineer.getCodeLines());
                }else if(employee instanceof Manager){
                    Manager manager = (Manager)employee;
```

```
                    System.out .println("经理: " + manager.name + ", 产品数量: " + manager.getProducts());
                }
            }

        }
    }

}
```

6. 测试

编写测试代码 Client，代码如下所示。

```
package com.kfit.visitor.report.v1;

/**
 * 客户端
 *
 * @author 悟纤「公众号 SpringBoot」
 * @slogan 大道至简 悟在天成
 */
public class Client {
    public static void main(String[] args) {
        BusinessReport report = new BusinessReport();
System.out .println("-------CEO 看报表:");
        report.showReport("CEO");

        System.out .println();
        System.out .println("-------CTO 看报表:");
        report.showReport("CTO");

    }
}
```

运行代码，执行结果如图 22-3 所示。

```
--------CEO看报表:
经理: 经理-A, KPI: 3, 新产品数量: 4
工程师: 工程师-A, KPI: 3
工程师: 工程师-B, KPI: 0
工程师: 工程师-C, KPI: 6
经理: 经理-B, KPI: 3, 新产品数量: 7

--------CTO看报表:
经理: 经理-A, 产品数量: 4
工程师: 工程师-A, 代码行数: 6618
工程师: 工程师-B, 代码行数: 62
工程师: 工程师-C, 代码行数: 4706
经理: 经理-B, 产品数量: 9
```

● 图 22-3

可以看出在没有使用访问者模式的时候，在类 BusinessReport 中的代码简直惨不忍睹。如果再加入一个 type，那么代码就会显得更别扭了。

22.3 访问者模式之绩效报表

在没有使用访问者的时候，可以看出代码的扩展性不强，接下来使用访问者对代码进行优化。

在访问者模式中首席技术官和首席执行官就是所谓的访问者，他们的关注点是不一样的，所以需要不同的实现。

1. 分析

先来分析一下在这个例子中对应访问者的各个角色：

员工（Employee）扮演了 Element 角色，而工程师（Engineer）和经理（Manager）都是 ConcreteElement。

首席执行官和首席技术官都是具体的 Visitor 对象，而报表（BusinessReport）就是 ObjectStructure。

那么如何进行改造呢？

报表显示的入口是 BusinessReport 的 showReport，这里传入的是一个 String 的访问者类型。在访问者设计模式中，这里就应该是一个 Visitor 对象，在 for 循环中循环的是 Employee 的信息，既然不在这里根据 type 进行报表展示，那么就要转移到具体的访问者上去，具体的访问者类根据自己的身份再处理要显示的信息。

根据以上的思路，在 Employee 中需要定义一个抽象的方法 accept（Visitor），在这个访问中很特别的地方就是持有了参数 Visitor。

此时，报表的信息显示就转移到了具体的 Employee 类中，那么现在的思路可以在 accept（Visitor）方法中进行报表的展示，可以根据 Visitor 的不同展示不同的信息，但是这种处理方式存在如下几个问题：

（1）职责不清晰：在员工类中不应该处理报表的数据，也不应该能看到。

（2）依然有 if else：我们会发现在这里依然需要有 if else 的问题。

（3）扩展性不强：如果加一个访问者，需要修改各个 Employee 中的 if else 代码。

那么该怎么办呢？既然不能由具体的 Employee 处理，是否可以考虑将报表的责任转移呢？那么要转移给谁呢？谁要看就转移给谁，在这里就是具体的访问者。

所以在 Employee 的 accept（Visitor）的实现很简单，就是将请求转移到 visitor，也就是只需要调用 visitor.visit( ) 的方法即可。

这里还有一个问题，就是在 Visitor 需要访问到具体的 Employee 的子类，为了解决这个问题，需要不同的 Employee 处理不同的类型，而 visit 需要根据不同的 Employee 子类类型进行方法的重载。

```
import org.apache.catalina.Manager;

    public interface Visitor {
    // 访问工程师类型
    void visit(Engineer engineer);

    // 访问经理类型
```

```
    void visit(Manager manager);
}
```

以上就是访问者设计的核心。

还记得在之前说到访问者模式设计的本质：

预留通路，回调实现。它的实现主要是通过预先定义好调用的通路，在被访问的对象上定义 accept 方法，在访问者的对象上定义 visit 方法；在调用真正发生的时候，通过两次分发的技术，利用预先定义好的通路，回调到访问者具体的实现上。

两次分发，第一次就是 BusinessReport 通过 Employee 的 accept 分发到了具体的 Employee 的 accept( ) 方法；第二次是 Employee 的 accept 方法调用 Visitor 的 visit 的方法分发到了具体的 Visitor 的 visit。

2. 类图

使用访问者模式之后，调整绩效报表的编码，最终的类图如图 22-4 所示。

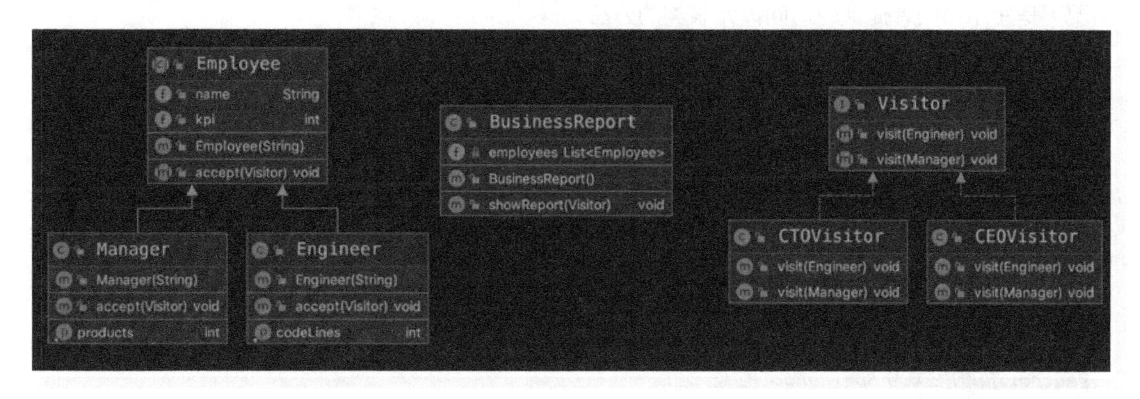

● 图 22-4

3. Element 抽象节点（元素）角色

Element 抽象节点（元素）角色：它定义了一个接受访问者（accept）的方法，其意义是指，每一个元素都可以被访问者访问。

在这个例子中，Element 是员工抽象类，这里的方法中使用到了访问者 Visitor，这个类会在下面提供，先看一下 Employee 的代码：

```
package com.kfit.visitor.report.v2;

import java.util.Random;

/**
 * 员工抽象类
 * Element 抽象节点(元素)角色
 * @author 悟纤「公众号 SpringBoot」
 * @slogan 大道至简 悟在天成
 */
public abstract class Employee {
```

```
    public String name;//员工姓名
    public int kpi;// 员工 KPI,1-10 打分

    public Employee(String name) {
        this.name = name;
        this.kpi = new Random().nextInt(10);
    }

    // 核心方法,接受 Visitor 的访问
    public abstract void accept(Visitor visitor);
}
```

4. ConcreteElement 具体节点（元素）角色

ConcreteElement 具体节点（元素）角色：它提供接受访问方法的具体实现，而这个具体实现，通常情况下是使用访问者提供的访问该元素类的方法。

在这个例子中，具体节点角色是工程师和经理，根据分析，这里的 accept 并没有进行处理，而是分发到了 Visitor 中。

工程师（Engineer）的代码如下所示。

```
package com.kfit.visitor.report.v2;

import java.util.Random;

/**
 * 工程师(Engineer)和经理(Manager)都是 ConcreteElement
 * @author 悟纤「公众号 SpringBoot」
 * @slogan 大道至简 悟在天成
 */
public class Engineer extends Employee {
    public Engineer(String name) {
        super(name);
    }

    @Override
    public void accept(Visitor visitor) {
        visitor.visit(this);
    }

    /**
     * 工程师一年的代码数量
     * @return
     */
    public int getCodeLines(){
        return new Random().nextInt(10000);
    }

}
```

经理（Manager）的代码如下所示。

```
package com.kfit.visitor.report.v2;

import java.util.Random;

/**
 * 工程师(Engineer)和经理(Manager)都是 ConcreteElement
 * @author 悟纤「公众号 SpringBoot」
 * @slogan 大道至简 悟在天成
 */
public class Manager extends Employee {
    public Manager(String name) {
        super(name);
    }

    @Override
    public void accept(Visitor visitor) {
        visitor.visit(this);
    }

    /**
     * 经理关注的是总产品数量
     * @return
     */
    public int getProducts() {
        return new Random().nextInt(10);
    }
}
```

5. ObjectStructure 结构对象角色

ObjectStructure 结构对象角色：它提供接受访问方法的具体实现，而这个具体实现，通常情况下是使用访问者提供的访问该元素类的方法。

在这个例子中，结构对象角色是员工管理和展示报表，但具体的报表展示已经移交，代码如下所示。

```
package com.kfit.visitor.report.v2;
import org.apache.catalina.Manager;
import java.util.ArrayList;
import java.util.List;

/**
 * 员工业务报表类
 * @author 悟纤「公众号 SpringBoot」
 * @slogan 大道至简 悟在天成
 */
public class BusinessReport {
```

```
    private List<Employee>employees = new ArrayList<>();

    public BusinessReport() {
        employees.add(new Manager("经理-A"));
        employees.add(new Engineer("工程师-A"));
        employees.add(new Engineer("工程师-B"));
        employees.add(new Engineer("工程师-C"));
        employees.add(new Manager("经理-B"));
    }

    /**
     * 为访问者展示报表
     * @param visitor
     */
    public void showReport(Visitor visitor) {
        for (Employee employee: employees) {
            employee.accept(visitor);
        }
    }

}
```

6. Visitor 抽象访问者接口

Visitor 抽象访问者接口：它定义了对每一个元素（Element）访问的行为，它的参数就是可以访问的元素，它的方法个数理论上来讲与元素个数（Element 的实现类个数）是一样的，从这点不难看出，访问者模式要求元素类的个数不能改变。

在这个例子中，抽象访问者接口是工程师和经理的类型，对 visit 方法进行重载，这样具体的 Employee 类就可以使用 visit（this）将当前对象进行传递，代码如下所示。

```
package com.kfit.visitor.report.v2;

import org.apache.catalina.Manager;

/**
 * Visitor 抽象访问者接口
 * @author 悟纤「公众号 SpringBoot」
 * @slogan 大道至简 悟在天成
 */
public interface Visitor {
    // 访问工程师类型
    void visit(Engineer engineer);

    // 访问经理类型
    void visit(Manager manager);
}
```

7. ConcreteVisitor 具体访问者角色

ConcreteVisitor 具体访问者角色：它需要给出对每一个元素类访问时所产生的具体行为。

在这个例子中有两个访问者：首席执行官（CEO）和首席技术官（CTO），通过访问者模式已经将具体的报告的处理转移到了具体的访问者类进行处理。

CEOVisitor 的代码如下所示。

```
package com.kfit.visitor.report.v2;

import org.apache.catalina.Manager;

/**
 * CEO 访问者
 * @author 悟纤「公众号 SpringBoot」
 * @slogan 大道至简 悟在天成
 */
public class CEOVisitor implements Visitor {
    @Override
    public void visit(Engineer engineer) {
        System.out.println("工程师: " + engineer.name + ", KPI: " + engineer.kpi);
    }

    @Override
    public void visit(Manager manager) {
        System.out.println("经理: " + manager.name + ", KPI: " + manager.kpi + ", 新产品数量: " + man-
ager.getProducts());
    }
}
```

CTOVisitor 的代码如下所示。

```
package com.kfit.visitor.report.v2;

import org.apache.catalina.Manager;

/**
 * CTO 访问者
 * @author 悟纤「公众号 SpringBoot」
 * @slogan 大道至简 悟在天成
 */
public class CTOVisitor implements Visitor {
    @Override
    public void visit(Engineer engineer) {
        System.out.println("工程师: " + engineer.name + ", 代码行数: " + engineer.getCodeLines());
    }

    @Override
    public void visit(Manager manager) {
```

```
        System.out.println("经理: " + manager.name + ", 产品数量: " + manager.getProducts());
    }
}
```

8. 测试

编写测试，代码如下所示。

```
package com.kfit.visitor.report.v2;

/**
 * 客户端
 * @author 悟纤「公众号 SpringBoot」
 * @slogan 大道至简 悟在天成
 */
public class Client {
    public static void main(String[] args) {
        BusinessReport report = new BusinessReport();
        System.out.println("-------CEO 看报表:");
        report.showReport(new CEOVisitor());

        System.out.println();
        System.out.println("-------CTO 看报表:");
        report.showReport(new CTOVisitor());

    }
}
```

展示结果和前面的写法是一样的，但现在这个写法就灵活很多，而且没有那么多的 if else 代码，职责也清晰。

最后来理解一下：访问者模式是一种将数据操作和数据结构分离的设计模式。

Employ 的信息是数据结构，ShowReport 展示报告是数据操作，这两部分进行了分离。

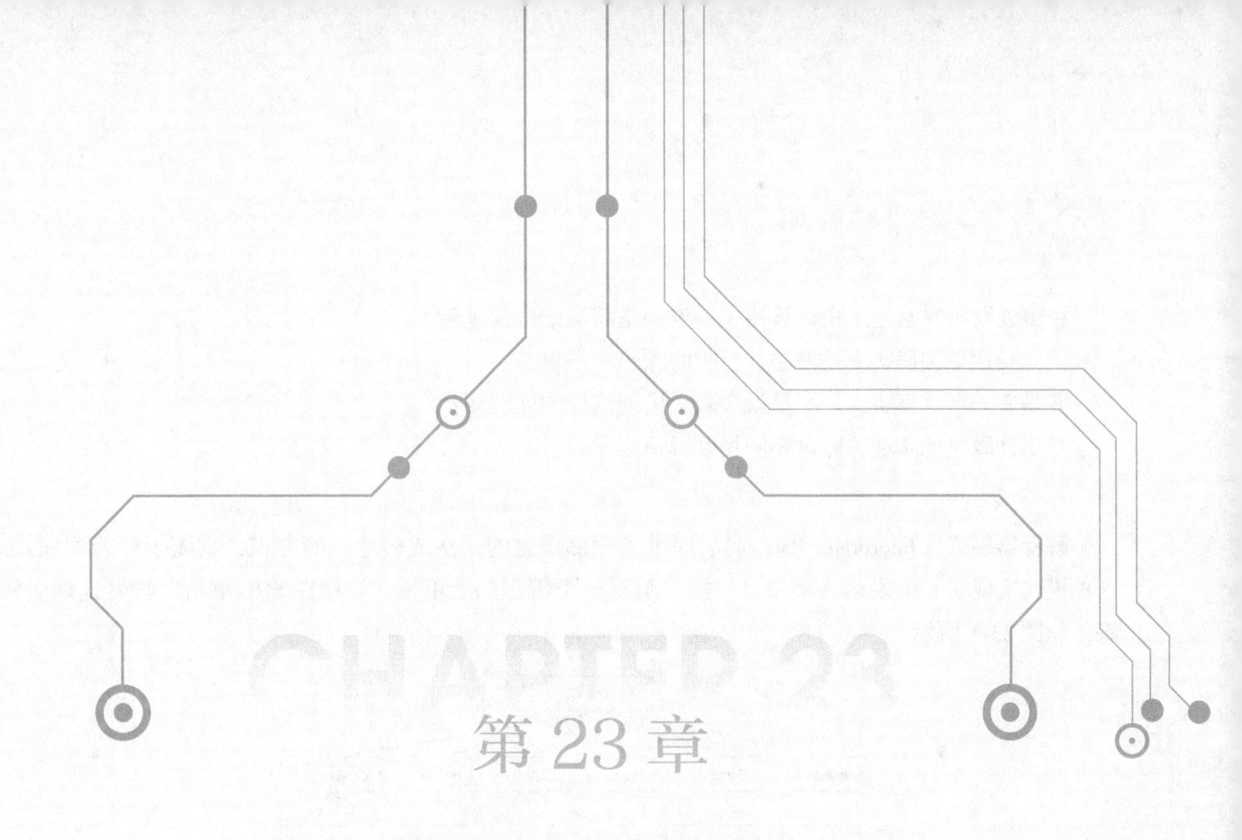

CHAPTER 23

第23章

行为型模式之解释器模式

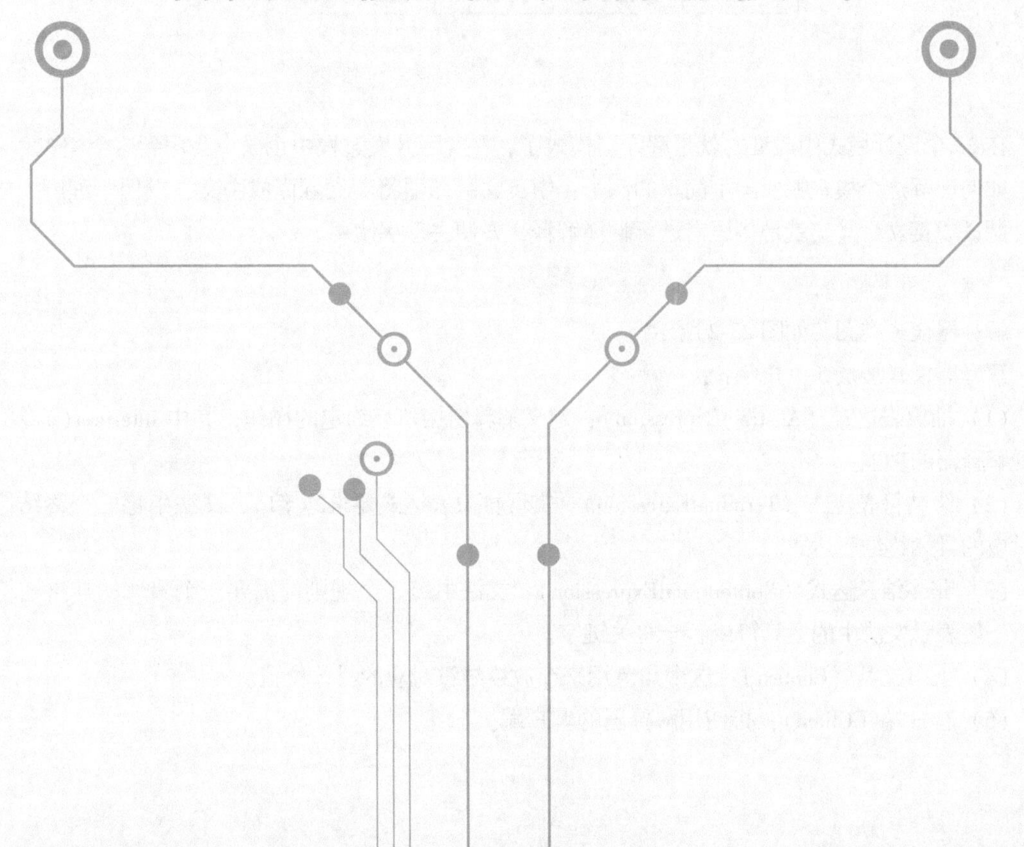

23.1 解释器模式概念

小璐说财务常常把工资计算错了，难道是薪资结构太复杂了。

这样长期下去确实不是办法，验收的人也会很揪心。

要是有一台计算机，是不是就会减少出现这样的问题呢？

对于计算机的实现，就需要使用到解释器模式。

1. 定义

解释器模式（Interpreter Pattern）：提供了评估语言的语法或表达式的方式，它属于行为型模式。这种模式实现了一个表达式接口，该接口解释一个特定的上下文，被用在SQL解析、符号处理引擎等，如图23-1所示。

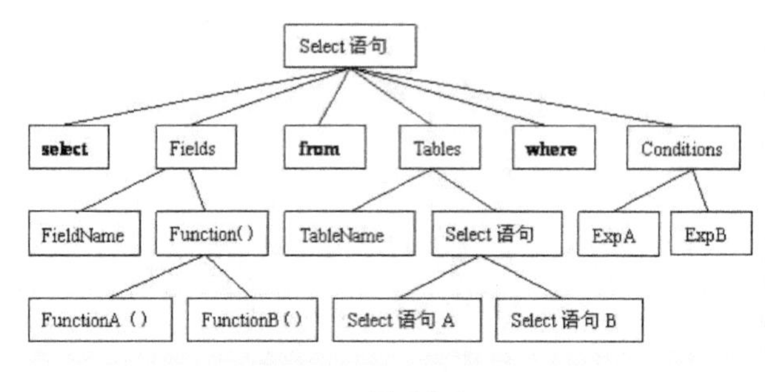

● 图 23-1

在23个设计模式中最难的就是解释器模式了，在实际开发过程中也很少会用到这个模式。

如何理解这个模式呢？一个简单的例子：中英文翻译器将英文翻译成中文，以便于理解，或者把中文翻译成英文，其实就是将语言进行翻译解释，方便去理解使用。

2. 类图和主要角色

解释器模式类图，如图23-2所示。

解释器模式涉及5个角色：

（1）抽象表达式（AbstractExpression）：定义解释器接口、约定的操作，其中interpret()专门用来实现解释器的功能。

（2）终结符表达式（TerminalExression）：实现抽象表达式要求的接口，文法中每一个终结符都有其对应的具体终结表达式。

（3）非终结表达式（NonterminalExpression）：文法中每一个规则都需要一个具体的非终结符表达式，一般表示文法中的运算符或者一些关键字。

（4）上下文类（Context）：这个角色用来存放终结符对应的具体位置。

（5）客户端（Client）：指使用解释器的客户端。

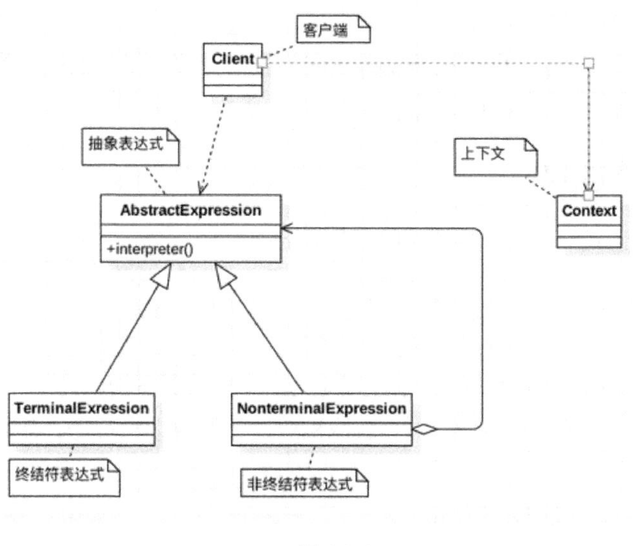

● 图 23-2

3. 角色例子分析

解释器模式比较好的例子是计算机，假设如下表达式：

```
String statement = "5-3 + 2";
```

现在要让计算机执行以上表达式，就需要解析该表达式，最终转换成 a+b/a-b 这种简单类型的表达式，计算机才能进行运算。

这里有数值 5、3、2；有符号+、-，可以有一个抽象的基类 AbstractExpression。

对于数值需要有一个子类 ValueExpression，这是终结符表达式（TerminalExression）。

对于符号也需要一个子类 SymbolExpression，这是非终结符表达式（NonterminalExpression）。

4. 适用场景

需要将一个解释执行的句子表示为一个抽象语法树。比如 SQL 解析、符号处理引擎等。

5. 优点

扩展性强，若要新增乘、除，添加相应的非终结符表达式，修改计算逻辑即可。

6. 缺点

（1）**会引起类的膨胀**：需要建大量的类，因为每一种语法都要建一个非终结符的类。

（2）**效率问题**：解释的时候采用递归调用方法，导致有时候函数的深度会很深，影响效率。

23.2 解释器模式之简单计算器

有这样一个表达式：

```
String statement = "1-2 + 3-4 + 5";
```

这个表达式结果是多少呢？如果将上面的表达式直接给计算机是无法处理的，所以需要解析出简单的表达式 a+b/a-b 的形式，这样计算机就能够处理了。

23.2.1 计算器 1.0

先看一个简单的表达式，两位数的加减法，比如 1+2。

有一个表达式：

```
String statement = "1 + 2 ";
```

说明：这里+号之间有一个很大的空格，主要是为了之后编码方便，进行分割。

两位数的加减，通过字符串的截取，然后获取相应位置的数字和符号，判断是加法还是减法，就可以获得结果。

编写一个类 Calculator，代码如下所示。

```
package com.kfit.interpreter.calculator.v1;

/**
 * 计算器
 * @author 悟纤「公众号 SpringBoot」
 * @slogan 大道至简 悟在天成
 */
public class Calculator {

    /**
        * @param statement: 表达式 1 + 2
      * @return
      */
    public int calculate(String statement) {
        int rs = 0;

        //这里为了编码简单,用" "进行分割。
        String[] strs = statement.split(" ");//进行分割
        int left = Integer.valueOf(strs[0]);
        String symbol = strs[1];
        int right =  Integer.valueOf(strs[2]);
        if("+".equals(symbol)){
            rs = left+right;
        }else if("-".equals(symbol)){
            rs = left-right;
        }

        return rs;
    }
}
```

编写测试代码 Client，代码如下所示。

```
package com.kfit.interpreter.calculator.v1;

/**
 * 测试
 * @author 悟纤「公众号 SpringBoot」
 * @slogan 大道至简 悟在天成
 */
public class Client {
    public static void main(String[] args) {
        String statement = "1 + 2 ";
        Calculator calculator = new Calculator();
        int rs = calculator.calculate(statement);

        System.out .println(statement+" = " +rs);
    }
}
```

23.2.2 计算器 2.0

1. 分析

上面的编码方式使用的是常规的思路进行实现，并没有使用解释器模式进行实现。

在解释器模式中是会将表达式中出现的内容划分为：终结符表达式和非终结符表达式。终结符表达式是数字：1、2、3；非终结符表达式是+、-。

数字可以使用一个类 ValueExpression 进行存储，+、-是最终要进行运算的，+执行加法，-执行减法，需要有两个 AddSymbolExpression（+）和 SubSymbolExpression（-）。

在执行加法和减法的时候，需要持有符号左边和右边的数值，而数值存放在了 ValueExpression 里。不管是 AddSymbolExpression 还是 SubSymbolExpression，都需要持有两个 ValueExpression（符号的左边和右边的数值），可以抽象出来 SymbolExpression。

不管是 SymbolExpression 还是 ValueExpression，都要执行表达式，所以最终用超类 Expression 进行规范。

2. 类图

根据前面的梳理情况，可以得出如图 23-3 所示的类图。

3. 抽象表达式（AbstractExpression）

抽象表达式（AbstractExpression）：定义解释器接口、约定的操作。其中 Interpret 接口专门用来实现解释器的功能。

在这个例子中就是抽象解释器 Expression，代码如下所示。

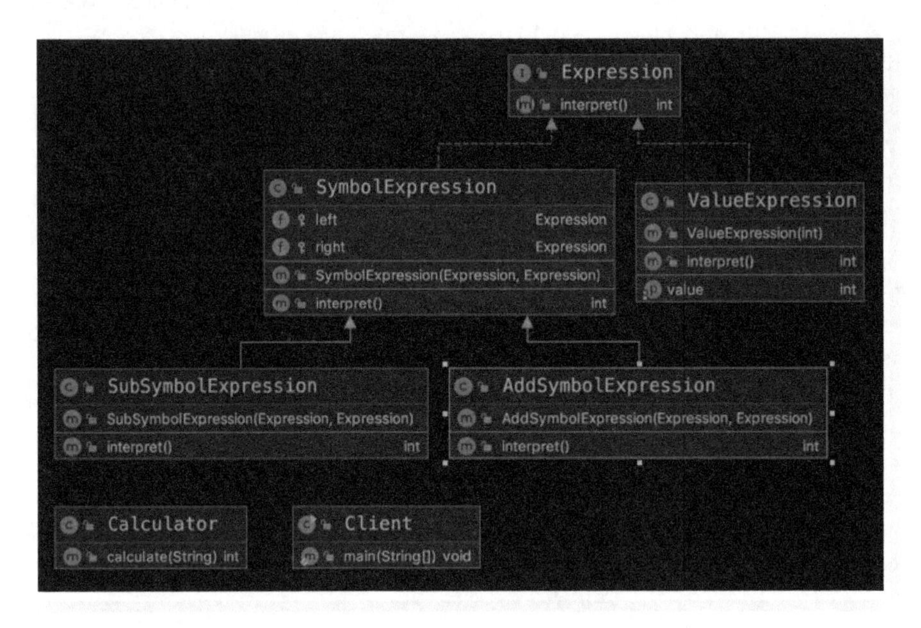

● 图 23-3

```
package com.kfit.interpreter.calculator.v2;

/**
 * 抽象解释器 AbstractExpression
 *
 * @author 悟纤「公众号 SpringBoot」
 * @slogan 大道至简 悟在天成
 */
public abstract class Expression {
    /** 解释动作 */
    public abstract int interpret();
}
```

4. 终结符表达式（TerminalExression）

终结符表达式（TerminalExression）：实现抽象表达式要求的接口、文法中，每一个终结符都有其对应的具体终结表达式。

在这个例子中，就是数字解释器（具体值）ValueExpression，代码如下所示。

```
package com.kfit.interpreter.calculator.v2;

/**
 * 数字解释器(具体值)TerminalExpression
 *
 * @author 悟纤「公众号 SpringBoot」
 * @slogan 大道至简 悟在天成
 */
```

```
public class ValueExpression extends Expression {
    private int value;

    public ValueExpression(){}

    public ValueExpression(int value){
        this.value = value;
    }

    public int getValue() {
        return value;
    }

    public void setValue(int value) {
        this.value = value;
    }

    @Override
    public int interpret() {
        return this.value;
    }
}
```

5. 非终结符表达式（NonterminalExpression）

非终结符表达式（NonterminalExpression）：文法中每一个规则都需要一个具体的非终结符表达式，一般表示文法中的运算符或者一些关键字。

在这个例子中，就是运算符解释器 SymbolExpression，代码如下所示。

```
package com.kfit.interpreter.calculator.v2;

/**
 * 运算符 解释器 NonterminalExpression
 *
 * @author 悟纤「公众号 SpringBoot」
 * @slogan 大道至简 悟在天成
 */
public abstract class SymbolExpression extends Expression {
    /** 左结果 */
    protected Expression left;
    /** 右结果 */
    protected Expression right;

    public SymbolExpression(Expression left, Expression right) {
        this.left=left;
        this.right=right;
    }
```

```
    @Override
    public int interpret() {
        return 0;
    }
}
```

这里有加法和减法，所以需要两个子类进行具体实现。

加法的实现代码如下所示。

```
package com.kfit.interpreter.calculator.v2;

/**
 * 加法
 *
 * @author 悟纤「公众号 SpringBoot」
 * @slogan 大道至简 悟在天成
 */
public class AddExpression extends SymbolExpression {

    /**
     *   这里传入的肯定是值类型,而不是符号
     */
    public AddExpression(Expression left, Expression right) {
        super(left, right);
    }

    @Override
    public int interpret() {
        // left 解释成 left 的值,right 解释成 right 的值
        return left.interpret() + right.interpret();
    }
}
```

减法的实现代码如下所示。

```
package com.kfit.interpreter.calculator.v2;

/**
 * 减法
 *
 * @author 悟纤「公众号 SpringBoot」
 * @slogan 大道至简 悟在天成
 */
public class SubExpression extends SymbolExpression {
    public SubExpression(Expression left, Expression right) {
        super(left, right);
    }
```

```
    @Override
    public int interpret() {
        // left 解释成 left 的值,right 解释成 right 的值
        return left.interpret()-right.interpret();
    }
}
```

6. 计算器类

对于计算器类需要把表达式中的数值变量替换成具体的各个表达式对象，代码如下所示。

```
package com.kfit.interpreter.calculator.v2;

import javax.el.Expression;
import javax.el.ValueExpression;

/**
 * 计算器
 *
 * @author 悟纤「公众号 SpringBoot」
 * @date 2020-12-04
 * @slogan 大道至简 悟在天成
 */
public class Calculator {

    /**
     *
     * @param statement: 表达式 1 + 2
     * @return
     */
    public int calculate(String statement) {
        //根据" "进行分割,这里只是为了简单理解
        String[] strs = statement.split(" ");//进行分割

        // 符号左边的数值
        Expression left = new ValueExpression(Integer.valueOf(strs[0]));
        // 符号右边的数值
        Expression right = new ValueExpression(Integer.valueOf(strs[2]));

        //需要根据"中间的字符串符号"来获取具体的符号表达式
        String symbol = strs[1];
        Expression symbolExpressoin = null;
        if("+".equals(symbol)){
            symbolExpressoin = new AddSymbolExpression(left, right);
        }else if("-".equals(symbol)){
            symbolExpressoin = new SubSymbolExpression(left, right);
        }
```

```
        return symbolExpression.interpret();
    }
}
```

分析一下这段代码 symbolExpression.interpret()：

如果表达式是 1+2，那么此时的 symbolExpression 就是指向 AddSymbolExpression。

当执行 symbolExpressoin.interpret()的时候，就会执行 AddSymbolExpression 的 interpret()，而 AddSymbolExpression.interpret()是 left.interpret()+right.interpret()。不管是 left 还是 right，都是 ValueExpression，对于 ValueExpression 的 interpret()就是返回了当前存储的数值而已，那么 left.interpret()+right.interpret() = value + value= 1+2 = 3。

7. 客户端（Client）

编写代码测试一下，代码如下所示。

```
package com.kfit.interpreter.calculator.v2;
/**
 * 测试
 * @author 悟纤「公众号 SpringBoot」
 * @slogan 大道至简 悟在天成
 */
public class Client {
    public static void main(String[] args) {
        String statement = "1+2";
        Calculator calculator = new Calculator();
        int rs = calculator.calculate(statement);
        System.out .println(statement+" = " +rs);

        statement = "5-3";
        rs = calculator.calculate(statement);
        System.out .println(statement+" = " +rs);
    }
}
```

运行代码，执行结果如图 23-4 所示。

```
1 + 2 = 3
5 - 3 = 2
```

● 图 23-4

23.3 解释器模式之简单计算器 3.0

在前面的代码中，并没有看出解释器模式的优势，引入了好几个类之后，反而代码变复杂了。

目前编写的计算器只能解释 a+b 这种类型的表达式，如果表达式是 a+b+c，就无能为力了，需要改造一下上面的代码，以此来满足需求。

23.3.1 计算器 3.0

1. 分析

整个解释器模式的框架在前面的例子中已经搭建得差不多了，这里只说明不一样的地方。如何解析 a+b+c 呢？先看一下代码，最后分析一下。

2. 类图

使用解释器模式最终编码的类图，如图 23-5 所示。

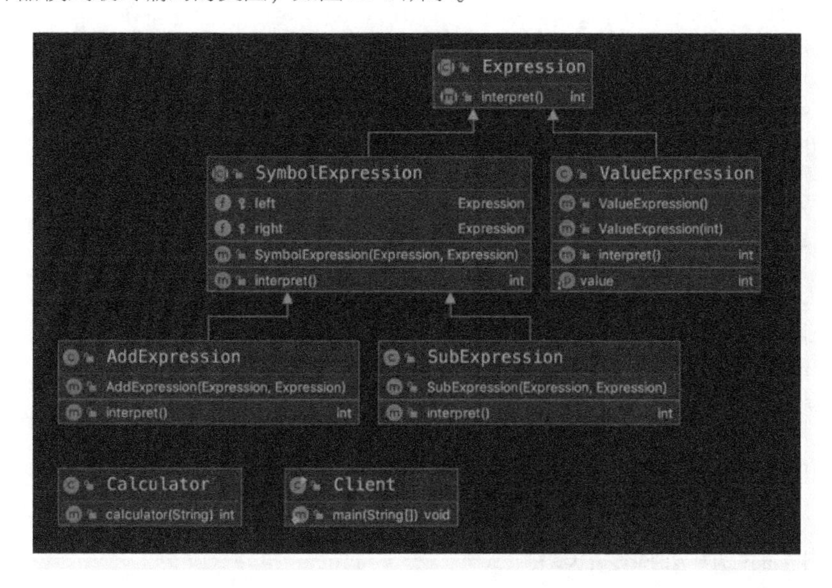

● 图 23-5

类图和 2.0 实现有差别的地方是 Calculator 这个类的处理方法。

当表达式是 a+b+c… 这样复杂的表达式时，Calculator 编码就会变得复杂，代码如下所示。

```
package com.kfit.interpreter.calculator.v3;

import javax.el.ValueExpression;

/**
 * 计算器
 * @author 悟纤「公众号 SpringBoot」
 * @slogan 大道至简 悟在天成
 */
public class Calculator {
```

```
    public int calculate(String statement){

        Expression left;
        Expression right;
        // 用于存储当前已经计算的值
        Expression now = null;

        // 空格隔开的数据,截取成数组
        String[] strs = statement.split(" ");
        for(int i=0;i<strs.length;i++){
            if("+".equals(strs[i])){
                // 左边对象为当前已经计算的值
                left = now;
                // ++i,也就是与后一个数字进行计算,因为当前是运算符
                right = new ValueExpression(Integer.parseInt (strs[++i]));
                // 执行加法
                now = new AddSymbolExpression(left, right);
            }else if("-".equals(strs[i])){
                // 左边对象为当前已经计算的值
                left = now;
                // 与右边的数字进行计算即可
                right = new ValueExpression(Integer.parseInt (strs[++i]));
                // 执行减法
                now = new SubSymbolExpression(left, right);
            }else{
                // 数字,一般来说,第一个和最后一个肯定为数字
                now = new ValueExpression(Integer.parseInt (strs[i]));
            }
        }
        // 解释所有-now 为封装的最终表达式树
        return now.interpret();
    }

}
```

3. 测试

编写测试代码 Client，代码如下所示。

```
/**
 * 测试
 * @author 悟纤「公众号 SpringBoot」
 * @slogan 大道至简 悟在天成
 */
public class Client {
    public static void main(String[] args) {
        String statement = "1 + 2 + 3";
```

```
        Calculator calculator = new Calculator();
        int rs = calculator.calculate(statement);
        System.out .println(statement+" = " +rs);

        statement = "5 - 3 + 2";
        rs = calculator.calculate(statement);
        System.out .println(statement+" = " +rs);
    }
}
```

23.3.2 计算器最终代码分析

最后通过“5−3+2”表达式来分析一下核心的代码。

1. 表达式树状表示

整个对象之间的引用关系会形成树状图，如图23-6所示。

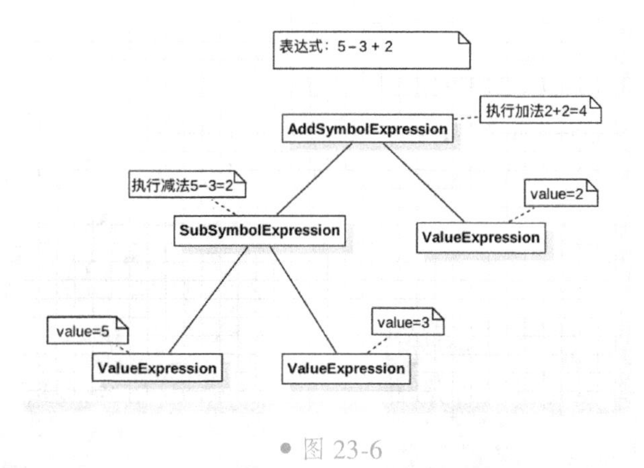

● 图 23-6

当执行 now.interpret( )的时候，会顺着这棵树层层往下进行递归，然后找到 left 和 right，且都是 ValueExpression 类型的，这时才能进行计算。

2. 表达式树状执行分析

配合代码来分析一下整个执行过程。

首先将代码执行到 now.interpret( )，如图23-7所示。

此时 now 的类型是 AddSymbolExpression，那么代码会进入 AddSymbolExpression 类的 interpret( )方法，代码如下所示。

```
@Override
public int interpret() {
    return left.interpret()+right.interpret();
}
```

AddSymbolExpression 的 left 和 right 的数值如图 23-8 所示。

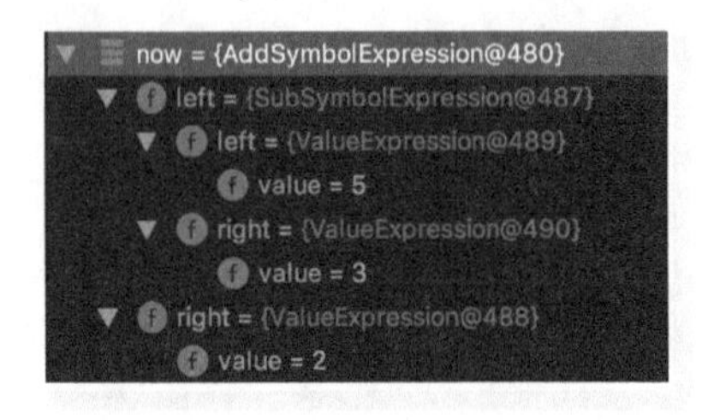

● 图 23-7

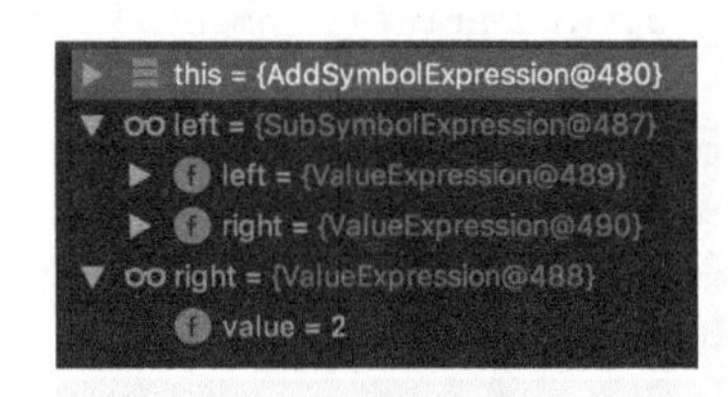

● 图 23-8

因为代码还会回到这一步骤，为了方便说明，假设这个步骤是#StepAdd。

代码从左向右执行，先执行 left.interpret( )，此时 left 是 SubSymbolExpression 类型，那么就会进入 SubSymbolExpression 的 interpret( )方法，代码如下所示。

```
@Override
public int interpret() {
    return left.interpret()-right.interpret();
}
```

SubSymbolExpression 的数值如图 23-9 所示。

left 和 right 都是 ValueExpression 类型，就会执行 leftValue-rightValue （因为 left 和 right 的 interpret( ) 就是返回自己持有的 value 值)，结果就是 5-3=2，将 2 这个值返回，如图 23-10 所示。

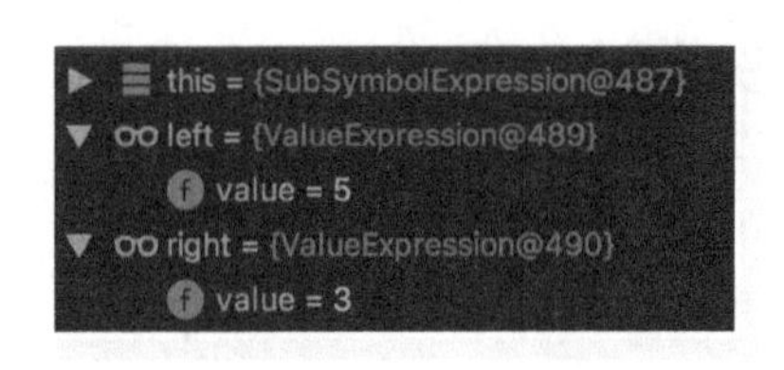

● 图 23-9

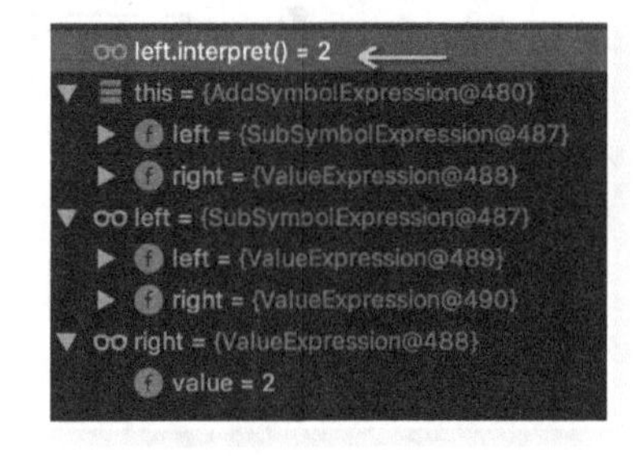

● 图 23-10

这里执行完成后会回到#StepAdd （AddSymbolExpression)，此时这里的 left 已经是计算返回的 value = 2 值，右边是 ValueExpression 类型的，可以直接运算 2+2=4，至此算法递归结束，返回最终的结果。